Otto Kraemer · Georg Jungbluth

Bau und Berechnung von Verbrennungsmotoren

Hubkolben- und Rotationskolbenmotoren

Fünfte, völlig neubearbeitete Auflage

Mit 186 Abbildungen

Springer-Verlag
Berlin Heidelberg New York Tokyo 1983

Dr. rer. nat. h. c. **Otto Kraemer**
em. o. Professor, Universität Karlsruhe (TH)

Dipl.-Ing. Georg Jungbluth
o. Professor, Institut und Lehrstuhl
für Kolbenmaschinen, Universität Karlsruhe (TH)

CIP-Kurztitelaufnahme der Deutschen Bibliothek
Kraemer, Otto:
Bau und Berechnung von Verbrennungsmotoren :
Hubkolben- u. Rotationskolbenmotoren / Otto
Kraemer ; Georg Jungbluth. 5., völlig neubearb.
Aufl. — Berlin ; Heidelberg ; New York ;
Tokyo : Springer, 1983.

ISBN-13: 978-3-540-12026-1   e-ISBN-13: 978-3-642-93241-0
DOI: 10.1007/978-3-642-93241-0

NE: Jungbluth, Georg:

Vorwort zur fünften Auflage

Seit dem Erscheinen der vierten Auflage dieses Buches sind mehr als zwanzig Jahre vergangen, Jahre, in denen der Verbrennungsmotorenbau Fortschritte gemacht hat, die damals auch ein Fachmann kaum vorausahnen konnte. So stiegen die mittleren effektiven Drücke serienmäßiger aufgeladener Dieselmotoren von 12 bis 14 bar auf Werte bis zu 30 bar und mehr. Die effektiven Wirkungsgrade, die im Jahre 1962 bei den besten Motoren etwa 40% erreichten, sind heute auf über 55% verbessert worden.

Bis zum Beginn der sechziger Jahre war das wesentliche Ziel im Motorenbau die Steigerung der Leistung. Besonders bei Kleinmotoren für Personenkraftwagen spielte der Wirkungsgrad (Kraftstoffverbrauch) eine untergeordnete Rolle. Mit der zunehmenden Motorisierung, vor allem in den Industrieländern, machten sich die negativen Auswirkungen des Kraftfahrzeugverkehrs zunehmend bemerkbar, vor allem die Belastung der Umwelt durch Abgase der Motoren. Zunächst in Kalifornien, bald danach in den weiteren Staaten der USA und in den europäischen Ländern wurden zunehmend schärfere Begrenzungen der zulässigen Abgasemission von Kraftfahrzeugen eingeführt. Damit ergaben sich für die Motorenkonstruktion völlig neue Forderungen, die ein Umdenken und neue Schwerpunkte für die Entwicklung zur Folge hatten.

In den siebziger Jahren führten mehrere „Ölkrisen'' (besser sollte man wohl von „Ölpreis-Krisen'' sprechen) zu neuen Anstrengungen zur Verbesserung des Wirkungsgrades, deren erste Erfolge zur Zeit gerade bei neuen Motoren und Kraftfahrzeugen sichtbar werden. Die große Zahl neuer Probleme hätte wohl nicht gelöst werden können, wenn nicht während des gleichen Zeitraumes die Entwicklung elektronischer Datenverarbeitungsanlagen geradezu sensationelle Fortschritte gemacht hätte. Damit wurde es möglich, aufwendige experimentelle Arbeiten durch Berechnungen zu ersetzen oder zu ergänzen. Berechnung der Bauteil-Festigkeit, des Ladungswechselvorgangs, ja sogar des ganzen Arbeitsprozesses sind heute mit sehr guter Näherung möglich.

Angesichts dieser Entwicklung war es erforderlich, die Neuauflage dieser Einführung in den Motorenbau in wesentlichen Teilen neu zu bearbeiten. Um den Umfang des Buches nicht über Gebühr anwachsen zu lassen, war es leider erforderlich, die in der vierten Auflage aufgenommene Besprechung der thermischen Strömungsmaschinen wieder wegzulassen. Die Gleichungen und Formeln wurden auf das inzwischen allgemein eingeführte internationale Einheitensystem umgestellt. Dabei wurden bewußt Größengleichungen benutzt, die von den Einheiten unabhängig sind. Die für die Berechnung oft bequemeren Zahlenwertgleichungen, bei denen bestimmte Einheiten verwendet werden müssen, sind als solche gekennzeichnet.

Es ist unmöglich, auf dem bewußt begrenzten Raum dieses kleinen Buches alle Probleme und Methoden des Motorenbaus zu behandeln. Eine gewisse Willkür in der Auswahl der Themen ist unvermeidbar, doch wurde versucht, neben den Grundlagen und der notwendigen Theorie auch die konstruktive Gestaltung der Motoren und ihrer Bauteile nicht zu kurz kommen zu lassen. Inwieweit das gelungen ist, muß dem Urteil des Lesers überlassen bleiben, für Anregungen zur Verbesserung sind Verlag und Autoren jederzeit dankbar.

Karlsruhe, im Frühjahr 1983   Georg Jungbluth

Aus dem Vorwort zur ersten Auflage

Ein handliches, sehr billiges, für jeden angehenden Techniker leicht lesbares und leicht faßliches Lehrbuch, das dem Lernenden Verständnis, Mut und Freude eingeben soll, und das auch dem fertigen Ingenieur durch den klaren Ernst seiner Auskünfte Nutzen und Genuß zu vermitteln vermag, ein solches Buch war ich bestrebt zu schreiben. Ein neuartiger Plan ordnet übersichtlich die Vielheit der Probleme, ausgehend und in jedem Satz geleitet vom Wunschbild des Idealverfahrens und musterhafter Gestaltung. Abbildungen und Beispielrechnungen erläutern die Erklärungen des Büchleins, das kein „Kochbuch" sein will mit den üblichen Faustformeln, die den falschen Anschein von Naturgesetzlichkeit erwecken und die wahren Hintergründe, Abhängigkeiten und Begrenzungen verschweigen. Ein Buch, das den Leser ernst nimmt und ihm Begründungen und brauchbare Richtlinien an Stelle statistischer Formeln gibt, und darüber hinaus einen Überblick über die Stellung des Verbrennungsmotors in der Geschichte der Technik und Menschheit.

Karlsruhe, Sommer 1937   Otto Kraemer

Inhaltsverzeichnis

I Die Aufgabe 1

  1 Energie aus Kraftstoff 1
  2 Energieumwandlung 1
  3 Idealprozesse 5

II Der Verbrennungsmotor 18

  1 Arbeitsweise der Verbrennungsmotoren 18
  2 Gemischbildung 23
  3 Luftbedarf, Leistung, mittlerer Druck, Kraftstoffverbrauch 26
  4 Berechnung der Hauptabmessungen 35
  5 Literleistung, Leistungserhöhung, Aufladung 43
  6 Kühlung 53
  7 Zündung und Verbrennung 58
  8 Abgasemission 65
  9 Abwärme 68

III Die Kolbenmaschine 72

  1 Kinematik des Kurbeltriebes 72
  2 Gaskraft und Tangentialkraft 73
  3 Massenkräfte 75
  4 Massenausgleich 79
  5 Ungleichförmigkeit des Drehmomentes, Schwungrad 86
  6 Kritische Drehzahlen 91
  7 Dreh- und Kreiskolbenmaschinen 99

IV Gestaltung und Berechnung 107

  1 Grundsätze und Regeln für die Gestaltung 107
  2 Dimensionierung des Kurbeltriebes 116
  3 Dichtung und Schmierung 125
  4 Ventile und Nocken 132
  5 Spül- und Auspuffschlitze 147
  6 Mischventile und Vergaser 153

7 Zündeinrichtung 160
8 Dieseleinspritzung 163
9 Regelung 176
10 Anlassen und Umsteuern 178

V   Anhang 182

1 Kraftstoffe 182
2 Geschichtlicher Überblick 185

Literaturverzeichnis 191

Sachverzeichnis 193

I Die Aufgabe

1 Energie aus Kraftstoff

Wir leben im „Verbrennungszeitalter". Nicht nur *Wärme,* sondern auch *mechanische Energie* gewinnen wir *aus der Verbrennung von Kraftstoffen.*

Die Kraftstoffe sind Energiespeicher. Jahrelang empfängt die wachsende Pflanze Sonnenenergie, sie benutzt diese Energien zu verwickelten chemischen Vorgängen, sie wächst, sie baut Stoffe auf, denen wir zu beliebiger Zeit die gespeicherten Energien wieder entnehmen können. Wir erhalten diese Energien in Form von Wärme, die bei der Verbrennung frei wird.

Wenn wir Kohle aus der Erde graben, so heben wir Pflanzenreste ans Tageslicht, die ihre Energien seit Jahrmillionen bewahrt haben. Wenn wir diese Kohlen verbrennen, so genießen wir die seit Jahrmillionen gespeicherte Sonnenenergie, welche die Pflanzen während ihres Wachstums empfangen und gesammelt haben.

Auch das Erdöl, das man — zum Teil wenigstens — aus tierischem Ursprung herleitet, ist Speicher von Energien, welche jene vorgeschichtlichen Tiere, wenn nicht unmittelbar von der Sonne, so durch ihre pflanzliche Nahrung empfangen haben.

Die Speichereigenschaft wird besonders klar bei der Betrachtung eines bekannten gasförmigen Kraftstoffes: des Wasserstoffes. Durch Elektrolyse kann man Wasser in seine elementaren Bestandteile zerlegen: Wasserstoff und Sauerstoff. Man wendet für diesen Vorgang eine gewisse elektrische Arbeit (Kilowattstunden) auf. Die aufgewandte Energiemenge ist in dem erzeugten Wasserstoff gespeichert, sie kann durch Verbrennung dieses Wasserstoffes wieder herausgeholt werden, und zwar vornehmlich in Form von Wärme.

Es gibt keinen Energiespeicher in unserer Zeit, der so bequem und beweglich, so beständig und unabhängig wäre wie Kraftstoff. Talsperren, Hochbehälter, Dampfspeicher, Akkumulatoren usw. — mögen sie auch teilweise bessere Wirkungsgrade aufweisen —, sie alle können sich in den genannten Eigenschaften mit dem Kraftstoff nicht vergleichen. *Kraftstoff ist der ideale Energiespeicher,* und in dieser Tatsache liegt seine Vorherrschaft begründet, die unserem Zeitalter den Stempel des „Verbrennungszeitalters" aufgedrückt hat.

2 Energieumwandlung

Bei der Verbrennung wird die gespeicherte Energie in Form von Wärme frei. Die Energie (Joule, oder im alten technischen Einheitensystem Kilokalorien), die aus 1 kg Kraftstoff frei wird, nennt man den „Heizwert" des Kraftstoffes.

Die aus einer so kleinen Kraftstoffmenge freiwerdende Energie ist erstaunlich
groß:

	10^6 J/kg	kcal/kg		10^6 J/kg	kcal/kg
Benzin	42,7	10 200	Teeröl	37,1	8870
Benzol	40,2	9600	Spiritus	22···25	5300···6000
Gasöl	41,9	10 000	Steinkohle	25···32	6000···7500
(Diesel-					
kraftstoff)					
Methanol	23,0	5500			

Bemerkung: Die Kondensationswärme des in den Verbrennungsgasen enthaltenen Wasser-
dampfes ist gleich abgezogen, da sie nicht genutzt werden kann. Die hier gegebenen Zahlen
stellen daher den „unteren" Heizwert H_u dar.

Heizwerte gasförmiger Kraftstoffe
bezogen auf 1 m³ Kraftstoff
(1 m³ gemessen bei 0 °C und 760 mm Barometerstand)

	10^6 J/m³	kcal/m³
Wasserstoff H_2	10,8	2570
Kohlenoxid CO	12,6	3020
Methan CH_4	35,8	8550
Äthan C_2H_6	64,3	15370
Propan C_3H_8	93,6	22350
Butan C_4H_{10}	123,6	29510
Äthylen C_2H_4	59,9	14320
Azetylen C_2H_2	56,9	13600
Leuchtgas (je nach Zusammensetzung)	17,4···20,4	4150···4860
Wassergas	10,9	2600
Gichtgas (Hochofengas)	4,0	950
Koksofengas	16,8···19,3	4000···4600
Steinkohlenschwelgas	28,8	6870
Braunkohlenschwelgas	10,9···13,4	2600···3200
Holzgas	4,7···5,6	1120···1340
Klärgas	26,8	6400
Erdgas	29,3···41,9	7000···10000
Generatorgas	5,2	1250
„Flüssiggas"	92,1···117,3	22000···28000

Diese Verbrennungswärme wird in Wärmekraftmaschinen in mechanische Energie verwandelt.

**Es ist jedoch nicht möglich, die Verwandlung von Wärme in mechanische Energie
mit Hilfe der bekannten Wärmekraftmaschinen vollständig durchzuführen.** Ein
Teil der zugeführten Wärme geht aus dem Arbeitsvorgang *in Form von Wärme*
wieder hervor, so daß nur ein Bruchteil der zugeführten Wärme tatsächlich in
Form von mechanischer Energie erhalten werden kann. Die Ausbeute an mechani-

scher Arbeit bei der *besten* bekannten Wärmekraftmaschine, dem Dieselmotor, ist nur 35 bis 55%, der übrige Teil geht als *Wärme* in den Auspuffgasen, im Kühlwasser usw. weg.

Man kann sich diese wichtige Tatsache schnell an dem Beispiel einer ganz einfachen Heißluftmaschine klarmachen.

Abb. 1. Im Innern des Zylinders sei bei der Totpunktstellung des Kolbens eine gewisse Luftmenge von Außentemperatur und Außenluftdruck eingeschlossen.

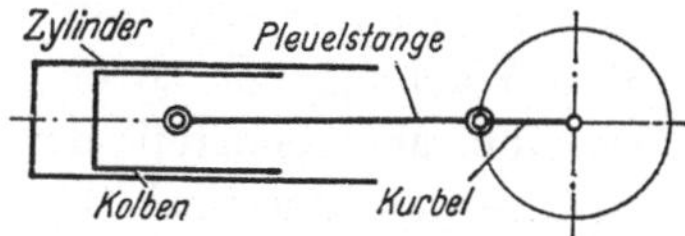

Abb. 1. Heißluftmaschine in Ausgangsstellung

Nun wird der Zylinder zunächst bei feststehenbleibendem Kolben geheizt, wir führen also der eingeschlossenen Luft eine gewisse Wärmemenge Q_1 zu, so daß die Temperatur und der Druck der Luft steigen. In einem Druck-Weg-Schaubild kennzeichnet sich der Druckanstieg bei unverändertem Rauminhalt durch die senkrechte Linie *1—2* (Abb. 2).

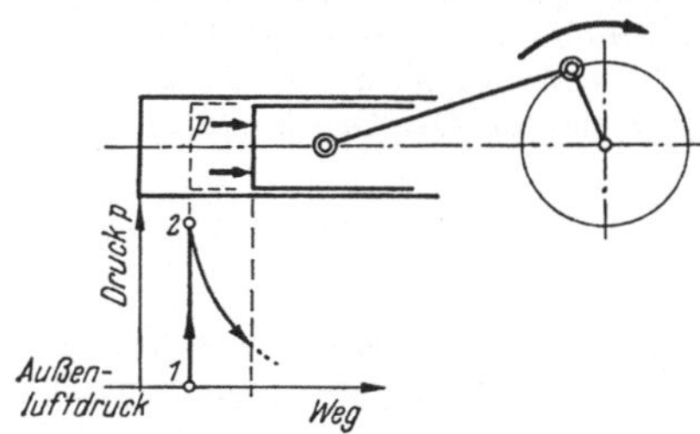

Abb. 2. Druckverlauf bei Ausdehnung des erhitzten Luftinhaltes

Abb. 2. Die Wärmezufuhr hört jetzt auf, und der Kolben bewege sich unter der Wirkung des entstandenen Druckes nach rechts. Dabei fällt der Druck stetig mit fortschreitendem Kolben, so daß sich im Druck-Weg-Schaubild eine hyperbelähnliche Kurve ergibt.

Abb. 3. Wenn die Ausdehnung (Expansion) der heißen Luft bis auf den Anfangsdruck herunter erfolgt ist, so nimmt die gleiche Luftmenge, die anfangs den Raum x_1 erfüllt hat, trotz gleichem Druck den viel größeren Raum x_2 ein. *Sie ist also warm,* sie enthält trotz der inzwischen geleisteten mechanischen Arbeit (Fortdrücken des Kolbens) noch eine Wärmemenge Q_2, welche abgeführt werden muß, wenn der Kolben wieder in seine Ausgangsstellung zurückkehren soll. Q_2

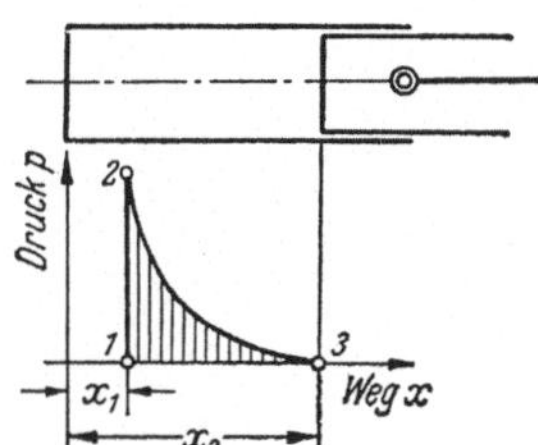

Abb. 3. Ende der Ausdehnung

muß der eingeschlossenen Luft entweder durch Kühlung des Zylindermantels entzogen werden, so daß sie sich wieder auf den Anfangsrauminhalt x_1 zusammenzieht, oder die ganze warme Luft muß mit ihrem Wärmeinhalt Q_2 ausgeschoben und durch neueintretende frische Luft ersetzt werden. *Auf jeden Fall* ist Q_2 **als Wärme** *fortgeführt worden, und während des Arbeitsganges ist nur der Anteil $Q_1 - Q_2$ in mechanische Energie verwandelt worden zur Arbeitsleistung am Kolben.*

Diese mechanische Arbeit kann bekanntlich durch die geschraffte Fläche des Druck-Weg-Schaubildes (Abb. 3) dargestellt werden. Der Flächeninhalt dieser Fläche, multipliziert mit der Kolbenfläche $D^2\pi/4$, ergibt die geleistete Arbeit W.

Man hat natürlich die Absicht, aus der aufgewandten Wärmemenge Q_1 eine *möglichst große Ausbeute an mechanischer Energie* zu erhalten. Man beurteilt den Grad der Verwirklichung dieser Absicht in einer Wärmekraftmaschine nach dem „*thermischen Wirkungsgrad* η_i", der das Verhältnis der mechanischen Arbeitsausbeute zur aufgewandten Wärmemenge Q_1 als Bruchzahl angibt. (η_i wird auch „*Innenwirkungsgrad*" genannt.)

$$\eta_i = \frac{Q_1 - Q_2}{Q_1}.$$

Beispiel: Bei dem oben beschriebenen Arbeitsgang einer einfachen Heißluftmaschine sei etwa bei der Erwärmung von *1* auf *2* eine Temperaturerhöhung von 15 auf 1000 °C angenommen. Die zugeführte Wärmemenge $Q_1 = mc_v(1000 - 15)$, wobei m die Masse und c_v die spezifische Wärme der eingeschlossenen Luftmenge bedeutet. Der Druckanstieg

$$\frac{p_2}{p_1} = \frac{T_2}{T_1} = \frac{1000 + 273}{15 + 273} = 4{,}4\,.$$

Die Ausdehnung von *2* nach *3* sei „adiabatisch", also ohne Wärmeaustausch von und nach außen angenommen, sowie auch ohne Drosselung und Reibung, also „isentropisch".

Es ergibt sich dann nach den Regeln der Wärmelehre die Temperatur $T_3 = T_2 \left(\dfrac{p_3}{p_2}\right)^{\frac{\varkappa - 1}{\varkappa}}$,

also mit den hier angenommenen Zahlen: $T_3 = 1237 \cdot \left(\dfrac{1}{4{,}4}\right)^{\frac{1{,}4-1}{1{,}4}} = 833$ K, also $t_3 = 833 - 273 = 560\,°$C.

Die abzuführende Wärmemenge $Q_2 = mc_p(560 - 15)$, und der thermische Wirkungsgrad

$$\eta_i = \frac{mc_v(1000 - 15) - mc_p(560 - 15)}{mc_v(1000 - 15)}$$

$$= \frac{985 - c_p/c_v \cdot 545}{985} = \frac{985 - 1{,}4 \cdot 545}{985} = 0{,}23\,.$$

Die *Wärmemengen* Q_1, Q_2 und $(Q_1 - Q_2) = W$ lassen sich bekanntlich ebenfalls sehr anschaulich *als Flächen darstellen*, und zwar in dem *T-s-Schaubild*. Das Bild des obigen Beispiels würde so aussehen (Abb. 4):

$$Q_1 = I\ 1\ 2\ II$$
$$Q_2 = II\ 3\ 1\ I$$
$$W = 1\ 2\ 3$$
$$\eta_i = \frac{\text{Fläche } 1\ 2\ 3}{\text{Fläche } I\ 1\ 2\ II}\,.$$

Unter der „Entropie" s braucht man sich in diesem Zusammenhang keine andere Vorstellung zu machen als: Die bei einer Zustandsänderung der Gasmenge zuzuführende Wärmemenge Q soll als Fläche dargestellt werden. Der Zuwachs dQ der Wärmemenge Q bei einer kleinen Zustandsänderung wird in zwei Faktoren zer-

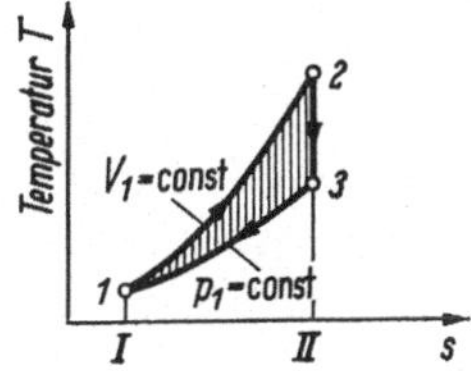

Abb. 4. T-s-Schaubild des in Abb. 1 bis 3 abgewickelten Vorganges. Die ohne Wärmezu- und -abfuhr verlaufende „adiabatische" (isentropische) Expansion bildet sich bekanntlich in dieser Darstellung als senkrechte Linie ab

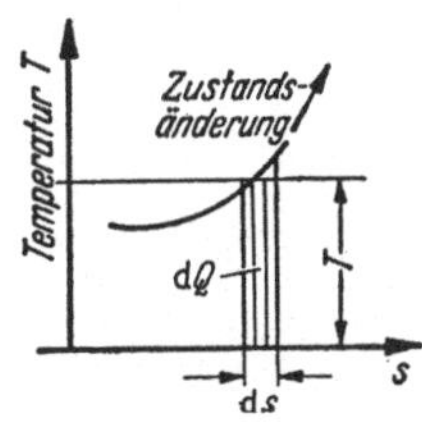

Abb. 5. Darstellung der Wärmezufuhr $dQ = T\,ds$ im T-s-Schaubild

legt. Als den einen Faktor wählen wir die absolute Temperatur T (Abb. 5). Den anderen Faktor, der sich dann ergibt, nennen wir „Entropiezuwachs" $ds = dQ/T$.

Wir benutzen diese Darstellung, weil sie auf die anschaulichste und rascheste Weise zu den „Idealprozessen" hinführt.

3 Idealprozesse

Der thermische Wirkungsgrad des oben beschriebenen Beispiels einer Wärmekraftmaschine wäre offensichtlich günstiger erzielt worden, wenn die Luft vor der Erwärmung *verdichtet* (komprimiert) worden wäre, so daß die Schaubilder des Arbeitsganges etwa so ausgesehen hätten (Abb. 6).

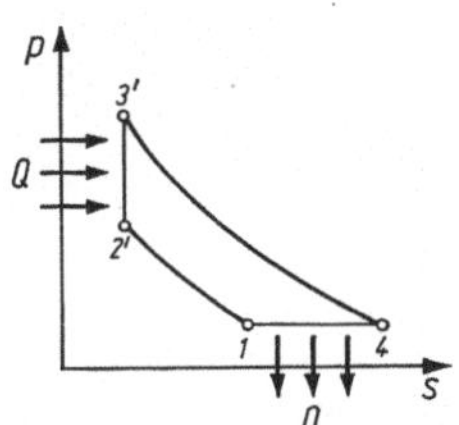

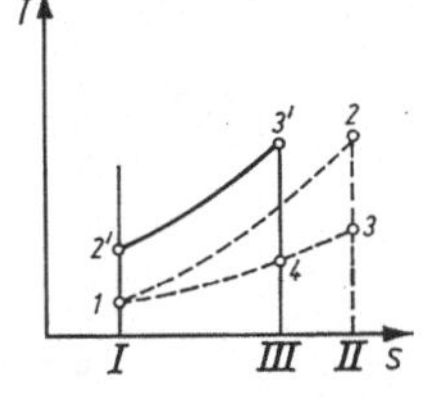

Abb. 6. Druck-Weg-Schaubild und T-s-Schaubild einer Wärmekraftmaschine mit Verdichtung

Der Zylinderinhalt wird von *1* nach *2'* verdichtet. Von *2'* nach *3'* soll die gleiche Wärmemenge zugeführt werden, wie bei dem Prozeß ohne Verdichtung von *1* nach *2*, also Fläche *I 2' 3' III* = Fläche *I 1 2 II*

Die Expansion soll wieder bis zum Anfangsdruck p_1 erfolgen. Man sieht sofort, daß nur noch die kleinere Wärmemenge $Q_2 = I\,1\,4\,III$ abgeführt werden muß, der Wirkungsgrad ist also besser geworden.

Wir haben also durch eine Veränderung des Arbeitsverfahrens eine *größere Leistungsausbeute* η_i erzielen können. Es bestehen natürlich außerdem noch mannigfache Möglichkeiten zur Veränderung des Verfahrens, z. B. durch Wärmezufuhr bei gleichzeitig ausweichendem Kolben, oder vorzeitig einsetzender Wärmeabfuhr usw.

Es gilt, für die Wärmekraftmaschine aus der Fülle der Möglichkeiten den Idealprozeß ausfindig zu machen, bei dem **in den gegebenen Grenzen der beste thermische Wirkungsgrad** erzielt werden kann.

Je nachdem, welche Grenzen man einhalten will oder muß, erhält man verschiedene Idealprozesse. Aus den folgenden Bildern ersieht man deutlich, daß der Idealprozeß jedesmal durch seine Grenzen selbst sowie durch zwei Adiabaten bestimmt wird; z. B.

1. Temperaturgrenzen. Idealprozeß = Carnot-Prozeß.

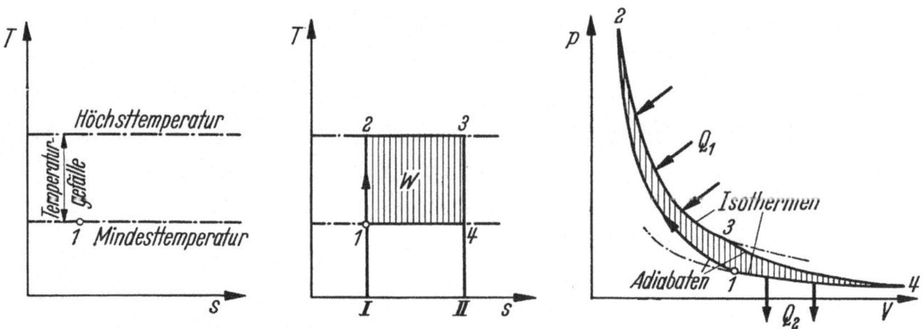

Abb. 7. Günstigster Prozeß zwischen zwei gegebenen Temperaturgrenzen. Theoretisch thermischer Wirkungsgrad $\eta_{th} = 1 - (T_1/T_2)$

2. Druckgrenzen. Idealprozeß = Clausius-Rankine-Prozeß.

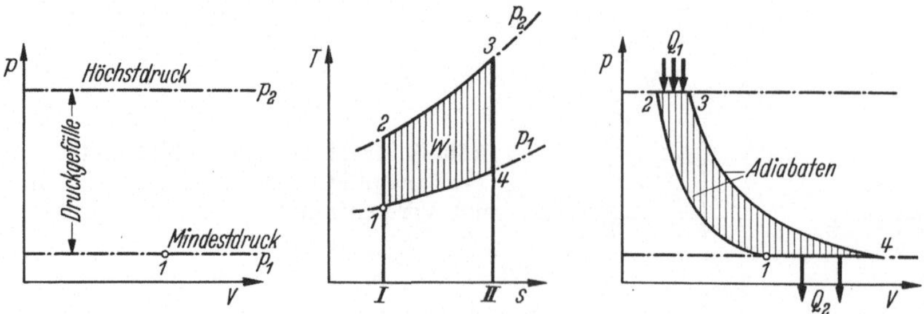

Abb. 8. Günstigster Prozeß zwischen zwei gegebenen Druckgrenzen. Theoretisch-thermischer Wirkungsgrad $\eta_{th} = 1 - (p_1/p_2)^{\frac{\varkappa-1}{\varkappa}}$

3. Raumgrenzen. Idealprozeß = Gleichraumprozeß.

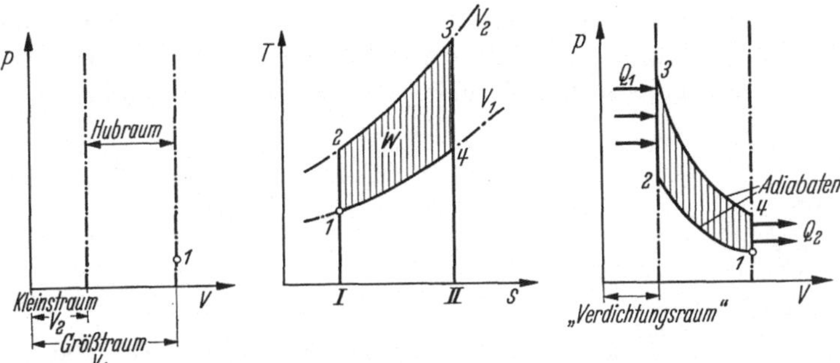

Abb. 9. Günstigster Prozeß zwischen zwei gegebenen Raumgrenzen. Theoretisch-thermischer Wirkungsgrad $\eta_{th} = 1 - (V_2/V_1)^{\varkappa-1}$

Man sieht bei Betrachtung der Abb. 7 bis 9 leicht ein, daß der beste Prozeß tatsächlich jeweils durch die Begrenzungen selber und zwei Adiabaten (Isentropen) gebildet wird. Die Wärmezufuhr hat längs der oberen Grenze zu erfolgen, die Wärmeabfuhr längs der unteren Grenze. Der Übergang von Grenze zu Grenze hat ohne Wärmezufuhr und ohne Wärmeabfuhr, d. h. „adiabatisch" (isentropisch) zu geschehen. Jede Änderung an diesem Bild würde das Verhältnis $W/Q_1 = \eta_i$ kleiner machen.

Die Natur selber liefert als *untere* Grenze die *Temperatur der Umgebung*, an die wir die Wärme Q_2 abführen müssen. Ein Unterschreiten dieser Temperatur — etwa durch künstliches Fortsetzen der Expansion — ist für die Wärmekraftmaschine zwecklos, da auf solche Weise kein zusätzlicher Leistungsgewinn mehr erzielbar wäre. Man hätte folglich — wie beim Carnot-Prozeß — der eingeschlossenen Gasmenge die Wärmemenge Q_2 *während einer isothermen Verdichtung* bei der gegebenen Umgebungstemperatur zu entziehen, wozu aber wegen der bekannten Trägheit der Wärmeübertragung sehr lange Zeiten und sehr große Wärmeaustauschflächen zur Verfügung stehen müßten.

Die *obere* Grenze für unsere Wärmekraftprozesse wird uns dagegen nicht durch die Natur gesetzt, sondern durch die Eigenschaften unserer Maschinen und Geräte, deren Werkstoffe und Bauformen nicht beliebig hohe Temperaturen oder Drücke aushalten.

Bei Turbinen und Raketen, deren Brennkammern, Düseneinläufe und erste Schaufelkanten der Höchsttemperatur unausgesetzt preisgegeben sind, besteht tatsächlich eine durch die Eigenschaften unserer Konstruktionswerkstoffe gesetzte *Höchstgrenze für Temperatur.* Nach den vorangegangenen Betrachtungen käme also in diesem Falle als Idealdiagramm das Carnot-Diagramm nach Abb. 7 in Betracht, bei dem, um den bestmöglichen thermischen Wirkungsgrad ohne Überschreitung der Grenztemperatur zu verwirklichen, die Zufuhr von Q_1 während der *isothermischen* Expansion (also bei unveränderter Höchsttemperatur) erfolgen sollte. Das würde, wenn man Q_1 durch innere Verbrennung zuführt, bedeuten, daß eine Vielzahl von Einspritzorganen zwischen einzelne Expansionsstufen zu verteilen wäre, die eine gleichmäßige (oder in viele Stufen unterteilte) Verbrennung des Kraftstoffes während der Expansion ohne Überschreitung der Grenztemperatur bezwecken (Abb. 10).

Führt man jedoch aus verständlichen Gründen — der vereinfachten Einspritzung, Zündung und Verbrennung — die gesamte Wärmemenge Q_1 (die gesamte
Kraftstoffmenge) in der mit konstantem Druck p_2 betriebenen Brennkammer

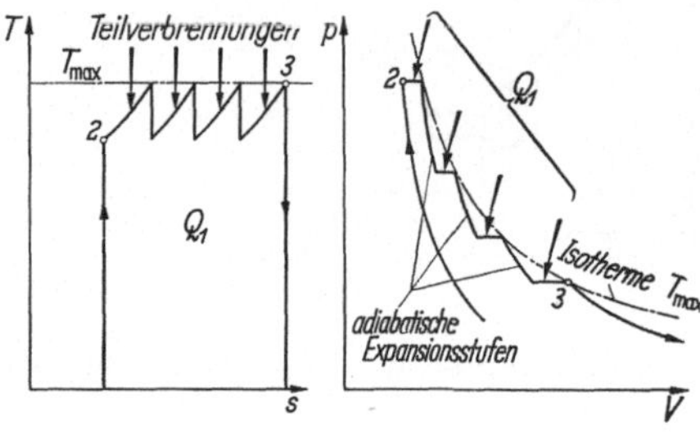

Abb. 10. Angenäherte isothermische Wärmezufuhr durch mehrfache Teilverbrennungen
zwischen den einzelnen Expansionsstufen

vor Beginn der Expansion zu, verwirklicht man also die nach Abb. 8 bei konstantem Druck p_2 von Punkt *2* bis Punkt *3* verlaufende Wärmezufuhr, so beschränkt man sich praktisch auf eine *obere Druckgrenze*, für welche man die Brennkammerwände usw. konstruktiv bemessen hat.

Die *Kolben*kraftmaschinen sind nun — im Gegensatz zu Turbinen und Raketen
— *nicht* unmittelbar durch die *Höchsttemperaturen* (rund 2000 °C) des Arbeitsprozesses gefährdet. Innerhalb der Wände der Kolbenmaschine wiederholt sich ja
in rascher Folge stets das gleiche, zwischen hohen und niedrigen Temperaturen
wechselnde Arbeitsspiel, so daß die Wände nur eine *Durchschnitts*temperatur
wahrnehmen.

Demnach sind für den gesuchten „vollständigen Idealprozeß" folgende Begrenzungen gegeben: *Höchster zulässiger Druck*, bei dessen Überschreitung der
Motor der Gefahr des Platzens nahekommen würde, und *tiefste verfügbare Umgebungstemperatur*, deren Unterschreitung nutzlos wäre (Abb. 11).

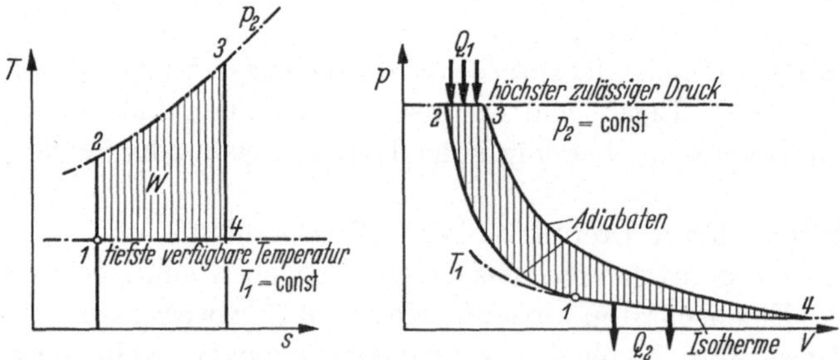

Abb. 11. Vollständiger Idealprozeß. Höchstmögliche Ausbeute an mechanischer Arbeit
zwischen dem höchsten zulässigen Druck und der tiefsten verfügbaren Temperatur

**Offenbar wird jene Kraftmaschine die günstigste Leistungsausbeute ergeben,
deren Konstruktion einen möglichst hohen Höchstdruck zuläßt, und deren Arbeitsverfahren sich dem beschriebenen „vollständigen Idealprozeß" möglichst annähert.**

Die heute üblichen Arbeitsverfahren bei *Kolben-Brennkraftmaschinen* unterscheiden sich aus verschiedenen Gründen in folgenden hauptsächlichen Punkten vom vollständigen Idealprozeß:

1. Angesichts der schon erwähnten Schwierigkeit, die isothermische Verdichtung eines Gases — mit Wärmeabfuhr bei verschwindend kleinem Temperaturgefälle gegenüber der Umgebung! — praktisch durchzuführen, verdient der unterhalb der p_1-Linie liegende Zipfel nur theoretisches Interesse (Abb. 12). Man macht von der Möglichkeit, den Gasinhalt unter den Atmosphärendruck zu entspannen, keinen Gebrauch.

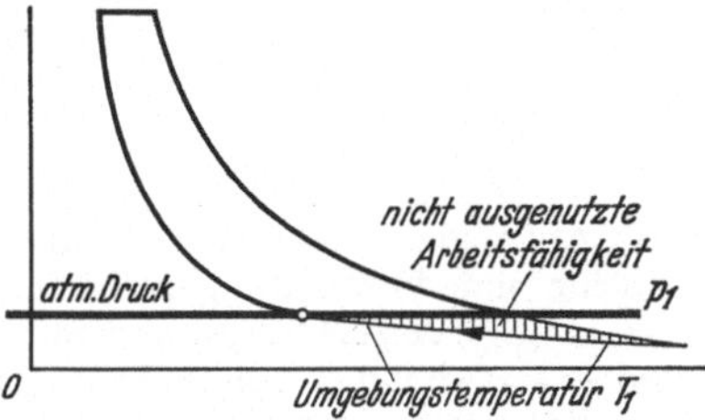

Abb. 12. Verzicht auf Unterdruckzipfel

2. Man verzichtet auf *vollständige* Expansion (Abb. 13), denn ihre restlose Verwirklichung würde einen sehr großen Kolbenhub verlangen, bei dessen Durchlaufen am Ende mehr Energie durch Kolbenreibung verzehrt werden würde, als durch den Zipfel der p-V-Fläche gewonnen werden könnte.

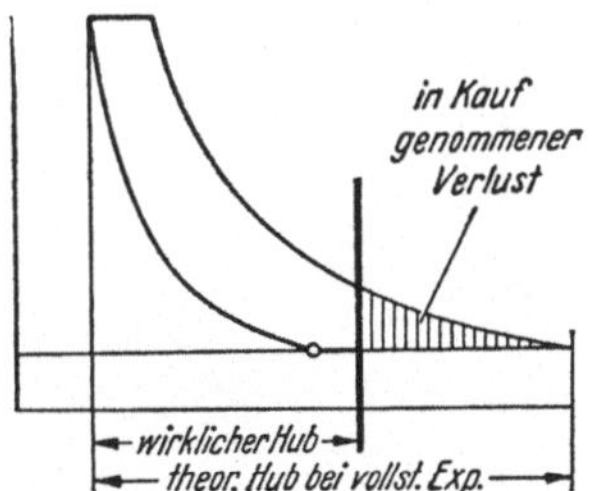

Abb. 13. Verzicht auf vollständige Expansion bei Kolbenmaschinen

3. Bei Kolbenkraftmaschinen, in denen die Zufuhr der Wärmemenge Q_1 durch *Verbrennen von Kraftstoff im Zylinderinnern* erfolgt, muß eine möglichst große Frischluftmenge, deren Sauerstoff ja zur Verbrennung nötig ist, am Prozeß teilnehmen. Man beginnt daher mit der Verdichtung (Punkt *1*) möglichst im Kolbentotpunkt, wo das größtmögliche Luftvolumen eingeschlossen ist (Abb. 14).

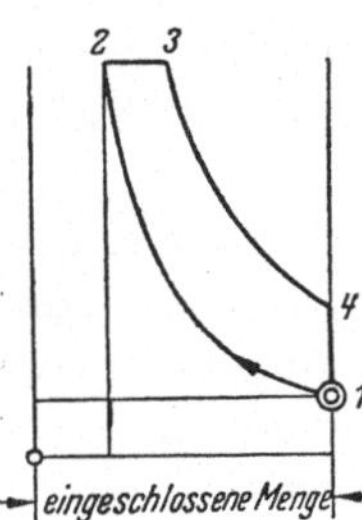

Abb. 14. Möglichst große arbeitende Luftmenge

4. Bei dem später noch zu erklärenden „Otto-Prozeß", der *zünd*fähiges Kraftstoff/Luft-Gemisch verdichtet, darf eine gewisse Verdichtungstemperatur wegen der Gefahr klopfender Verbrennung nicht überschritten werden (Abb. 15). Man ist also *im Verdichtungsverhältnis* beschränkt (Abb. 16). Beim „Diesel"-Prozeß, wo reine Frischluft verdichtet wird, besteht diese Gefahr nicht. Der Dieselmotor

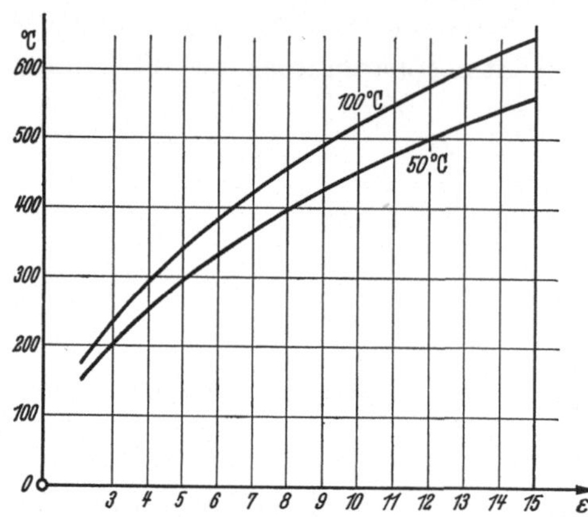

Abb. 15. Abhängigkeit der Verdichtungstemperatur vom Verdichtungsverhältnis $V_1/V_2 = \varepsilon$. (Die Verdichtungstemperaturen sind — ausgehend von einer Anfangstemperatur 50 °C bzw. 100 °C — mit einem Exponenten $\varkappa = 1{,}35$ errechnet worden)

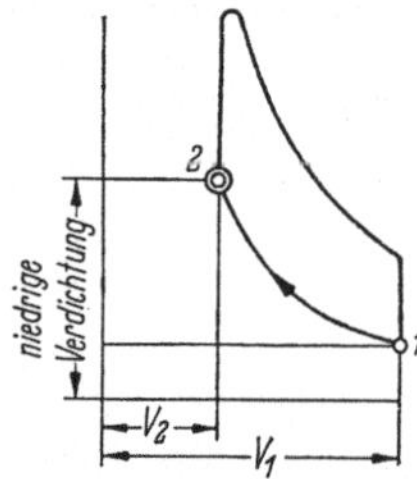

Abb. 16. Beschränkung der Verdichtungshöhe

$V_1/V_2 = \varepsilon = Verdichtungsverhältnis$

dürfte tatsächlich, wie es der Idealprozeß fordert, die Verdichtung bis zum zulässigen Höchstdruck treiben, sofern erreicht werden könnte, daß während der nachfolgenden Verbrennung der Druck nicht mehr ansteigt. (Andernfalls muß man natürlich mit dem Verdichtungsenddruck genügend niedrig bleiben, um nach dem Hinzukommen des Druckanstieges während der Verbrennung den zulässigen Höchstdruck nicht zu überschreiten.)

Diese Abweichungen vom Idealprozeß sind also mehr oder minder freiwillige Zugeständnisse an den praktischen Maschinenbau bzw. an die heute bevorzugte Methode, die Wärmemenge Q_1 *durch innere Verbrennung* eines Kraftstoff/Luft-Gemisches im Motor zu entfesseln.

Man geht so weit, daß man sogar in die Muster- oder Vergleichsprozesse, mit denen man den Gütegrad des Arbeitsverfahrens ausgeführter Maschinen vergleicht, die oben aufgezählten Abweichungen als Gegebenheiten aufgenommen, also neue Idealprozesse aufgestellt hat, deren thermischer Wirkungsgrad von vornherein kleiner ist als der bestmögliche des vollständigen Idealprozesses.

Man benutzt die untenstehenden Vergleichsprozesse (Abb. 17 bis 19).

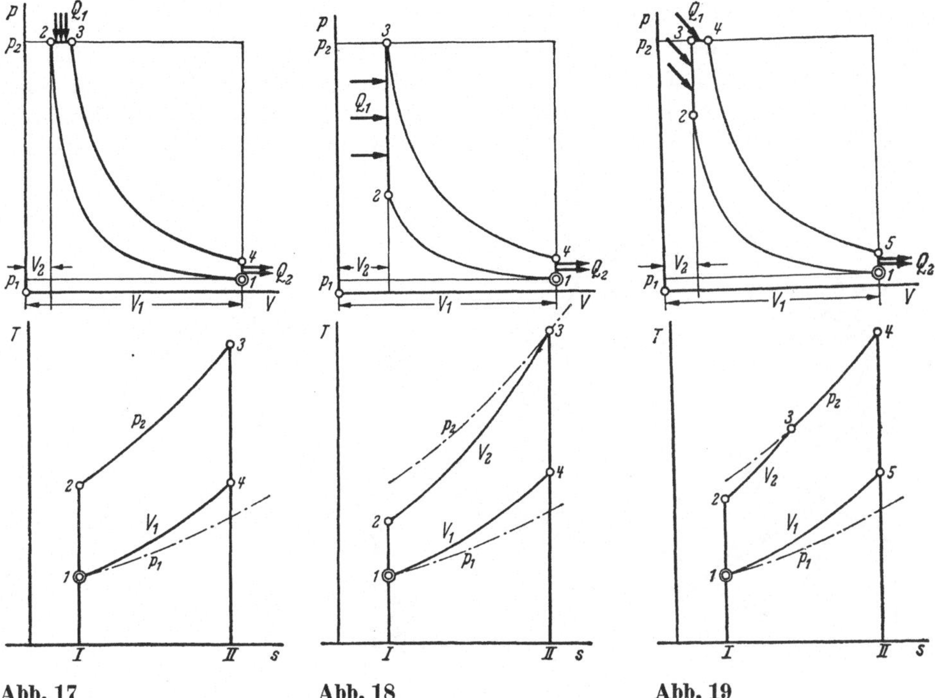

Abb. 17   **Abb. 18**   **Abb. 19**

Abb. 17. Gleichdruckprozeß. Verdichtungsbeginn im unteren Totpunkt. Adiabatische Verdichtung bis auf Höchstdruck. Allmähliche Wärmezufuhr (Verbrennung) ohne Drucksteigerung. Adiabatische Expansion bis Hubende. Wärmeabfuhr (Auspuff) im unteren Totpunkt

Abb. 18. Gleichraumprozeß. Verdichtungsbeginn im unteren Totpunkt. Begrenzte adiabatische Verdichtung. Wärmezufuhr (Verpuffung) mit plötzlicher Drucksteigerung im oberen Totpunkt. Adiabatische Expansion bis Hubende. Wärmeabfuhr (Auspuff) im unteren Totpunkt

Abb. 19. Seiliger-Prozeß. Verdichtungsbeginn im unteren Totpunkt. Begrenzte adiabatische Verdichtung. Wärmezufuhr zunächst mit plötzlicher Drucksteigerung, dann gleichbleibendem Höchstdruck. Adiabatische Expansion bis Hubende. Wärmeabfuhr (Auspuff) im unteren Totpunkt

Es ist wichtig, sich klarzumachen, welche Forderungen mit diesen Musterprozessen gestellt sind. Sie verlangen Wärmezufuhr Q_1 nach scharf bestimmtem Verlauf, Beendigung der Wärmezufuhr vor Beginn der Expansion, „adiabatische" (isentropische) Expansion ohne Wärmezu- oder -abführung, Abfuhr der Wärmemenge Q_2 erst bei Erreichung des unteren Totpunktes, möglichst hohe adiabatische (isentropische) Verdichtung. Und selbst wenn alle diese theoretischen Forderungen genau erfüllt und verwirklicht wären, wäre der Wirkungsgrad erheblich kleiner als *1*, eben wegen der oben erklärten Notwendigkeit der nach vollendeter Expansion unweigerlich abzuführenden Wärmemenge Q_2.

Gleichdruck- und Gleichraumprozeß sind leicht als Sonderfälle des „Seiliger"-Prozesses zu erkennen. Der Gleichdruckprozeß mit der vollständigen isentropischen Verdichtung kommt zweifellos dem Idealprozeß am nächsten und hat daher auch bei gegebenem Höchstdruck den besten Wirkungsgrad. Das Schaubild Abb. 20 gibt einen Überblick, wie sich der Wirkungsgrad η_{th} dieser Muster-

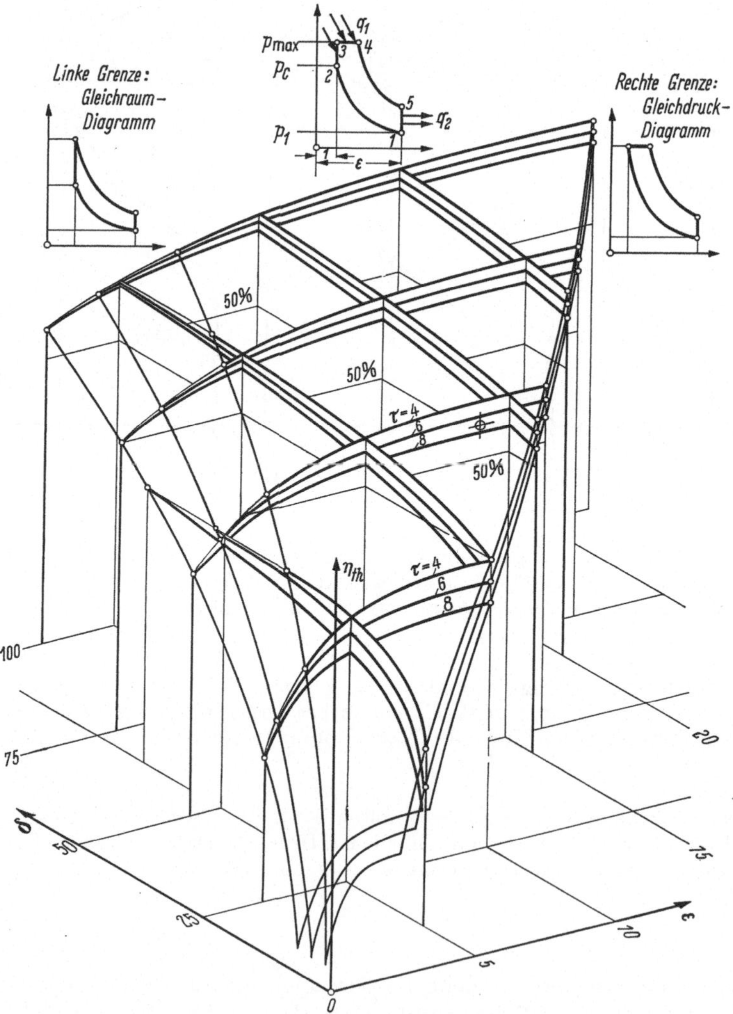

Abb. 20. Theoretischer thermischer Wirkungsgrad η_{th} von Seiliger-Prozessen

Der thermische Wirkungsgrad dieses Musterprozesses (vgl. Abb. 19!) ist (bei Voraussetzung der Eigenschaften „idealer" Gase)

$$\eta_{th} = \frac{q_1 - q_2}{q_1} = 1 - \frac{q_2}{q_1} = 1 - \frac{c_v(T_3 - T_1)}{q_1}.$$

prozesse mit der Festsetzung des Höchstdruckes $p_3 = \delta\,p_1$ und mit dem Verdichtungsverhältnis ε ändert. Der Wirkungsgrad rückt augenfällig höher, wenn der zulässige Höchstdruck höher angesetzt wird. Man sieht jedoch, daß der zunächst so rasche Anstieg von η_{th} sich bei größer werdendem δ immer mehr verlangsamt, so daß schließlich der erhöhte Bauaufwand für die höheren Drücke kaum noch durch den geringen Gewinn an Wirkungsgrad gerechtfertigt erscheint, ganz zu schweigen von den übrigen mit höheren Drücken eintretenden Schwierigkeiten (stärkere Kolbenreibung, gesteigerte Lagerbeanspruchungen usw.). Das Anwachsen von η_{th} mit dem Verdichtungsverhältnis ε geht bei kleinen Werten von ε recht steil vor sich, bei höheren Werten von ε dagegen ist der Anstieg nur flach, so daß dann durch höhergetriebene Verdichtung keine lohnende Verbesserung mehr erzielbar wird. Die Kurven gehen mit waagerechter Tangente in den Höchstwert des Gleichdruckprozesses über. Auch die Menge der in den Prozeß eingeführten Wärme Q_1 ist von Einfluß auf den Wirkungsgrad, wie man aus dem Schaubild entnehmen kann, wo längs jeder Kurve der Wert Q_1 konstant angenommen ist. Die Verringerung von η_{th} mit gesteigertem Wärmeumsatz erklärt sich aus der Vergrößerung des Verlustes infolge des weggelassenen Expansionsschwanzes (Abb. 13).

Beispiel: Ein Dieselmotor mit dem Raumverhältnis $\varepsilon = 14$, in welchem als Höchstdruck 50 bar zugelassen werden mögen, soll mit Gasöl vom Heizwert 41 870 kJ/kg betrieben werden, und zwar mit einem Gemischverhältnis von 1 kg Gasöl auf 18 kg Luftfüllung.

$$\varepsilon = 14, \quad \delta = \frac{50}{1}, \quad q_1 = \frac{41{,}9 \cdot 10^6}{18 + 1} = 2{,}205 \cdot 10^6 \text{ J/kg Gas},$$

$$c_p = 1047 \,\frac{\text{J}}{\text{kg K}}, \quad T_1 = 273 + 20, \quad \tau = \frac{q_1}{c_p T_1} = \frac{2{,}205 \cdot 10^6}{1047 \cdot 293} = 7{,}2.$$

In dem Schaubild Abb. 20 wird abgelesen: Theoretischer thermischer Wirkungsgrad bei musterhaftem Verlauf des Prozesses: $\eta_{th} = 56\%$.

Hierin ist: $q_1 = c_v(T_3 - T_2) + c_p(T_4 - T_3)$ J/kg Gas, woraus $T_4 = \dfrac{q_1}{c_p} - \dfrac{c_v}{c_p}(T_3 - T_2) + T_3$.

Nun ist aber $\dfrac{c_p}{c_v} = \varkappa$, $\dfrac{v_1}{v_2} = \varepsilon$, $\dfrac{p_3}{p_1} = \delta$, $v_3 = v_2$, $p_4 = p_3$, $v_5 = v_1$ und nach bekannten Gleichungen der Wärmelehre:

$$T_2 = T_1\varepsilon^{\varkappa-1}, \quad p = p_1\varepsilon^{\varkappa}, \quad T_3 = T_3\frac{p_3}{p_1}, \quad v_4 = v_3\frac{T_4}{T_3}, \quad T_5 = T_4\left(\frac{v_4}{v_5}\right)^{\varkappa-1}.$$

Für T_5 ergibt sich hiernach: $T_5 = T_1\dfrac{1}{\delta^{\varkappa-1}} \cdot \left[\dfrac{q_1}{c_p \cdot T_1} + \dfrac{\varkappa-1}{\varkappa} \cdot \dfrac{\delta}{\varepsilon} + \dfrac{\varepsilon^{\varkappa-1}}{\varkappa}\right]^{\varkappa}$

und endlich:

$$\left\|\; \eta_{th} = 1 - \frac{\left[\dfrac{q_1}{c_p \cdot T_1} \cdot \dfrac{\varepsilon}{\delta} + \dfrac{\varkappa-1}{\varkappa} + \dfrac{\varepsilon^{\varkappa}}{\varkappa\delta}\right]^{\varkappa} - \dfrac{\varepsilon^{\varkappa}}{\delta}}{\dfrac{q_1}{c_p T_1} \cdot \varkappa \cdot \dfrac{\varepsilon^{\varkappa}}{\delta}} \;\right\|.$$

Nach dieser Gleichung sind die abgebildeten Kurvenscharen ausgerechnet. Die (dimensionslose) Größengruppe $\dfrac{q_1}{c_p T_1}$ ist zur Abkürzung mit τ bezeichnet worden. Für $\varkappa$ wurde 1,40 angenommen

Die Errechnung dieses theoretischen inneren Wirkungsgrades η_{th} vereinfacht sich sehr, wenn man von der Begrenzung durch einen Höchstdruck absieht und grundsätzlich den *Gleichraumprozeß* (Abb. 9) als Vergleichs- und Musterprozeß wählt, dessen η_{th} nur vom Verdichtungsverhältnis ε abhängig ist. Ist dieses Verdichtungsverhältnis (durch Rücksichten auf Kraftstoffeigenschaften oder auf Undichtigkeiten und Reibungsverluste, die mit höheren Drücken anwachsen) auf ein bestimmtes Maß begrenzt, so errechnet sich der theoretische Bestwirkungsgrad dieses Gleichraumprozesses zu

$$\eta_{th} = 1 - \left(\frac{1}{\varepsilon}\right)^{\varkappa-1}.$$

Der Spitzendruck würde dabei theoretisch $p_3 = p_1(\varepsilon^{\varkappa} + \varepsilon\,\varkappa\,\tau)$.

Beispiel: $\varepsilon = 14$, $\varkappa = 1{,}4$, $\tau = 7{,}2$, $p_1 = 1$ bar,

$$\eta_{th} = 1 - \frac{1}{14^{0{,}4}} = 0{,}65,$$

$$p_3 = 1 \cdot (14^{1{,}4} + 14 \cdot 1{,}4 \cdot 7{,}2) = 181 \text{ bar}.$$

Streng genommen dürfte η_{th} nicht so einfach errechnet werden, als ob es sich um ein ideales Gas handelt. Die Änderung von c_p und $\varkappa$ beim wirklichen Gas in Abhängigkeit von p und T, die Verschiedenheit der Gaszusammensetzung vor und nach der Verbrennung, sowie die Dissoziation der Verbrennungsgase infolge der hohen Temperaturen ergäben einen geringeren Wirkungsgrad als beim Kreisprozeß eines idealen Gases. Diese zusätzlichen, naturgegebenen Einflüsse lassen sich mit hoher Genauigkeit erfassen, wenn man die Kreisprozeßrechnung mit *h-s*-Diagrammen (Enthalpie-Entropie-Diagrammen) für Verbrennungsgase durchführt.

Aber auch wenn man diese genauere Musterprozeß-Berechnung zugrunde legt, bleibt der wirkliche thermische Wirkungsgrad eines Motors hinter dem theoretischen Bestwirkungsgrad mehr oder weniger zurück. Der Grad der Annäherung an den Vergleichsprozeß wird oft summarisch durch den Gütegrad $\eta_g = \eta_i/\eta_{th}$ ausgedrückt. Es ist jedoch möglich, die wesentlichen, zusätzlichen Verluste mit guter Näherung rechnerisch zu erfassen und damit zu einer „Realprozeß-Rechnung" zu gelangen.

Die hauptsächlichen Abweichungen, die den Gütegrad herabsetzen, sind:

    1. unprogrammäßige Wärmezufuhr,
    2. unprogrammäßige Wärmeabfuhr.

Zu 1. Die Wärmezufuhr erfolgt durch die Verbrennung eines Kraftstoff-Luft-Gemisches. Der Verbrennungsablauf kann nicht entsprechend einem Seiliger-Prozeß gesteuert werden, denn der Gleichraumanteil der Verbrennung (Abschnitt *2—3* in Abb. 19) würde es erforderlich machen, einen Teil des Kraftstoff-Luft-Gemisches in der Zeit Null zu verbrennen. Die Wärmeumsetzungsgeschwindigkeit dQ/dt müßte unendlich groß werden, was offensichtlich unmöglich ist. Aber auch der Gleichdruckanteil des Vergleichprozesses läßt sich selbst bei dem später näher beschriebenen Dieselmotor nicht hinreichend genau verwirklichen. Das Ende der Verbrennung zieht sich in der Regel mehr oder weniger weit in die Expansion hinein („schleichende Verbrennung", „Nachbrennen"). Der tatsächliche Verlauf der Wärmefreisetzung läßt sich recht gut durch ein „Vibe- Brenngesetz" darstellen

(Abb. 21 und 22). Ist t_z die für die vollständige Verbrennung benötigte Zeit und x der Anteil des Kraftstoff/Luft-Gemisches, der vom Verbrennungsbeginn bis zur Zeit $t < t_z$ verbrannt ist, so läßt sich der Energieumsatz durch die Gleichung („Durchbrennfunktion")

$$x = 1 - \exp\left[-6{,}91(t/t_z)^{m+1}\right]$$

darstellen.

Darin ist m ein Kennwert für den Verlauf der Wärmefreisetzung. Er liegt für Otto- und Dieselmotoren im Bereich von $0{,}25 \leq m \leq 1{,}6$.

Für eine schrittweise Berechnung des Verbrennungsverlaufs ist die Ableitung der obigen Gleichung zweckmäßiger (oft als „Heizgesetz" bezeichnet). Sie stellt dQ/dt bezogen auf die gesamte zugeführte Wärmemenge Q_1 dar. Ihre Gleichung lautet:

$$\frac{dx}{dt} = 6{,}91 \cdot (m+1) \cdot \left(\frac{t}{t_z}\right)^m \cdot \exp\left[-6{,}91(t/t_z)^{m+1}\right].$$

Da bei Verbrennungsmotoren die Verbrennungsgeschwindigkeit etwa proportional zur Drehzahl zunimmt (zunehmende Turbulenz im Brennraum), werden die obigen Gleichungen oft mit dem Term (φ/φ_z) anstelle von (t/t_z) geschrieben. Da die Brenndauer φ_z, in Grad Kurbelwinkel gemessen, etwa konstant ist, werden die Gleichungen damit von der Drehzahl unabhängig.

Zu 2. Leider geht an die Metallmasse der den Verbrennungsraum umgebenden Wände des Motors zur Unzeit Wärme aus dem Prozeß heraus, die sie zum größten Teil nach außen an

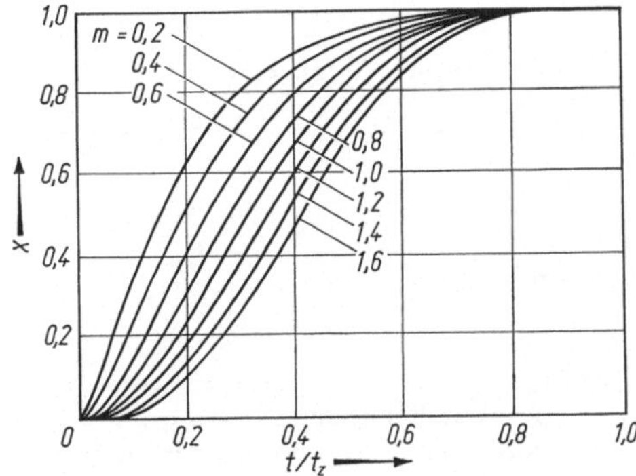

Abb. 21. Vibe-Brenngesetz (Durchbrennfunktion)

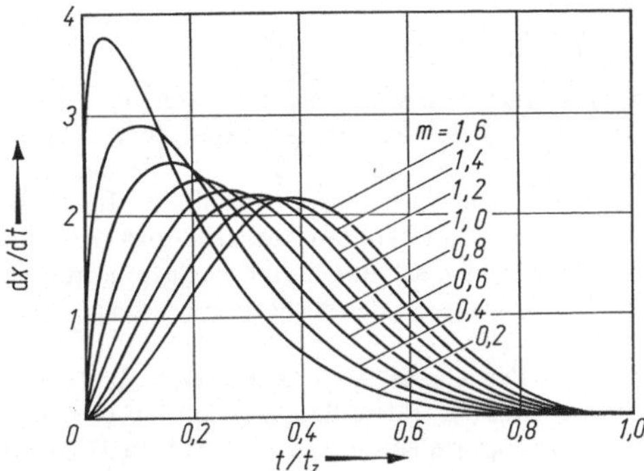

Abb. 22. Vibe-Brenngesetze (Heizgesetz)

die Luft oder das Kühlwasser abführen, zum anderen Teil speichern und dem Prozeß zur
Unzeit wieder zuführen. So wird etwa in der ersten Hälfte des Verdichtungstaktes Wärme
von den Wänden auf das Gas übertragen, der Druck steigt stärker als bei isentroper Verdichtung und die Verdichtungsarbeit wird größer. Gegen Ende der Verdichtung ist die
Gastemperatur höher als die Wandtemperatur, es wird Wärme abgeführt, das Tempera-
turniveau gesenkt und damit der Gütegrad verschlechtert. Vor allem während der Verbrennung, bei Gastemperaturen bis zu 2500 K und heftiger Turbulenz im Brennraum, verschwindet die kaum glaubliche Menge von 20% (und mehr!) der zugeführten Wärme Q_1
sofort ungenützt durch die Wände und geht damit dem Arbeitsprozeß verloren. Verglichen
damit sind die bei der weiteren Expansion auftretenden Wärmeverluste von 5 bis 10%
der zugeführten Wärme von weniger großer Bedeutung. Der Wärmeübergang von Gas zur
Wand und umgekehrt, läßt sich durch schrittweise Rechnung recht zuverlässig bestimmen.
Die in der Zeit Δt übergehende Wärmemenge ist

$$\mathrm{d}Q_w = \alpha A_w(T_{\mathrm{Gas}} - T_{\mathrm{Wand}})\,\Delta t$$

mit α Wärmeübergangszahl;

          A_w wärmeübertragende Wandfläche $= f$ (Kurbelwinkel);

          T_{Gas} Gastemperatur;

          T_{Wand} gasseitige Wandtemperatur;

          Δt Zeitschritt, dem z. B. 2° Kurbelwinkel entspricht.

Für die Wärmeübergangszahl gibt es verschiedene Ansätze, die auf die besonderen Bedingungen in Verbrennungsmotoren abgestimmt sind. Aufgrund der guten Übereinstimmung
mit Meßergebnissen wird die Gleichung von Woschny bevorzugt, welche folgende Form
hat

$$\alpha = 130 \cdot d^{-0,2} p^{0,8} T^{-0,53} \left[c_1 c_m + c_2 \frac{V_h T_1}{p_1 V_1} (p - p_0) \right]^{0,8} \mathrm{W/m^2\,K}.$$

Darin bedeuten:

      d Zylinderdurchmesser in m;

      p Druck im Zylinder mit Verbrennung in bar;

      p_0 Druck im Zylinder ohne Verbrennung in bar;

      T Gastemperatur K;

      c_m mittlere Kolbengeschwindigkeit m/s;

          bei Ladungswechsel $c_1 = 6{,}18 + 0{,}417 \cdot c_u/c_m$;

          bei Verdichtung und Expansion $c_1 = 2{,}28 + 0{,}308 \cdot c_u/c_m$;

          bei Ottomotor und bei Diesel-Direkteinspritzung $c_2 = 3{,}24 \cdot 10^{-3}$ in m/sK;

          bei Vorkammerdieselmotor $c_2 = 6{,}22 \cdot 10^{-3}$ in m/sK;

      $c_u = d\pi n_d =$ Umfangsgeschwindigkeit der Luft im Zylinder, ermittelt im Statio-
          närversuch mit Drehzahl n_d eines Flügelradanemometers von $0{,}7 \cdot d_{\mathrm{Zyl}}$
          Durchmesser.

Weitere Umstände, die den Gütegrad herabsetzen sind:

3. Unvollständige Verbrennung, d. h. unvollständige Entwicklung der nach dem Heizwert des Kraftstoffes zu erwartenden Wärmemenge Q_1, z. B. infolge Sauerstoffmangels,
Erlöschen der Flamme in der Nähe kalter Wände (Wärmeabfuhr größer als Wärmezufuhr
aus der Verbrennung) oder sonstiger ungünstiger Umstände. Durch unvollständige Verbrennung wird vor allem die Abgasqualität (Emission von Kohlenmonoxid und Kohlenwasserstoffen) negativ beeinflußt, während der Gütegrad im allgemeinen erst dann nennenswert verschlechtert wird, wenn die Abgasemission schon längst die gesetzlich vorgeschriebe-
nen Grenzen überschritten hat.

4. Drosselwirkungen beim Ein- und Ausströmen des Gases, welche Druckverluste und
entsprechende Einbußen an Diagrammfläche verursachen. Besonders der später beschriebene Ottomotor verhält sich bei Teillast recht ungünstig, da seine Regelung durch Drosseln
der angesaugten Ladung erfolgt. Dadurch steigt die Ladungswechselarbeit stark an und
verschlechtert den Gütegrad.

5. Undichtigkeiten von Kolben und Ventilen wirken sich negativ auf den Gütegrad aus, da ein Teil des arbeitenden Gases aus dem Zylinder entweichen kann. Bei modernen Motoren liegt diese Leckage aber unter 1% des Gasdurchsatzes, spielt also für den Gütegrad eine untergeordnete Rolle. Eine Bedeutung haben aber die an den Kolben vorbei ins Kurbelgehäuse gelangenden Leckagen („blow-by") für die Abgasemission eines Motors. Da sie überwiegend aus Frischgas bestehen, also zündfähig sind, müssen sie aus dem Kurbelgehäuse abgeführt werden, um Kurbelgehäuseexplosion (z. B. bei einem Kolben- oder Lagerfresser) zu vermeiden. Da die in den „blow-by"-Gasen enthaltenen Kohlenwasserstoffe eine Umweltbelastung darstellen, werden sie heute nicht mehr frei in die Atmosphäre entlassen, sondern wieder der Ansaugleitung zugeführt.

II Der Verbrennungsmotor

1 Arbeitsweise der Verbrennungsmotoren

Die Zufuhr der Wärme Q_1 erfolgt durch Verbrennen des zündfähigen Kraftstoff/Luft-Gemisches im Zylinder. Da zur Verbrennung eines Kilogramm Kraftstoffes eine ganz bestimmte Luftmenge (etwa 12 m³ Luft für 1 kg Benzin!) benötigt wird, ist die Höchstmenge des bei einem Arbeitsablauf verbrennbaren Kraftstoffes durch den im Zylinder befindlichen Vorrat von Luft begrenzt. Durch die innere Verbrennung wird zwischen jedem Arbeitsspiel ein *Ladungswechsel* erforderlich, also der Austausch der Verbrennungsgase gegen frische sauerstoffhaltige Luft.

Die Abfuhr der Wärme Q_2 erfolgt durch Ausstoßen der heißen Verbrennungsgase aus dem Zylinder nach der Expansion.

Nach dem Ausstoßen der Abgase muß der *Zylinder mit frischer Ladung gefüllt* werden, die eingesaugt oder hineingedrückt werden muß.

Der *Viertaktmotor* erfüllt die vorgenannten Aufgaben in einem Ablauf von *vier* Kolbenhüben (Abb. 23):

1. Ansaugen frischer Ladung,
2. Verdichtung,
3. Zündung, Verbrennung und Expansion,
4. Ausschieben der Abgase.

Der Viertaktmotor braucht also zwei Umdrehungen der Kurbelwelle zum einmaligen Ablauf seines Arbeitsverfahrens. Daher dreht sich die Steuerwelle, welche das Öffnen und Schließen der Ventile zu betätigen hat, mit der *halben* Motordrehzahl[1].

Der *Zweitaktmotor* spart die beiden Takte des Ansaugens und Ausschiebens (Abb. 24). Der Wechsel des Zylinderinhaltes geschieht nach der Expansion in unmittelbarer Nähe des unteren Totpunktes, so daß bei Beginn der Verdichtung das Abgas entfernt und die frische Ladung eingefüllt ist. Das Ausstoßen der Abgase erfolgt durch Auspuff*schlitze*, welche vom Arbeitskolben normalerweise abgedeckt und nur in der Nähe des unteren Totpunktes geöffnet werden. Es gibt jedoch auch Zweitaktmotoren mit nockengesteuerten Auslaßventilen. Nachdem die Abgase sich entspannt haben, wird frische Ladung durch Ventile oder Schlitze eingeblasen, welche die restlichen Abgase „ausspült" und das Zylinderinnere füllt. Beim Rücklauf des Arbeitskolbens beginnt die Verdichtung in dem Augenblick, wo die Auspuffschlitze überdeckt werden.

---

[1] Zahnräder mit der Übersetzung 2:1 gehören seit Erfindung des Viertaktmotors zu seinen charakteristischen Bauelementen.

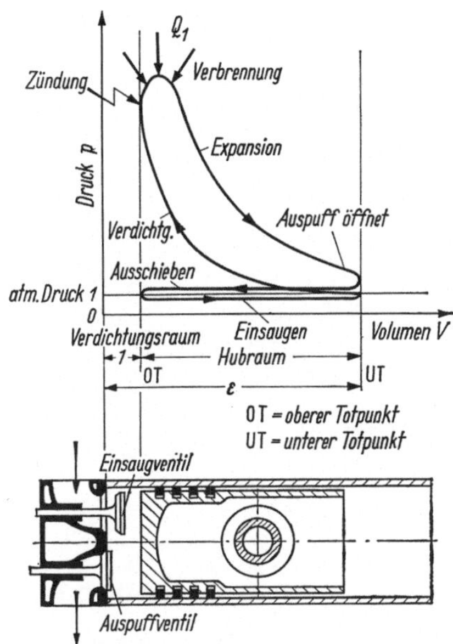

Abb. 23. Arbeitsverfahren des Viertaktmotors

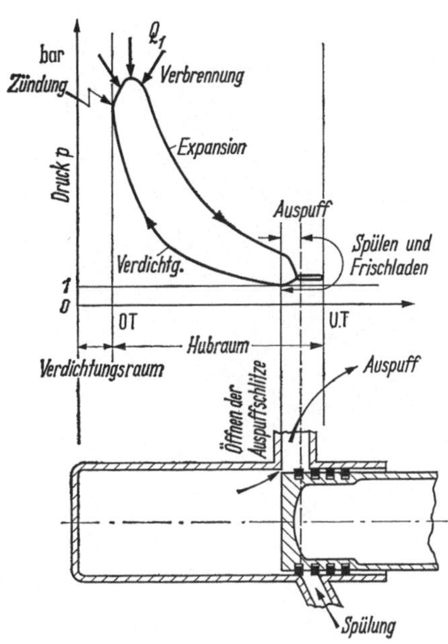

Abb. 24. Arbeitsverfahren des Zweitaktmotors

Der Zweitaktmotor arbeitet also nach folgendem Schema:

1. Verdichtung,
2. Arbeitstakt (Zündung, Verbrennung, Expansion, Auspuff, Spülung und frische Füllung).

Der Zweitaktmotor leistet bei *jeder* Umdrehung der Kurbelwelle einen Arbeitstakt. Die Steuerwelle für etwa vorhandene Ventile und Kraftstoffpumpe muß mit einer Drehzahl umlaufen, die der Motordrehzahl gleich ist. Bei Schlitzspülung sind jedoch gesteuerte Ventile im Zylinderdeckel gar nicht vorhanden.

Rein äußerlich unterscheiden sich Viertakt- und Zweitaktmotor folgendermaßen:

Der *Viertaktmotor* hat in jedem Zylinderdeckel mindestens ein Einlaßventil und ein Auslaßventil. Ansaugleitung und Auspuffleitung gehen von den Zylinder*köpfen* aus. Einlaß- und Auslaßventile werden von einer Nockenwelle aus mittels Stangen, Hebeln usw. taktmäßig betätigt. Die Nockenwelle („Steuerwelle") läuft mit halber Motordrehzahl (vgl. Abb. 25!). Die Tatsache, daß ein einzelner Zylinder nur jede zweite Umdrehung einen Arbeitshub leistet, und das Bestreben, bei Mehrzylindermotoren aufeinanderfolgende Zündungen in gleichen Abständen zu erzielen, führen zu folgenden Nutzanwendungen:

*Viertakt-Stern*motoren erhalten ungerade Zylinderzahl (Abb. 26).
*Viertakt-Reihen*motoren mit geradzahliger Zylinderzahl erhalten paarweise gleichgerichtete Kurbelkröpfungen (Abb. 27).

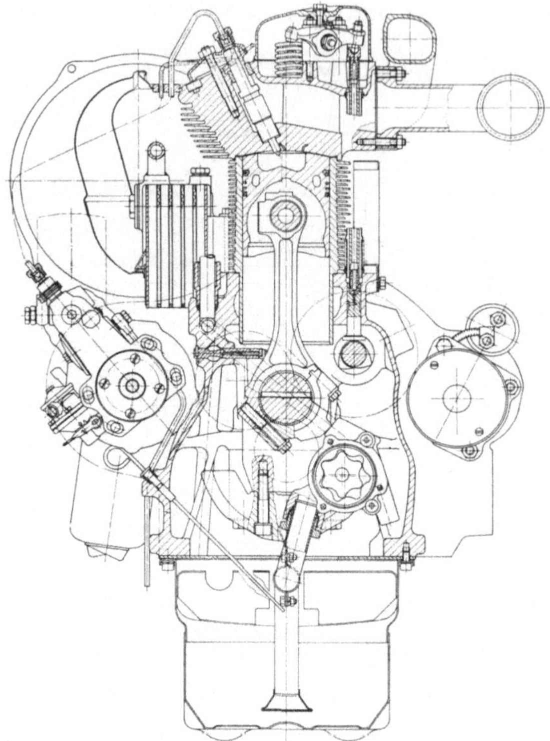

Abb. 25. Luftgekühlter Viertakt-Dieselmotor (Klöckner-Humboldt-Deutz AG)

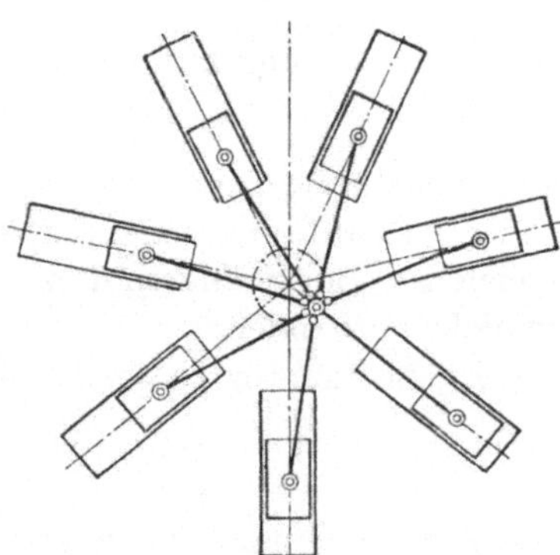

Abb. 26. Sternmotor

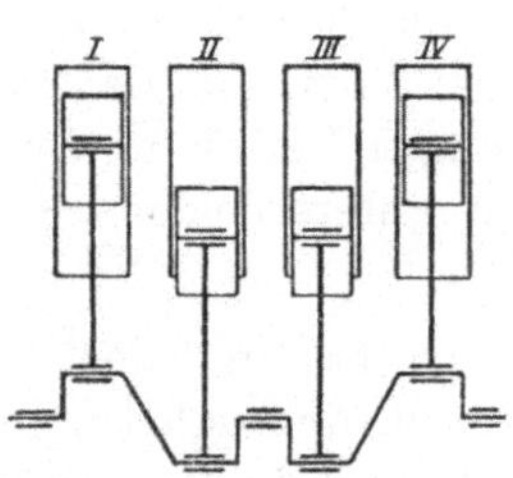

Abb. 27. Reihenmotor

Der *Zweitaktmotor* hat gewöhnlich keinerlei Ventile im Zylinderdeckel, da Auspuff und Einlaß durch Schlitze in Mantel und Laufbüchse erfolgen. Im Zylinderdeckel sitzt dann lediglich die Zündkerze bzw. Einspritzdüse und allenfalls — bei größeren Motoren — ein selbsttätiges Sicherheitsventil und ferngesteuertes Anlaßventil. Eine Steuerwelle für Ventilbetätigung ist daher in der Regel nicht vorhanden. Spülluftleitung und Auspuffleitung schließen im unteren Teil des Zylin-

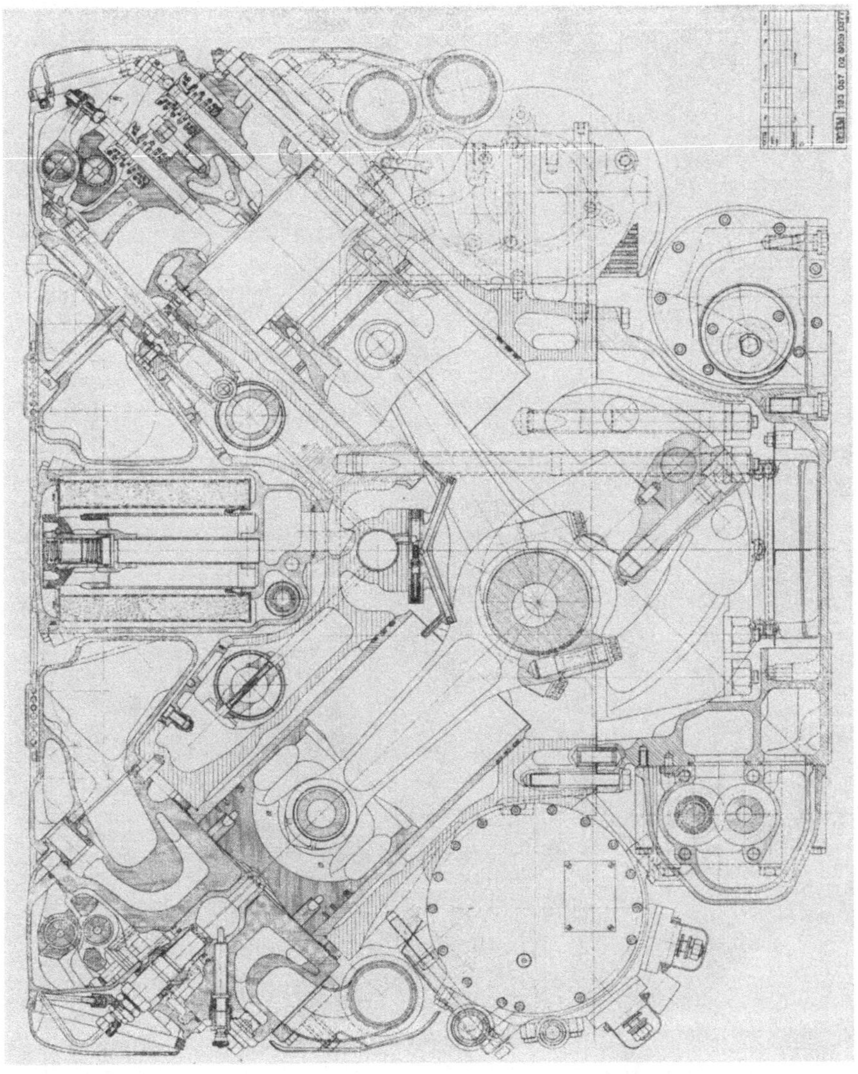

Abb. 28. Wassergekühlter Vorkammer-Dieselmotor in V-Anordnung (MTU — Motoren-Turbinen-Union, Friedrichshafen)

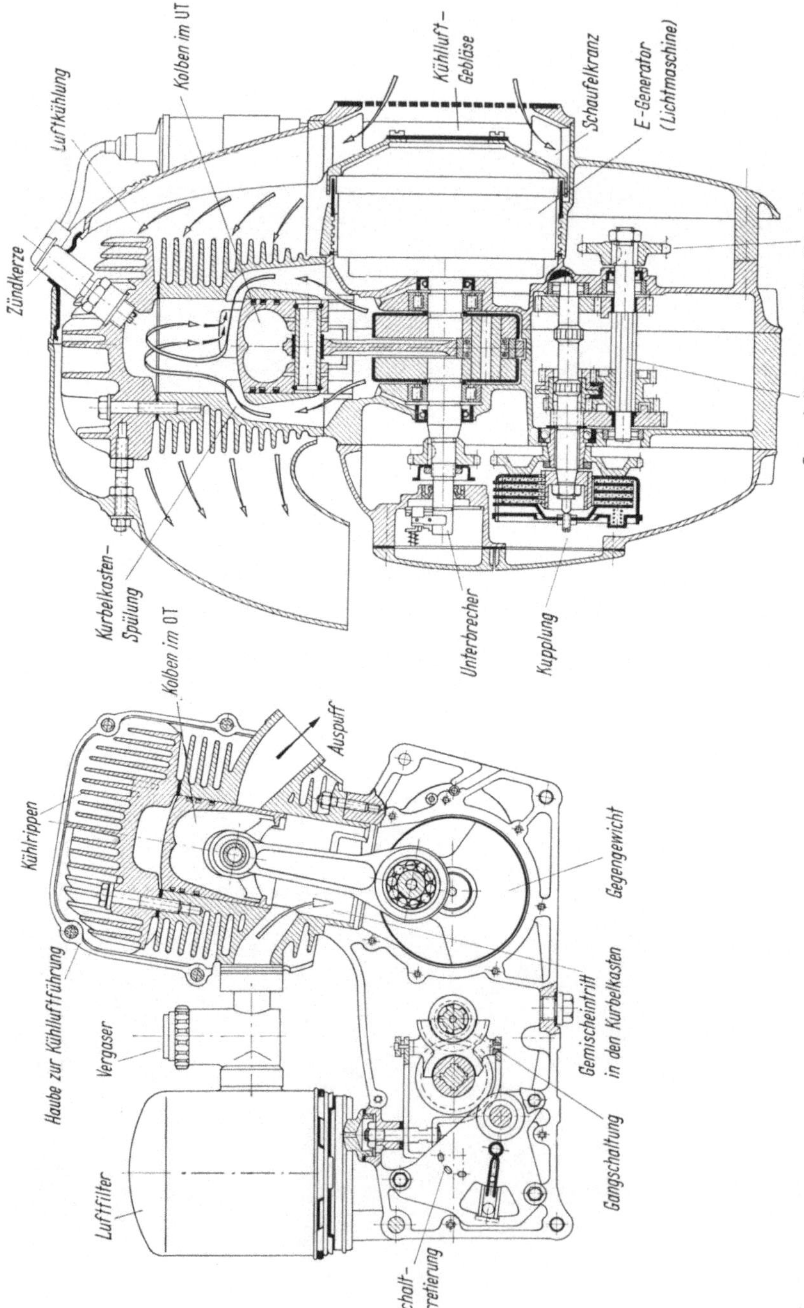

Abb. 29. Kleinfahrzeugmotor Fichtel & Sachs. Einzylinder-Zweitakt-Vergasermotor mit Kurbelkastengebläse. Schnürle-Umkehrspülung. Auslaßschlitz auf der gleichen Zylinderseite zwischen den beiden Einlaßschlitzen. Luftkühlung des Zylinders und Zylinderdeckels mit Hilfe eines auf der Motorachse (rechts) angebrachten Kühlluftgebläses. Das Bild zeigt zugleich die für ein Fahrzeug notwendige Kupplung und Mehrgangschaltung. Gebaute Kurbelwelle mit Wälzlagern. Kettenübertragung zum Getriebe

ders an den Mantel an (vgl. Abb. 29). Zweitakt-Sternmotoren können gerad-
zahlige Zylinderanzahl aufweisen. Zweitakt-Reihenmotoren vermeiden gleichgerichtete Kurbelkröpfungen. Doppeltwirkende Zweitaktmotoren vermeiden
sogar *entgegengesetzt* gerichtete Kurbelkröpfungen und bevorzugen daher ungerade
Zylinderzahlen. Ein Zweitaktmotor hat ein gleichförmigeres Drehmoment als ein
Viertaktmotor gleicher Zylinderzahl und benötigt daher ein kleineres Schwungrad.

Dem Zweitaktmotor wird die frische Ladung mit einem gewissen Druck ins
Zylinderinnere hineingeblasen. Er besitzt also ein angehängtes oder auch getrennt
angetriebenes *Gebläse*. Bei manchen einfach wirkenden Zweitaktmotor-Bau-
arten allerdings übernimmt die Unterseite des Arbeitskolbens diese Luftverdich-
tungsarbeit, so daß der Kurbelraum zum Gebläse wird (z. B. Abb. 29).

Der Kreuzkopfzapfen eines langsamlaufenden einfach wirkenden Zweitaktmotors wird im Laufe des Arbeitsspieles niemals entlastet, so daß für die Schmierung dieser Lager besondere Sorgfalt nötig ist. Man sieht daher bei Zweitakt-
Großmotoren besonders kräftige Kreuzkopfbauarten mit geringen spezifischen
Flächendrücken, man findet gesonderte Hochdruckschmierung der Kreuzkopfzapfen durch Posaunen oder durch an den einzelnen Kreuzköpfen selbst angehängte kleine Kolbenpumpen (vgl. Abb. 33!).

2 Gemischbildung

Die weit überwiegende Zahl aller heute gebauten Motoren arbeitet nach zwei
wesentlich voneinander verschiedenen Verfahren:

— Ottoverfahren, oder
— Dieselverfahren,

die durch folgende charakteristische Eigenschaften gekennzeichnet sind:

	Ottoverfahren	*Dieselverfahren*
Gemischbildung	A. äußere	a. innere
Art des Gemisches	B. homogen	b. inhomogen
Zündung	C. fremd	c. selbst
Regelung	D. Quantität (λ_L)	d. Qualität (λ)

Beim **Ottomotor** erfolgt die Bildung des zündfähigen Kraftstoff/Luft-Gemisches
außerhalb des Zylinders, entweder in einem Vergaser (flüssiger Kraftstoff) bzw.
„Gasmischer" (gasförmiger Kraftstoff) oder mittels Einspritzventilen, die im
Ansaugrohr oder meistens im Einlaßkanal der Zylinderköpfe angeordnet sind.
Das Kraftstoff/Luft-Gemisch ist weitgehend *homogen*, d. h. Kraftstoff und Luft
sind (im Idealfalle) gleichmäßig vermischt, in nächster Nachbarschaft zu jedem
Kraftstoffmolekül befindet sich bereits der Sauerstoff, der für die Verbrennung
benötigt wird. Die Zündung dieses homogenen Kraftstoff/Luft-Gemisches erfolgt
durch *Fremdzündung*, einen elektrischen Funken, der zum richtigen Zeitpunkt
an den Elektroden der Zündkerze überspringt. Da Kraftstoff/Luft-Gemische nur
in einem engen Bereich von Mischungsverhältnissen zündfähig sind — es müssen
immer zwischen 11,5 und 17,5 kg Luft für die Verbrennung von 1 kg Kraftstoff
vorhanden sein — müssen Luft und Kraftstoff *gemeinsam geregelt* werden, um die

Motorleistung dem jeweiligen Bedarf anzupassen. Bei Teillast muß also nicht nur die Kraftstoffmenge, sondern auch die Luftmenge verringert werden, was sich mit vertretbarem technischen Aufwand nur durch Drosselung erreichen läßt. Auf die unerwünschte Minderung des Wirkungsgrades wurde auf S. 16 schon hingewiesen.

Der **Dieselmotor** saugt reine Luft an. Die Gemischbildung erfolgt im Arbeitszylinder nach der Verdichtung, er hat eine *innere* Gemischbildung. Der Kraftstoff wird durch ein Einspritzventil mit einer oder mehreren Düsenbohrungen in den Verbrennungsraum eingespritzt, wo vor jeder Düsenbohrung eine Keule von Kraftstofftropfen entsteht. Zumindest während der ersten Phase der Einspritzung und auch noch zu Beginn der Verbrennung liegt ein *inhomogenes* Gemisch von Luft und Kraftstoff vor. Natürlich muß man bestrebt sein, möglichst schnell eine innige Vermischung zu erreichen, was nur durch zusätzliche Maßnahmen (s. Abschn. II.8) möglich ist. Die Zündung des Kraftstoffes erfolgt an der hochverdichteten heißen Luft, stellt also eine *Selbstzündung* dar. Die Leistungsregelung kann *allein über die Kraftstoffmenge* erfolgen, da am Rande der Tropfenkeulen immer das richtige Mischungsverhältnis von Kraftstoff und Luft vorhanden ist.

Die beiden Arbeitsverfahren unterliegen verschiedenen *Grenzen*. Beim Ottomotor darf die Verdichtung nicht so hoch getrieben werden, daß sich das Gemisch selbst entzündet. In der Praxis muß man sogar recht erheblich unter dieser Grenze bleiben, da sonst „klopfende Verbrennung" (s. Abschn. II.7) auftreten kann. Die folgende Tabelle gibt Werte für das Verdichtungsverhältnis ε bei verschiedenen Kraftstoffen.

Kraftstoff	ε	Kraftstoff	ε
Normalbenzin (ROZ 90)	8	Gichtgas	7···8
Superbenzin (ROZ 98—100)	9···10	Holzgas	10···11
Methanol	11···13	Erdgas (Methan)	10···12

Beim Dieselverfahren muß umgekehrt die Temperatur bei Verdichtungsende so weit über der Selbstzündungstemperatur des Kraftstoffes liegen, daß eine schnelle Entflammung, ein kleiner „Zündverzug", erreicht wird. Obwohl alle in Dieselmotoren verwendeten Kraftstoffe, vom Gasöl bis zu den Schwerölen, etwa gleiche Zündtemperaturen haben, kann man dennoch kein einheitliches Mindest-Verdichtungsverhältnis angeben.

Neben dem Arbeitsverfahren (Direkteinspritzung oder Kammerverfahren) spielt auch die absolute Zylindergröße eine erhebliche Rolle. Da sich das Hubvolumen mit der dritten Potenz der Linearabmessungen ändert, die Oberfläche der Arbeitsräume aber nur mit der zweiten Potenz, nimmt das Verhältnis von Oberfläche zu Volumen mit zunehmenden Abmessungen ab. Damit wird aber auch die Wärmeabfuhr über die Wände geringer und bei gleichem Verdichtungsverhältnis wird der größere Zylinder höhere Kompressionsendtemperaturen erreichen. Je kleiner die Zylinderabmessungen sind, um so stärker wird sich die Umgebungstemperatur beim Starten der noch kalten Maschine bemerkbar machen, das gilt

besonders für Pkw- und Lkw-Dieselmotoren. Bei diesen muß das Verdichtungsverhältnis so festgelegt werden, daß sich noch ein akzeptables Startverhalten bei
Temperaturen von etwa −15 °C ergibt. Man ist daher gezwungen, mit der Verdichtung höher zu gehen als es für den Wirkungsgrad erwünscht wäre. Während
der theoretische Wirkungsgrad η_{th} mit steigendem Verdichtungsverhältnis zunimmt, sinkt der effektive Wirkungsgrad bei Werten oberhalb von etwa $\varepsilon = 14$
wieder ab. Das ist darauf zurückzuführen, daß mit zunehmendem Verdichtungsverhältnis auch die Gaskräfte in der Maschine stark ansteigen, was zu höheren
Reibungsverlusten führt.

Unter Berücksichtigung dieser Umstände kann man heute bei Dieselmotoren
etwa mit folgenden Verdichtungsverhältnissen rechnen:

Großmotoren mit Direkteinspritzung $\varepsilon \approx 12$,
Kleinmotoren mit Direkteinspritzung (Lkw) $\varepsilon \approx 16$,
Kleinmotoren mit unterteiltem Brennraum (Pkw) $\varepsilon > 20$.

Die beiden Arbeitsverfahren stellen auch an den Kraftstoff unterschiedliche
Anforderungen. Für Ottomotoren soll der Kraftstoff möglichst leicht vergasbar
sein und wenig zur Selbstzündung bei hohen Temperaturen neigen. Dieselkraftstoff muß umgekehrt möglichst zündwillig sein, während die Vergasbarkeit keine
so große Rolle spielt. Es können daher relativ schwerflüchtige Brennstoffe im
Dieselmotor verwendet werden, sogenannte Schweröle.

Beim Ottoverfahren hat man nur sehr begrenzte Möglichkeiten, den Verbrennungsablauf zu steuern. Nach der Einleitung der Verbrennung durch den Zünd-
funken erfolgt ein relativ steiler Druckanstieg mit etwa 2 bis 3 bar pro Grad Kurbelwinkel, die Spitzendrücke liegen bei etwa 40 bis 50 bar und sie sollten etwa 10°
bis 15° Kurbelwinkel nach dem oberen Totpunkt erreicht werden, um gute thermische Wirkungsgrade zu erzielen. Bei Vollast zieht sich dann die Verbrennung
bis etwa 40° bis 50° Kurbelwinkel nach dem oberen Totpunkt in die Expansion
hinein, bei niedrigen Teillasten auch noch weiter.

Beim Dieselmotor vergeht nach dem Beginn der Einspritzung eine gewisse
Zeit, bis die ersten Kraftstofftropfen zünden. Der während dieser „Zündverzugszeit" eingespritzte Kraftstoff verbrennt ähnlich wie beim Ottomotor ziemlich schnell (Drucksteigerungsgeschwindigkeit etwa 3 bis 5 bar pro Grad Kurbelwinkel), erst mit dem anschließend zugeführten Kraftstoff ist eine gewisse Beeinflussung des Druckverlaufes möglich, zumindest bei langsam laufenden Motoren. Beim Schnelläufer muß aber notgedrungen der Kraftstoff in kurzer Zeit eingespritzt werden, was dazu führt, daß sich das Druck-Zeit-Diagramm kaum von
dem eines Ottomotors unterscheidet, abgesehen natürlich von der absoluten Höhe
der Verbrennungsdrücke, die bei nicht aufgeladenen Dieselmotoren in der Gegend
von 70 bar liegen. Aufgeladene Motoren (s. S. 49) erreichen je nach Aufladegrad
Spitzendrücke von 110 bar, bei extremer Hochaufladung werden auch 150 bar
gemessen. Damit ist allerdings eine Grenze der mechanischen Beanspruchung erreicht, die sich in absehbarer Zeit wohl nicht wirtschaftlich sinnvoll überschreiten
läßt. Solche Drücke lassen sich natürlich nur erreichen, wenn auch die Druck-
steigerungsgeschwindigkeiten entsprechend anwachsen, Werte weit über 10 bar
pro Grad Kurbelwinkel wurden schon erreicht. Daß dies auch Probleme hinsichtlich der Geräuschabstrahlung mit sich bringt, ist nicht verwunderlich.

Motoren, die nicht gleichzeitig allen oben angegebenen Kriterien A bis D bzw. a bis d (s. S. 23) entsprechen, werden als *Hybridmotoren* bezeichnet. Ein typisches Beispiel dafür sind die Kleinstmotoren mit 0,5 bis 10 cm³ Hubvolumen, wie sie zum Antrieb von Modellflugzeugen verwendet werden. Diese Motoren haben eine äußere Gemischbildung in einem Vergaser, das Kraftstoff/Luft-Gemisch ist homogen. Die Zündung erfolgt aber als Selbstzündung, was aufgrund der speziellen Zusammensetzung der verwendeten Kraftstoffe (hoher Anteil von Äthyläther) möglich ist. Die Leistungsregelung erfolgt in sehr engen Grenzen durch Verändern der Kraftstoffmenge mittels einer Nadeldüse im Vergaser. Diese Motoren sind also hinsichtlich der obigen Kriterien mit der Folge ABcd zu bezeichnen. Im Laufe der Motorenentwicklung sind eine große Zahl weiterer Hybridverfahren vorgeschlagen und zum Teil auch in Versuchsmotoren realisiert worden. Sie konnten sich aber alle nicht durchsetzen, im wesentlichen wohl weil sie zu aufwendig, d. h. teuer in der Herstellung waren und andererseits die erhofften Verbesserungen im Verbrauch oder in den Betriebseigenschaften nicht erbrachten.

3 Luftbedarf, Leistung, mittlerer Druck, Kraftstoffverbrauch

Zur vollkommenen Verbrennung von 1 kg Kraftstoff wird *eine ganz bestimmte Menge Sauerstoff benötigt*, die aus der chemischen Zusammensetzung des Kraftstoffes berechnet werden kann. Die im Motor beim Verdichtungshub eingeschlossene Sauerstoffmenge bestimmt also die Höchstmenge des im Arbeitshub verbrennbaren Kraftstoffes.

Würde man den Motor nach jedem Arbeitsspiel frisch mit reinem *Sauerstoff* füllen, so könnte man theoretisch etwa 0,4 g Kraftstoff (z. B. Gasöl) in jedem Liter Hubvolumen verbrennen, man würde dabei je Arbeitstakt etwa 16 kJ/l entfesseln und könnte — nebenbei gesagt — der dabei auftretenden hohen Temperaturen sicherlich nicht im entfernten Herr werden. Eine gewisse Sauerstoffanreicherung wurde im Zweiten Weltkrieg bei Flugmotoren vorgenommen. Um für kurze Zeit die Leistung zu erhöhen, wurde der Ansaugluft Stickoxidul beigemischt. Damit konnte eine größere Kraftstoffmenge verarbeitet und die Leistung bis zu 50% gesteigert werden. Überraschenderweise erwies sich Stickoxidul gleichzeitig als recht wirksames Antiklopfmittel.

In Wirklichkeit arbeitet jeder Motor aus ganz natürlichen Gründen *mit Luft*. Luft ist ein Gasgemisch, das zu 21 Vol.-% aus Sauerstoff (O_2) besteht und im übrigen hauptsächlich aus Stickstoff (N_2), der an den Verbrennungsvorgängen praktisch nicht teilnimmt.

Die *Mindestluftmenge*, die gerade noch zur vollständigen Verbrennung eines Kraftstoffes ausreicht, steht also zu dem theoretischen Sauerstoffbedarf des Kraftstoffes in der einfachen Beziehung

$$L_{\min} = O_{\min} \cdot \frac{100}{21} \text{ m}^3/\text{kg Kraftstoff}.$$

Alle Gasmengen, die im *Raum*maß m³ angegeben werden, müssen auf einheitlichen Druck und einheitliche Temperatur bezogen werden, da ja die räumliche Ausdehnung einer Gasmenge von Druck und Temperatur abhängig ist. Man pflegt sich einheitlich auf 0 °C und 760 mm Barometerstand zu beziehen.

Die Dichte trockener Luft ist bei diesen Bedingungen 1,293 kg/m³, die Dichte des Sauerstoffes 1,429 kg/m³.

Luft- und Sauerstoffbedarf eines Kraftstoffes lassen sich nach einfachen Gleichungen der Feuerungschemie errechnen oder unmittelbar aus Zahlentafeln entnehmen, wie sie auch im folgenden gegeben werden.

Die Grundbestandteile der Kraftstoffe sind in der Hauptsache Kohlenstoff (C), Wasserstoff (H_2), Sauerstoff (O_2), Schwefel (S) und daneben geringe Mengen von Stickstoff (N_2), Asche und Wasser. Nennenswerte Anteile von Wasser sind nur bei Kohle und bei Spiritus (d. i. hochprozentiger Alkohol) vorhanden.

Die Mengenverhältnisse zur Erzielung vollkommener Verbrennung sind durch ein paar einfache Gleichungen gegeben:

$$12 \text{ kg Kohlenstoff} + 32 \text{ kg Sauerstoff} = 44 \text{ kg Kohlendioxid,}$$
$$4 \text{ kg Wasserstoff} + 32 \text{ kg Sauerstoff} = 36 \text{ kg Wasserdampf,}$$
$$32 \text{ kg Schwefel} + 32 \text{ kg Sauerstoff} = 64 \text{ kg Schwefeldioxid.}$$

Sind also von einem Kraftstoff die Anteile C, O, H und S in Hundertteilen der Kraftstoffmenge (Masse) bekannt, so läßt sich der Sauerstoffbedarf O_{min} berechnen als

$$O_{min} = \frac{1}{100} \left(\frac{8}{3} C + 8H - O + S \right) \text{ kg } O_2/\text{kg Kraftstoff}$$

oder

$$O_{min} = \frac{1}{1,429 \cdot 100} \left(\frac{8}{3} C + 8H - O + S \right) \text{ m}^3 \, O_2/\text{kg Kraftstoff.}$$

Beispiel: Gasöl

$$C = 85\%, \quad H = 13\%, \quad O = 1,7\%, \quad S = 0,3\%;$$

$$O_{min} = \frac{1}{100} \left(\frac{8}{3} \cdot 85 + 8 \cdot 13 - 1,7 + 0,3 \right) = \mathbf{3,29} \text{ kg } O_2/\text{kg Kraftstoff}$$

oder

$$O_{min} = \frac{3,29}{1,429} = 2,30 \text{ m}^3 \, O_2/\text{kg Kraftstoff}$$

Luftbedarf also: $L_{min} = 2,30 \dfrac{100}{21} = 10,9 \text{ m}^3 \text{ Luft/kg Kraftstoff.}$

Die folgende Tabelle enthält die genannten Werte für einige bekannte flüssige und feste Kraftstoffe (Durchschnittswerte).

	Gew.-%				Sauerstoffbedarf O_{min}		Luftbedarf L_{min}	
	C	H	O	S	kg/kg Kr.	m³/kg Kr.	kg/kg Kr.	m³/kg Kr.
Benzin	85	15	0	0	3,46	2,42	14,9	11,5
Benzol	92	8	0	0	3,08	2,16	13,3	10,3
Gasöl	85	13	1,7	0,3	3,29	2,30	14,2	10,9
Reiner Alkohol	52	13	35	0	2,09	1,46	9,0	7,0
Steinkohlenteeröl	89	7	3,5	0,5	2,90	2,03	12,5	9,7
Braunkohlenteeröl	84	11	4,3	0,7	3,08	2,16	13,3	10,3
Steinkohle	75	4	10	1	2,23	1,56	9,6	7,4

Alles bezogen auf 0 °C und 760 mm Hg

Bei *gasförmigen* Kraftstoffen pflegt man den Luftbedarf nicht für 1 kg, sondern für 1 m³ Kraftstoff (0 °C und 760 mm Barometerstand) anzugeben. Dabei gestaltet sich die Berechnung des Sauerstoffbedarfs O_{min} in m³ O_2/m³ Kraftstoffgas noch viel einfacher als oben bei den festen und flüssigen Kraftstoffen, denn die chemischen Gleichungen geben ja unmittelbar die Raumverhältnisse der sich verbindenden Gase an.

Es bedeutet z. B.:

$$2\,CO + 1\,O_2 = 2\,CO_2$$

2 Raumteile Kohlenoxid verbrennen mit **einem** Raumteil Sauerstoff zu 2 Raumteilen Kohlensäuregas; ferner:

$$2\,H_2 + 1\,O_2 = 2\,H_2O$$

2 Raumteile Wasserstoff verbrennen mit **einem** Raumteil Sauerstoff zu 2 Raumteilen Wasserdampf; ferner:

$$1\,CH_4 + 2\,O_2 = 1\,CO_2 + 2\,H_2O$$

1 Raumteil Methan verbrennt mit 2 Raumteilen Sauerstoff zu 1 Raumteil Kohlensäuregas und 2 Raumteilen Wasserdampf.

Es ist also sehr leicht festzustellen, wieviel m³ Sauerstoff zur vollkommenen Verbrennung von 1 m³ Kraftstoffgas benötigt werden. Die folgende Tabelle stellt diese Zahlen für die wichtigsten Gase zusammen.

	Chemisches Zeichen	Dichte kg/m³	Sauerstoffbedarf O_{min} $\dfrac{\text{m}^3\ O_2}{\text{m}^3\ \text{Kraftstoff}}$	Luftbedarf L_{min} $\dfrac{\text{m}^3\ \text{Luft}}{\text{m}^3\ \text{Kraftstoff}}$
Wasserstoff	H_2	0,090	0,5	2,38
Kohlenoxid	CO	1,250	0,5	2,38
Methan	CH_4	0,717	2,0	9,52
Äthan	C_2H_6	1,356	3,5	16,7
Propan	C_3H_8	2,004	5,0	23,8
Butan	C_4H_{10}	2,700	6,5	31,0
Äthylen	C_2H_4	1,261	3,0	14,3
Azetylen	C_2H_2	1,171	2,5	11,9

Methan
H
H—C—H
H
Äthan
H H
H—C—C—H
H H
Propan
H H H
H—C—C—C—H
H H H
Butan
H H H H
H—C—C—C—C—H
H H H H
Äthylen
H H
C=C
H H
Azetylen
H—C≡C—H

Die technischen Gase, welche als Motorkraftstoffe in Frage kommen, sind *Gasgemische*. Sie enthalten außer den obengenannten verbrennlichen Anteilen auch Sauerstoff (O_2) und unverbrennliche Anteile wie z. B. Stickstoff (N_2), Kohlensäure (CO_2) und Feuchtigkeit (H_2O). Man pflegt die Bestandteile eines technischen Gases in Raumteilen anzugeben. Der Luftbedarf des Mischgases ist dann leicht aus dem Luftbedarf der Einzelbestandteile zu ermitteln.

Beispiel: Ein *Leuchtgas*, das aus folgenden Raumanteilen einfacher Gase zusammengesetzt sei:

$$55\% \; H_2, \; 12\% \; CO, \; 25\% \; CH_4, \; 3\% \; C_2H_4, \; 2\% \; CO_2, \; 3\% \; N_2$$

benötigt demnach

$$O_{min} = 0{,}55 \cdot 0{,}5 + 0{,}12 \cdot 0{,}5 + 0{,}25 \cdot 2{,}0 + 0{,}03 \cdot 3{,}0$$

$$= 0{,}925 \; m^3 \; O_2/m^3 \; \text{Leuchtgas,}$$

$$L_{min} = 0{,}925 \cdot \frac{100}{21} = 4{,}40 \; m^3 \; \text{Luft}/m^3 \; \text{Leuchtgas.}$$

Die folgende Tabelle zeigt die durchschnittliche Zusammensetzung der wichtigsten technischen Gase und den Luftbedarf zur vollkommenen Verbrennung. (Die Zusammensetzung ist schwankend und weicht in Einzelfällen unter Umständen stark ab.)

	Dichte	Raumanteile in %						O_{min}	L_{min}
	kg/m^3	H_2	CO	CH_4	C_2H_4	CO_2	N_2	m^3/m^3	m^3/m^3
Leuchtgas	0,49	55	12	25	3	2	3	0,925	4,40
Wassergas	0,70	51	40	—	—	4	5	0,455	2,17
Gichtgas (Hochofengas)	1,26	4	27	0,3	—	11	57	0,161	0,77
Koksofengas	0,52	50	7	29	—	3	7	0,865	4,12
Steinkohlenschwelgas	0,70	27	7	48	13	3	2	1,520	7,24
Braunkohlenschwelgas	0,63	24	8	17	2	17	2	0,560	2,67
Holzgas	1,15	14	16	3	0,2	12	54	0,216	1,03
Klärgas	1,01	0,2	—	75	—	22	2,7	1,501	7,15
Erdgas	0,69	14	11	75	—	—	—	1,625	7,74
Generatorgas	1,06	18	24	2	—	4	52	0,250	1,19

Wird ein Kraftstoff genau mit dem Mindestluftbedarf L_{min} verbrannt, so spricht man von einem stöchiometrischen Kraftstoff/Luft-Gemisch. Aus verbrennungstechnischen Gründen weicht man aber häufig von diesem Mischungsverhältnis ab. Das Verhältnis der tatsächlich für die Verbrennung zur Verfügung gestellten Luftmenge zu L_{min} bezeichnet man als das „Luftverhältnis λ", es gilt also

$$\lambda = \frac{L_{tats}}{L_{min}}.$$

Beim Ottomotor kann man noch am ehesten mit *stöchiometrischem* Gemisch $\lambda = 1$ fahren, da Kraftstoff und Luft weitgehend aufbereitet sind (s. S. 23).

Da aber leicht „fette" Gemische mit $\lambda \approx 0{,}9$ eine höhere Durchbrenngeschwindigkeit aufweisen als stöchiometrische oder gar,, magere" Gemische ($\lambda > 1$), so fettet man für Vollast und hohe Drehzahlen das Gemisch etwa bis zur genannten Grenze an. Man nimmt dabei eine gewisse Verschlechterung des Wirkungsgrades und eine höhere Emission an Kohlenmonoxid (CO) und Kohlenwasserstoffen (C_xH_y) in Kauf. Um andererseits bei Teillast günstige Wirkungsgrade und geringe Abgasemissionen zu erreichen, magert man das Gemisch so weit wie möglich ab. Beim Ottomotor liegt die Grenze für den Magerbetrieb — Sonderkonstruktionen wie Schichtladungsmotoren seien hier nicht betrachtet — bei etwa $\lambda = 1{,}2$. Bei noch weiter abgemagertem Gemisch treten Zündaussetzer auf, die eine hohe Kohlenwasserstoffemission erzeugen.

Bei Dieselmotoren sind die Bedingungen für die Gemischbildung wesentlich problematischer als beim Ottomotor. Einspritzung des Kraftstoffes, Verteilung auf die Luft, Zündung und Verbrennung müssen in der Nähe des oberen Totpunktes innerhalb einer sehr kurzen Zeit erfolgen. Bei einem schnellaufenden Lkw-Dieselmotor sollten vom Einspritzbeginn bis zum Ende der Verbrennung höchstens $0{,}0045$ s ($4{,}5$ ms) verstreichen. Auch bei Ausnutzung aller heute bekannten Techniken für die Gemischbildung gelingt es nicht, in dieser kurzen Zeit eine vollständige Vermischung und Verbrennung mit $\lambda = 1$ zu erreichen. Man ist daher gezwungen, das Luftverhältnis deutlich größer als 1 zu wählen, wobei es nicht möglich ist, eine für alle Dieselmotoren gültige Zahl anzugeben. Das zulässige Luftverhältnis wird durch den Rußgehalt des Abgases bestimmt (unvollständig verbrannter Kraftstoff), der bei großen Motoren mit hohem Kraftstoffdurchsatz pro Zeiteinheit niedriger gehalten werden muß als bei kleinen Motoren. Außerdem ist die Rußbildung bei den später zu besprechenden Vorkammer- und Wirbelkammer-Verfahren geringer als bei Direkteinspritzung, so daß sich nur etwa folgende grobe Richtwerte für das erforderliche Luftverhältnis angeben lassen:

Kleine Vorkammer-Dieselmotoren (Pkw)	1,2
Kleine Direkteinspritzer-Dieselmotoren (Lkw)	1,3
Mittelgroße Direkteinspritzer-Dieselmotoren	1,5
(Lokomotivmotoren)	
Großdieselmotoren (Schiffsmotoren)	1,8

Bei aufgeladenen Motoren wählt man in der Regel das Luftverhältnis um etwa $0{,}2$ Einheiten höher als bei Saugmotoren.

Die Verbrennungsluftmenge für 1 kg (1 m³) Kraftstoff ist demnach $= \lambda L_{\min}$ m³. Kraftstoff und Luft zusammen nehmen als brennbares Gemisch folgenden Raum ein:

$G = 1 + \lambda L_{\min}$ m³ Gemisch/m³ Kraftstoff bei gasförmigen Kraftstoffen.

$G = \lambda L_{\min}$ m³ Gemisch/kg Kraftstoff bei festen und flüssigen Kraftstoffen, in Annäherung auch bei dampfförmigen („vergasten") Kraftstoffen, da der Raumanteil des Kraftstoffes hierbei nur ein vernachlässigbar kleiner Bruchteil ist (etwa 2%).

1 kg Kraftstoff (bzw. 1 m³) entwickelt bei vollständiger Verbrennung H_u J („unterer Heizwert", vgl. Tabelle S. 2). Demnach werden in 1 m³ Gemisch H_u/G J/m³ entwickelt („Gemischheizwert").

Die Leistung eines Motors bestimmt sich somit aus folgenden einfachen Überlegungen:

Der Hubrauminhalt beträgt $V_h = (D^2\pi/4)s$ m³ (Hub s und Kolbendurchmesser D in m!). Dieser Hubraum wird mit Kraftstoff/Luft-Gemisch (Otto) oder Verbrennungsluft (Diesel) angefüllt. Durch Ansaugdrosselung und durch Erwärmung der eintretenden Ladung von den heißen Wänden und von Resten heißer Verbrennungsgase gelangt jedoch nur ein Bruchteil λ_L („Liefergrad") in den Zylinder. Auch rein atmosphärische Bedingungen, wie heißes feuchtes Wetter, niedriger Barometerstand (große Meereshöhen, große Flughöhen) verringern den Wert λ_L.

Bei Zweitaktmotoren mit Schlitzsteuerung ist der auf den vollen Hub s bezogene Liefergrad λ_L schon deshalb kleiner als 1, weil ein Teil der Hublänge (bis 25%) durch die Spül- und Auspuffschlitze beansprucht wird, so daß dieser Anteil für die Füllung des Zylinders mit Frischladung verloren ist. Zudem kann nicht erwartet werden, daß das Verdrängen der Abgase durch die neu eintretende Ladung ganz ohne Vermischung vor sich geht, so daß sich λ_L wegen Abgasresten im Zylinder geringer ergeben muß.

Auf der anderen Seite ist es aber möglich, durch „Aufladung" dem Motor Luft zuzuführen, die in einem Kompressor vorverdichtet wurde. Damit ist es möglich, den Liefergrad λ_L weit über 1 hinaus anzuheben, heutige hochaufgeladene Viertakt-Dieselmotoren erreichen Liefergrade bis zu $\lambda_L = 4$.

Demnach ist die für einen Arbeitstakt eingebrachte Frischladung $\lambda_L V_h$ in m³ (0 °C und 1,013 bar).

Die darin verbrennbare Kraftstoffmenge ist nach dem oben Gesagten

$$\lambda_L V_h \frac{1}{G} \quad \text{kg Kraftstoff/Arbeitsspiel bzw. m³ gasförmiger Kraftstoff/Arbeitsspiel.}$$

Bei der Verbrennung wird daraus die folgende Energiemenge frei:

$$Q_1 = \frac{\lambda_L V_h}{G} H_u \quad \text{J/Arbeitsspiel} = \text{Nm/Arbeitsspiel.}$$

Die „indizierte Arbeit", das ist die vom Gas auf den Kolben übertragene Arbeit, ist $W = \eta_i \cdot Q_1$ also

$$W = \frac{\eta_i \lambda_L V_h H_u}{G} \quad \text{J/Arbeitsspiel} = \text{Nm/Arbeitsspiel.}$$

Bei n_a Arbeitsspielen pro Sekunde, z Zylindern und einem mechanischen Wirkungsgrad η_m folgt

$$P_e = \frac{\eta_i \lambda_L H_u}{G} V_h z n_a \eta_m.$$

Der Ausdruck $\dfrac{\eta_i \lambda_L H_u}{G}$ in vorstehender Gleichung hat die Einheit N/m² also die Einheit eines Druckes, es ist der „*mittlere indizierte Druck*" p_{mi}, den man sich leicht veranschaulichen kann.

Konstruiert man zu einem p-V-Diagramm ein Rechteck, welches die gleiche Länge der Grundseite V_h hat, wie das tatsächliche Diagramm, und wählt man seine Höhe so, daß der Flächeninhalt (die Arbeit) gleich ist, wie bei dem p-V-Diagramm, so entspricht die Höhe dem mittleren indizierten Druck p_{mi}.

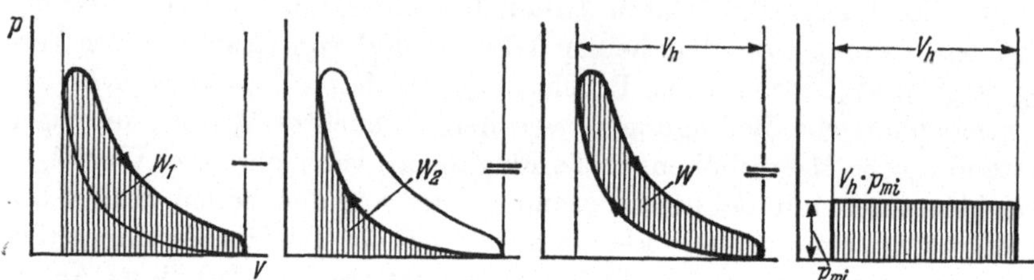

Abb. 30. Arbeitsfläche und mittlerer Arbeitsdruck im p-V-Diagramm

Unter Verwendung dieser anschaulichen Größe, geht die Leistungsgleichung über in

$$P_e = p_{mi}\, \eta_m V_h\, z\, n_a.$$

Der Index e weist auf die effektiv am Schwungrad des Motors verfügbare Leistung hin.

Bei Verbrennungsmotoren ist es üblich, den Ausdruck $p_{mi}\,\eta_m$ zu einer neuen Größe, dem „mittleren effektiven Druck" $p_{me} = p_{mi}\,\eta_m$ zusammenzufassen. Ebenso zieht man meistens das Produkt aus Zylinderhubvolumen V_h und Zylinderzahl z zum Gesamthubvolumen V_H zusammen:

$$V_H = z V_h.$$

Damit entsteht die ganz einfache Leistungsgleichung eines Motors

$$P_e = V_H\, p_{me}\, n_a.$$

Bei den früher häufiger verwendeten „doppeltwirkenden" Kreuzkopfmotoren ist für V_H natürlich das Hubvolumen von Kolbenober- und -unterseiten einzusetzen. Letzteres ist wegen der Kolbenstangen um etwa 10% kleiner.

Setzt man V_H in m³, p_{me} in N/m² und n_a in s⁻¹ ein, so ergibt sich die Leistung in Watt. Um bequeme Zahlen zu erhalten, wird zumindest bei kleinen und mittleren Motoren das Hubvolumen meistens in Litern angegeben und der mittlere effektive Druck p_{me} in bar. Anstelle der Zahl der Arbeitsspiele pro Zeiteinheit ist die Drehzahl der Kurbelwelle n in Umdrehungen pro **Minute** die üblicherweise angegebene Kenngröße, und die Leistung wird in kW angegeben. Unter Benutzung dieser Einheiten ergibt sich die folgende Zahlenwertgleichung

$$P_e = \frac{V_H\, p_{me}\, n}{600 \cdot [2]}$$
$$\uparrow$$
$$\text{bei Viertakt}$$

mit

$$
\begin{aligned}
V_H &\quad \text{in l,}\\
p_{me} &\quad \text{in bar,}\\
n &\quad \text{in min}^{-1}\\
P_e &\quad \text{in kW.}
\end{aligned}
$$

Die 2 im Nenner ergibt sich aus der Tatsache, daß ein Viertaktmotor für ein vollständiges Arbeitsspiel **zwei** volle Kurbelwellenumdrehungen benötigt.

Neben der Leistung eines Motors interessiert vor allem der Kraftstoffverbrauch. Da ein Motor mit höherer Leistung auch einen höheren Verbrauch B_e in kg Kraftstoff pro Zeiteinheit haben wird, definiert man als Vergleichswert den „spezifischen Verbrauch" $b_e = B_e/P_e$, mit dem man unterschiedliche Motoren bewerten kann. Dieser spezifische Verbrauch ist auch ein Maß für den effektiven oder wirtschaftlichen Wirkungsgrad, denn es gilt:

$$P_e = B_e H_u \eta_e, \quad \text{also} \quad \eta_e = \frac{P_e}{B_e H_u},$$

$$\eta_e = \frac{1}{b_e H_u}.$$

Der spezifische Verbrauch b_e wird, um anschauliche Zahlen zu erhalten, in kg/kWh angegeben. Will man diesen Zahlenwert verwenden und H_u in J/kg einsetzen, so ergibt sich die Zahlenwertgleichung für den Wirkungsgrad:

$$\eta_e = \frac{3{,}6 \cdot 10^6}{b_e H_u}$$

mit

b_e in kg/kWh,
H_u in J/kg.

Aus der Beziehung zwischen b_e und η_e läßt sich ein Ausdruck zur Berechnung von p_{me} gewinnen.

Es gilt

$$p_{me} = p_{mi} \eta_m = \frac{H_u \eta_i \eta_m \lambda_L}{G} = \frac{H_u \eta_e \lambda_L}{G},$$

$$p_{me} = \frac{\lambda_L}{G b_e}.$$

Will man wie oben b_e in kg/kWh einsetzen und soll p_{me} in bar erhalten werden, so ergibt sich die Zahlenwertgleichung:

$$p_{me} = \frac{36 \cdot \lambda_L}{G b_e}$$

mit

b_e in kg/kWh,
p_{me} in bar.

G ist wie oben definiert $(1+)\,\lambda L_{\min}$, wobei der Term $(1+)$ nur bei gasförmigen Kraftstoffen einzusetzen ist. Die Gleichung ist gut brauchbar, um aus wenigen Erfahrungswerten den erreichbaren Mitteldruck p_{me} abzuschätzen. Der Liefergrad λ_L ist im wesentlichen von der mittleren Kolbengeschwindigkeit $c_m = 2sn$ abhängig, mit der Tendenz, bei zunehmender Kolbengeschwindigkeit abzufallen (Abb. 31). Dieser Grundtendenz überlagert sich ein Einfluß von den Ventilsteuerzeiten her, wobei dem Punkt, an dem das Einlaßventil schließt, eine besondere Bedeutung zukommt. Bei frühem Einlaßschluß, kurz nach dem unteren Totpunkt des Kolbens, erreicht man einen hohen Liefergrad bei niedrigen Kolbengeschwindigkeiten (Drehzahlen), während mit zunehmender Drehzahl der Liefergrad relativ stark abfällt (gestrichelte Kurve in Abb. 31).

Bei spätem Einlaßschluß ergibt sich eine entgegengesetzte Tendenz (strichpunktierte Kurve in Abb. 31). Das ist darauf zurückzuführen, daß bei hoher Dreh-

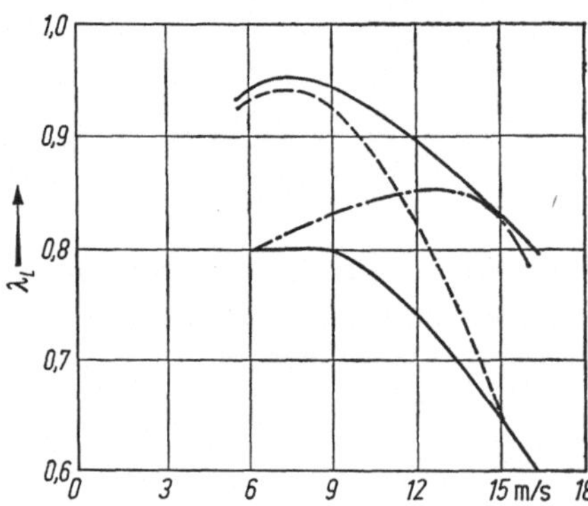

Abb. 31. Liefergrad λ_L als Funktion von Kolbengeschwindigkeit und Steuerzeit des Einlaßschließens

zahl (Kolbengeschwindigkeit) auch hohe Luftgeschwindigkeiten in der Ansaugleitung vorhanden sind. Die Luft, bzw. das Kraftstoff/Luft-Gemisch hat daher eine hohe kinetische Energie $mv^2/2$ und kann auch noch gegen den bereits wieder verdichtenden Kolben in den Zylinder einströmen. Daraus ergibt sich der gute Liefergrad bei hoher Drehzahl. Bei niedriger Drehzahl ist die kinetische Energie im Ansaugrohr klein und der Kolben wird einen Teil der im Saugtakt angesaugten Ladung durch das noch offene Einlaßventil in die Ansaugleitung zurückschieben — der Liefergrad sinkt ab. Die ausgezogenen Kurven in Abb. 31 stellen für übliche, nicht aufgeladene Saugmotoren, die einhüllenden Kurven üblicher Liefergradverläufe dar.

Neben diesen beiden Haupteinflüssen (c_m und Einlaßschluß) kann der Liefergrad durch andere Maßnahmen beeinflußt werden. So ist es z. B. möglich, die Ansaugleitungen für eine „dynamische Aufladung" abzustimmen. Durch die periodische Arbeitsweise des Kolbenmotors entstehen Druckschwingungen in den Ansaugleitungen. Bei passend abgestimmter Länge der Ansaugrohre kann man erreichen, daß kurz vor dem Schließen des Einlaßventils eine Druckwelle am Ventil eintrifft und zusätzliche Ladung in den Zylinder fördert. Auf diese Weise werden bei Rennmotoren Liefergrade über 1 erreicht. Leider ist eine solche dynamische Aufladung nur in einem sehr engen Drehzahlbereich wirksam, da die Laufzeit der Druckwellen von der Motordrehzahl unabhängig ist. Bei anderen als den Auslegungsdrehzahlen wird daher der Liefergrad sogar verringert, weshalb man bei üblichen Gebrauchsmotoren eine derartige Saugrohrabstimmung nicht ausführt.

Als Anhaltswerte für die Abschätzung des mittleren effektiven Druckes werden im folgenden noch einige Erfahrungswerte für den spezifischen Verbrauch angegeben. Alle Werte beziehen sich auf den Betrieb bei Vollast und Auslegungsdrehzahl (*Nenndrehzahl*).

Zweitakt-Ottomotoren (Motorrad)	0,400 kg/kWh
Viertakt-Ottomotoren (Pkw)	0,315···0,350 kg/kWh
Kammer-Dieselmotoren (Pkw)	0,270···0,300 kg/kWh
Direkteinspritzer Dieselmotoren (Lkw)	0,230···0,260 kg/kWh
Mittelgroße Direkteinspritzer Diesel (Bahn)	0,200···0,230 kg/kWh
Großmotoren Zweitakt-Diesel (Schiff)	0,170···0,200 kg/kWh

Während Ottomotoren den besten spezifischen Verbrauch nahe bei der Vollastkurve bei mittleren Betriebszahlen haben und diese Bestwerte nicht viel unter den oben angegebenen Zahlenwerten liegen, haben Dieselmotoren ihren Bestpunkt bei mittlerer Betriebsdrehzahl und etwa 2/3 der zugehörgien Vollast. Die spezifischen Verbräuche liegen in diesem Bestpunkt um 5 bis 10% unter den obigen Vollastwerten.

4 Berechnung der Hauptabmessungen

Bei der Festlegung der Hauptabmessungen müssen zahlreiche Gesichtspunkte berücksichtigt und oft widerstreitende Forderungen in einem optimalen Kompromiß vereinigt werden. So wird es kaum noch vorkommen, daß der Entwurfskonstrukteur nur einen Motor für einen ganz bestimmten Verwendungszweck zu entwerfen hat. Schon bei einem schlichten Vierzylinder-Ottomotor für Personenkraftwagen wird gefordert, daß der gleiche Rumpfmotor durch Variation von Zylinderdurchmesser und Kolbenhub in verschiedenen Hubraum- und Leistungsklassen eingesetzt werden kann, etwa im Bereich von 1,5 bis 2 l Hubvolumen. Eventuell sollen unter Verwendung gleicher Pleuelstangen und Kolben auch noch zwei 6-Zylinder-Versionen mit 2,5 und 3 l Hubraum realisierbar sein. Bei einem Lastwagen-Dieselmotor kann die Forderung nach einer *Baureihe* mit 4, 6, 8, 10 evtl. noch 12 Zylindern gestellt werden, von denen vielleicht die größeren Typen noch mit *Aufladung* ausrüstbar sein sollen, um in schweren Erdbewegungsgeräten oder als Antriebsmotoren für Notstromaggregate eingesetzt zu werden. Wird gar eine Baureihe von Allroundmotoren verlangt, die vom Ackerschlepper über Lastwagen, Baumaschine, Bootsmotor bis zum Erdölbohraggregat alle Einsatzgebiete abdecken soll, so steht der Konstrukteur vor einer Aufgabe, die nur zu einem mehr oder weniger gelungenen Kompromiß führen kann.

Mindestens gleiche Bedeutung kommt Überlegungen hinsichtlich der Fertigungs-, Betriebs- und Wartungskosten zu. So muß z. B. die Kurbelwelle eines hochaufgeladenen 12-Zylinder-Dieselmotors mit V-Anordnung der Zylinder im Interesse von Betriebsfestigkeit und hoher Torsionseigenfrequenz mit kräftigen Grundlagerzapfen und Hubzapfen sowie steifen Kurbelwangen ausgeführt werden. Ebenso müssen Pleuelstangen, Kolben und Zylinderköpfe der hohen mechanischen und thermischen Beanspruchung angepaßt sein. Soll nun unter Verwendung der gleichen Pleuelstangen, Kolben und Zylinderköpfe ein nicht aufgeladener 6-Zylindermotor für Lastwagen gebaut werden, so wird man bei der Kurbelwelle unnötig große Lagerzapfen ausführen müssen. Die Kolben sind für die mechani-

sche und thermische Belastung überdimensioniert und bei den Zylinderköpfen
wären vielleicht größere Ventile und andere Einlaßkanalquerschnitte erwünscht,
um den Einlaßdrall dem anderen *Einsatzprofil* (hauptsächlich benützter Last-
und Drehzahlbereich) anzupassen.

So bestechend das Konzept einer Motoren-Baureihe auch ist, es wird im Einzel-
falle immer sorgfältig zu prüfen sein, wo seine wirtschaftlich sinnvollen Grenzen
liegen. Dabei spielen auch die vorhandenen oder noch zu beschaffenden Ferti-
gungseinrichtungen eine entscheidende Rolle. Bei einer Großserienfertigung
wird man eher bestrebt sein, Baureihen vorzusehen als bei einer Kleinserie oder
bei Einzelfertigung, die sich wirtschaftlich auf numerisch gesteuerten Werkzeug-
maschinen durchführen läßt und damit recht flexibel gehalten werden kann.

Bei der Entwicklung eines Motors oder einer Motoren-Baureihe sind gewöhnlich
die verlangte Leistung bzw. die Leistungsabstufung und die Drehzahl vorgegeben.
Bei Pkw-Motoren spielt wegen der Kraftfahrzeugsteuer auch das Hubvolumen
eine Rolle, das so gewählt werden sollte, daß die Steuerklassen gut ausgenützt
werden. Gesucht sind die *Zylinderzahl z*, der *Zylinderdurchmesser D* und der *Kolbenhub s*. Um diese Hauptabmessungen zu ermitteln, sind eine Reihe von Ent-
scheidungen zu treffen, die das Grundkonzept des Motors wesentlich beeinflussen.

Über das jeweils zweckmäßigste *Arbeitsverfahren* wird es in der Regel kaum
Zweifel geben. Wo hohe Ansprüche an die Wirtschaftlichkeit (Brennstoffverbrauch) gestellt werden, und lange Betriebszeiten zu erwarten sind, ist das Dieselverfahren vorzuziehen, da sich der größere Bauaufwand und die damit verbundenen
höheren Herstellungskosten in sehr kurzer Zeit amortisieren. Bei Personenwagen
mit jährlichen Fahrleistungen von 10000 bis 15000 km ist es schon fraglich, ob
ein Dieselmotor noch rentabel ist, es sei denn, die Preise von Dieselkraftstoff
liegen deutlich unter denen von Benzin. Daher wird heute noch, weltweit gesehen, die weit überwiegende Zahl von Personenwagen ($> 95\%$) mit Ottomotoren
ausgerüstet. In Sonderfällen können *Gasmotoren* interessant sein, wenn Gas
(Gichtgas, Erdgas) praktisch kostenlos anfällt. Ein typischer Anwendungsfall
für Gasmotoren sind Antriebsmotoren für Gas-Pipeline-Pumpen, bei denen das
Betriebsgas aus der Förderleitung entnommen wird. Dafür sind spezielle Gasmotoren üblich, bei denen die Kompressorkolben von der Kurbelwelle des Motors
mit angetrieben werden.

Zur Frage wo Zweitakt, wo Viertakt anzuwenden sei, haben sich heute gewisse
Leistungsbereiche herausgebildet, in denen die jeweiligen Verfahren überwiegen:

     0···4000 kW Viertakt
  4000···16000 kW Viertakt und Zweitakt
16000···35000 kW Zweitakt

Im Bereich zwischen 4000 und 16000 kW ist der Viertakter als mittelschnell-
laufender Motor ($c_m = 7···10$ m/s) in den letzten Jahren in stetigem Vordringen.
Dank hoher Aufladung werden Zylinderleistungen erreicht und übertroffen, die
früher nur im Zweitaktverfahren (doppelte Zahl der Arbeitsspiele bei gleicher
Drehzahl) möglich waren. Den Zweitakter findet man in diesem Bereich nur noch
als *Langsamläufer* ($c_m \leq 6$ m/s), der auf extreme Wirtschaftlichkeit (spezifischer
Verbrauch) gezüchtet wurde. Nur sehr kleine Ottomotoren für Motorräder und
tragbare Geräte (z. B. Spritzgeräte zur Schädlingsbekämpfung) mit Zylinder-

leistungen bis etwa 10 kW werden aus Kostengründen häufig als Zweitaktmotoren gebaut.

Die Zylinderzahl z ist nach konstruktiven und wirtschaftlichen Gesichtspunkten zu wählen. *Einzylinderbauart* hat den Vorteil größter Einfachheit[2]. *Mehrzylinderbauart* ergibt höhere Leistung je Liter Hubvolumen, da höhere Drehzahlen möglich werden, vor allem wegen des besseren Ausgleichs der Massenkräfte. Außerdem ist das Drehmoment im Verlauf eines Arbeitsspiels ausgeglichener, was kleinere Schwungräder zu verwenden gestattet. Andererseits bringt größere Zylinderzahl höhere Fertigungskosten mit sich, so daß man bestrebt sein wird, mit kleinen Zylinderzahlen auszukommen. Bei Dieselmotoren mit *Druckluftanlassung* sind beim Zweitaktverfahren mindestens 4 Zylinder, beim Vietaktverfahren 6 Zylinder erforderlich, um den Motor aus jeder Kurbelwellenstellung heraus sicher anlassen zu können. Auf einem nicht ganz kleinen Teilbereich des Motorenmarktes, nämlich bei Motorradmotoren, sind von Zeit zu Zeit wechselnde Moderichtungen festzustellen. Während Anfang der siebziger Jahre ein Motorrad gar nicht genug Zylinder haben konnte — Vier- und Sechszylinder-Bauarten waren der Traum der Motorradfahrer —, ist heute (1982) wieder ein Trend zu wenigen aber großen Zylindern zu erkennen.

Das *Hub/Bohrungs-Verhältnis* s/D ist eine entscheidende Auslegungsgröße. Kurzhubige Bauweise mit $s/D < 1$ führt zu kleinen Kolbengeschwindigkeiten oder erlaubt höhere Drehzahlen bei gleicher Kolbengeschwindigkeit wie der langhubigere Motor. Der große Zylinderdurchmesser ermöglicht die Verwendung großer Ventile und ergibt gute Liefergrade λ_L. Andererseits nimmt mit abnehmendem Hub/Bohrungs-Verhältnis s/D das Verhältnis von Oberfläche zu Volumen O/V des Brennraumes — vor allem im oberen Totpunkt — zu. Damit steigt nicht nur die Wärmeabfuhr an die Wände, sondern beim Ottomotor nimmt auch die Kohlenwasserstoffemission zu, da der nahe der Wände befindliche Kraftstoff nicht an der Verbrennung teilnimmt (s. Abschn. II.7). Mit dem größeren Kolbendurchmesser des Kurzhubers wachsen die Wege für die Wärmeabfuhr vom Kolbenboden zu den Kolbenringen. Es können sich Schwierigkeiten mit der thermischen Belastung des Kolbens ergeben, wodurch man eher gezwungen ist, eine besondere Kolbenkühlung vorzusehen. Bei Ottomotoren überwiegen im allgemeinen die Vorteile eines kleinen Hub/Bohrungs-Verhältnisses s/D, so daß man an ausgeführten Motoren Werte zwischen 0,67 und 0,9 findet. Bei Neukonstruktionen in den letzten Jahren scheint sich aber die Tendenz abzuzeichnen, mehr an die obere Grenze der vorstehend genannten Werte des Hub/Bohrungs-Verhältnisses zu gehen.

Anders liegen die Verhältnisse beim Dieselmotor. Wegen des höheren Verdichtungsverhältnisses würde bei kurzhubiger Bauweise der Verdichtungsraum zu flach-scheibenförmig. Das Oberflächen/Volumen-Verhältnis wird ungünstiger, was zu niedrigeren Verdichtungstemperaturen führt. Unter Umständen können sich Schwierigkeiten mit dem Freigang der Ventile zum Kolben im Gaswechsel-Totpunkt ergeben. Ventiltaschen im Kolben sind nur eine Notlösung, da sie sowohl eine gerichtete Luftbewegung im Brennraum stören, als auch die thermische Be-

---

[2] Berühmtes witziges Schlagwort der ehemaligen Glühkopf-Motor-Fabrikanten: „Für den Landwirt kann ein Motor gar nicht einzylindrig genug sein."

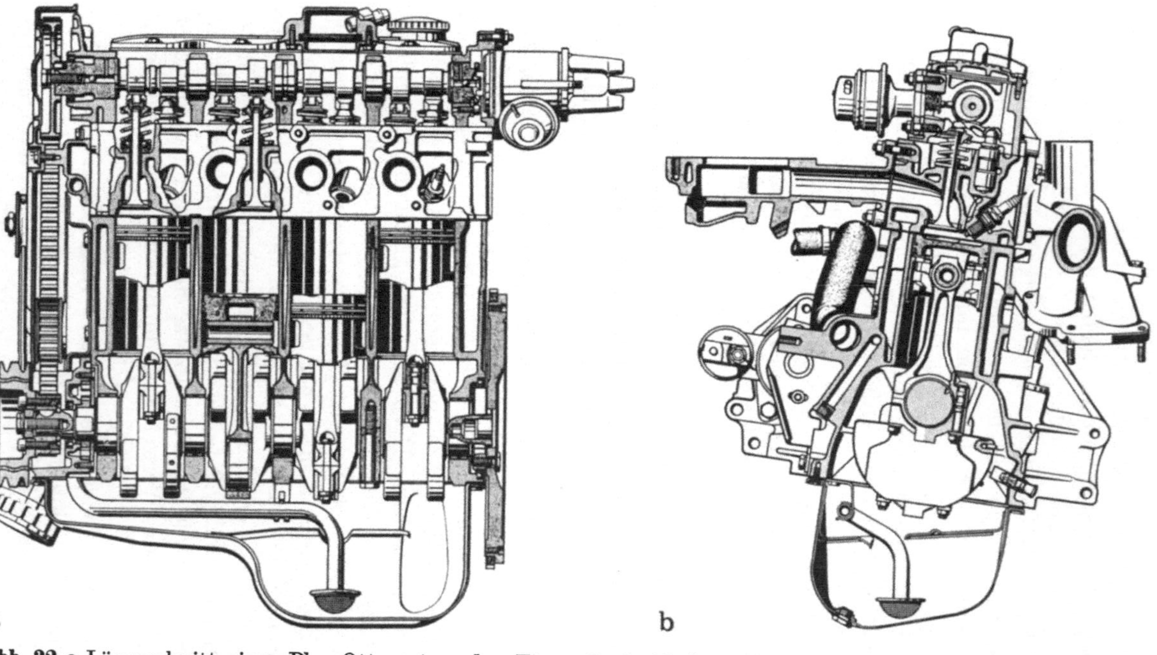

Abb. 32.a Längsschnitt eines Pkw-Ottomotors der Firma Opel. Nockenwellenantrieb mit Zahnriemen. Ölpumpe als Sichelpumpe am linken Ende der Kurbelwelle; **b** Querschnitt eines Pkw-Ottomotors der Firma Opel. Typischer Motor mit obenliegender Nockenwelle. Ventilantrieb über Schlepp- oder Schwinghebel. Hydraulischer Ventilspielausgleich. Benzinpumpenantrieb mit Exzenter an der Nockenwelle

lastung des Kolbens erhöhen. Aus diesen Gründen werden Dieselmotoren langhubiger als Ottomotoren ausgeführt. Ein Verhältnis $s/D = 1$ ist für einen Dieselmotor schon ausgesprochen kurzhubig, Werte zwischen 1,1 und 1,3 sind für Viertaktmotoren etwa optimal. Bei Zweitaktmotoren geht ein Teil des Nutzhubes für
die Spül- und Auslaßschlitze verloren, was größere Hub-Bohrungs-Verhältnisse
erforderlich macht. Langsam laufende Zweitakt-Dieselmotoren verwenden heute
Hub/Bohrungs-Verhältnisse zwischen 1,7 und 2,0, Motoren mit $s/D = 3$ sind in
der Entwicklung.

Die mittlere Kolbengeschwindigkeit $c_m = 2sn$ ist ein gewisses Maß — wenn
auch nicht das alleinige — für den zu erwartenden Verschleiß. Bei Motoren, von
denen eine lange Lebensdauer erwartet wird, wählt man daher kleine Kolbengeschwindigkeiten in der Gegend von 5 bis 6 m/s (Schiffsdieselmotoren). Sogenannte mittelschnellaufende Großdieselmotoren werden mit Kolbengeschwindigkeiten
von 7 bis 9 m/s ausgeführt, während Lastwagenmotoren etwa im Bereich von 8
bis 12 m/s liegen. Bei Ottomotoren für Personenwagen werden mittlere Kolbengeschwindigkeiten von 12 bis 16 m/s erreicht, in ausgesprochenen Sport- und Rennmotoren kommen Werte bis zu 25 m/s vor.

Die Abb. 32a, b zeigen einen typischen Pkw-Ottomotor.

Beispiele

1. Personenwagenmotor $P_e = 75$ kW bei $n = 5500$ min^{-1}.

Die in Stufen von 100 cm³ festgelegten Hubraumklassen sollen gut ausgenützt werden,
Möglichkeiten für eine *Baureihe* mit geringerer Leistung sind zu untersuchen. Bei der verlangten Leistung und Drehzahl kommt nur ein *Ottomotor* in Frage, da die Drehzahl für
einen Dieselmotor dieser Leistung schon zu hoch ist (kurze Zeit für Gemischbildung und
Verbrennung). Wäre nicht die Forderung nach einer Baureihe gestellt, so könnte man einen
Sechszylindermotor in Erwägung ziehen, bei den kleineren Leistungen der übrigen Motoren
wäre das aber sicher zu viel Bauaufwand und damit zu teuer. Es kommt also nur ein Vierzylinder-Ottomotor in Frage. Als Kühlung wird *Wasserkühlung* vorzusehen sein, vor allem
in Hinblick auf die *Heizung des Fahrgastraumes*, die sich problemlos mit der im Kühlwasser
enthaltenen Abwärme durchführen läßt.

Es ist zunächst der erreichbare mittlere effektive Druck p_{me} abzuschätzen. Wir verwenden die Zahlenwertgleichung

$$p_{me} = \frac{36 \cdot \lambda_L}{\lambda L_{\min} b_e} .$$

Die mittlere Kolbengeschwindigkeit sollte in der Gegend von 12 bis 14 m/s liegen. Aus
dem Diagramm Abb. 31 läßt sich ein Liefergrad $\lambda_L \approx 0,85$ als ziemlich sicher erreichbar abschätzen. Das Luftverhältnis λ wird für Ottomotoren bei Vollast knapp unter 1 gewählt,
es sei hier $\lambda = 0,95$ vorgesehen. Dabei wird sich ein spezifischer Verbrauch $b_e = 0,34$ kg/
kWh noch sicher erreichen lassen. Es ergibt sich damit:

$$p_{me} = \frac{36 \cdot 0,85}{0,95 \cdot 11,5 \cdot 0,34} = 8,24 \text{ bar} .$$

Die nach dem Gesamthubvolumen aufgelöste Leistungsgleichung (Zahlenwertgleichung
$P_e = \dfrac{V_H\, p_{me}\, n}{1\,200}$) liefert:

$$V_H = \frac{P_e \cdot 1\,200}{p_{me}\, n} = 1,99 \text{ l}$$

und bei der vorher getroffenen Festlegung von 4 Zylindern ein Zylinderhubvolumen V_h von
knapp 0,5 l.

Für die nun zu ermittelnden Zylinderabmessungen D und s wird man zweckmäßigerweise einige Varianten untersuchen. Als Parameter für eine solche Untersuchung ist die mittlere Kolbengeschwindigkeit zweckmäßig. Wählt man für c_m Werte von 12 bis 14 m/s, so ergibt sich folgende Tabelle.

c_m	12	13	14	m/s
s	65,5	70,9	76,4	mm
D	98,2	94,4	90,9	mm
s/D	0,667	0,751	0,840	—

Man sieht, daß sich für die Kolbengeschwindigkeit von 12 m/s ein sehr kleines Verhältnis s/D einstellt, das völlig von der heutigen Tendenz zum längeren Hub abweicht. Die Kohlenwasserstoffemission wird ungünstig beeinflußt, ebenso die Wärmeabfuhr an die Wände. Bei $c_m = 14$ m/s ergibt sich ein günstiges Hub/Bohrungs-Verhältnis, doch erscheint die mittlere Kolbengeschwindigkeit für einen biederen Gebrauchsmotor etwas zu sehr an der oberen Grenze zu liegen. Offenbar bilden die Werte für s und D, die zu einer Kolbengeschwindigkeit von 13 m/s führen, einen guten Kompromiß. Natürlich sollte man die Zahlenwerte für Hub und Bohrung auf glatte Werte runden, woraus sich z. B. ergibt:

$$s = 71 \text{ mm};$$
$$D = 95 \text{ mm};$$
$$s/D = 0,747;$$
$$V_h = 503,3 \text{ cm}^3 = 0,503 \text{ l};$$
$$V_H = 2013 \text{ cm}^3 = 2,013 \text{ l}.$$

Es sieht so aus, als ob die Hubraumklasse bis 2000 cm³ hier sehr schlecht ausgenützt wäre. Bei der Berechnung des Hubvolumens für den *Steuerhubraum* wird aber $\pi/4 = 0,78$ gesetzt und außerdem werden Bohrung und Hub auf ,5 oder ,0 mm abgerundet. Mit $\pi/4 = 0,78$ ergibt sich in obigem Falle ein Hubraum von 1999,2 cm³, also eine ausgezeichnete Ausnutzung. Es wäre sogar noch möglich, den Hub s auf 71,4 mm und die Zylinderbohrung auf 95,4 mm zu vergrößern, ohne die Grenze von 2 l Steuerhubraum zu überschreiten.

Nun ist zu untersuchen, ob sich ausgehend von diesen Grunddaten eine Baureihe entwickeln läßt. Die folgende Tabelle zeigt eine Möglichkeit mit den wichtigsten Kennwerten.

s	71	71	71	67	mm
D	95	90	84,9	84,9	mm
s/D	0,747	0,789	0,836	0,789	—
c_m	13,02	13,02	13,02	12,28	m/s
V_H	2013	1807	1608	1517	cm³
$V_{H \text{ Steuer}}$	1999	1794	1582	1493	cm³
P_e	75	68	61	57	kW

Eine Spanne der Zylinderbohrung von 95 bis 85 mm dürfte sich mit einem allen Motoren gemeinsamen Zylinderblock verwirklichen lassen, der nur mit unterschiedlichen Wasserraumkernen zu gießen wäre. Es erscheint durchaus möglich, alle Motoren mit einem Zylinderabstand von 106 mm auszuführen. Bei der größten Maschine müßte man in Kauf nehmen, daß die Zylinderrohre in der Mittelebene zusammenwachsen, was heute beherrschbar ist, während sich bei den kleineren Motoren etwas mehr axiale Länge als nötig ergibt (etwa 20 mm). Für den 1,5-l-Motor ist eine Kurbelwelle mit 2 mm kleinerem Kurbelradius erforderlich. Es erscheint fraglich, ob dieser Aufwand sich lohnt, zumal die Leistungsdifferenz zu der 1,6-l-Maschine gering ist. Eine ander Möglichkeit wäre, auf die 1,6-l-Version zu verzichten und den 1,5-l-Motor durch etwas höhere Drehzahl auf die Leistung der größeren

Maschine zu bringen. Bevor man hier eine Entscheidung treffen kann, sind weitere Überlegungen anzustellen, beispielsweise wie sich weitgehend gleiche Zylinderköpfe für die gesamte Baureihe realisieren lassen.

2. Schiffsmotor 7500 kW bei $n = 130$ min^{-1}

Bei der hohen zu erwartenden *Einsatzdauer* kommt nur ein *Dieselmotor* in Frage. Die niedrige vorgeschriebene Drehzahl deutet bereits an, daß der Motor unmittelbar mit der Propellerwelle gekuppelt werden soll, ohne Zwischenschalten eines Übersetzungsgetriebes. Das macht es erforderlich, den Motor umsteuerbar für zwei Drehrichtungen der Kurbelwelle auszuführen. Bei einem Viertaktmotor erfordert das sehr großen Bauaufwand (z. B. doppelter Nockensatz auf der Nockenwelle für Rechts- und Linkslauf), während der Aufwand bei einem schlitzgesteuerten Zweitaktmotor in erträglichem Rahmen bleibt. Aufgrund seines einfacheren Aufbaus wird der *Wartungsaufwand* beim Zweitaktmotor wesentlich geringer als bei einem Viertaktmotor, ein wichtiger Gesichtspunkt für den erforderlichen Bedarf an Maschinenpersonal. Ebenfalls aus Wartungs- und Montagegründen wird die stehende Bauart zu wählen sein, die auch mit Bordmitteln einen einfachen Ausbau der schweren Zylinderdeckel und Kolben mittels Kran nach oben erlaubt. Für Motoren der in Betracht kommenden Größe wird die Kreuzkopfbauart zu wählen sein, die es gestattet, den Zylinder zum Kurbelgehäuse hin zu schließen und die Kolbenunterseite als Ladepumpe zu benutzen. Während man in den dreißiger Jahren einen Motor mit 7500 kW Leistung möglicherweise als doppeltwirkende Maschine entworfen hätte, ist diese Bauart heute fast völlig verschwunden. Möglich wurde das durch die Fortschritte im Bau von *Abgasturboladern*, die heute im Staubetrieb (s. Abschn. II.5) eine Verdoppelung des Liefergrades λ_L ermöglichen. Wenn wir hier mit einem erreichbaren *Liefergrad* von 1,4 bis 1,5 rechnen, werden wir uns auf der sicheren Seite bewegen.

Das *Luftverhältnis* wird man bei einem Motor der zu erwartenden Größe an der oberen Grenze der auf S. 30 genannten Werte wählen, um möglichst vollständige, rauchfreie Verbrennung zu erreichen; $\lambda = 1,8$ wird dafür etwa erforderlich sein.

Der Mindestluftbedarf für Dieselkraftstoff liegt bei 11 m^3 Luft pro kg Brennstoff, und spezifische Verbräuche von 0,185 kg/kWh sind bei Vollast sicher zu erreichen, das entspricht einem effektiven Wirkungsgrad $\eta_e = 0,46$.

Der erreichbare Mitteldruck errechnet sich dann zu

$$p_{me} = \frac{36 \cdot \lambda_L}{\lambda L_{min} \, b_e} = \frac{36 \cdot 1,45}{1,8 \cdot 11 \cdot 0,185} = 14,25 \text{ bar}.$$

Zur Sicherheit soll im folgenden mit $p_{me} = 14$ bar gerechnet werden. Das Gesamthubvolumen errechnet sich jetzt mit

$$V_H = \frac{7500 \cdot 600}{14 \cdot 130} = 2473 \text{ l} = 2,473 \text{ m}^3.$$

Mit Rücksicht auf die langen geforderten Betriebszeiten zwischen den Überholungsarbeiten sollte die mittlere Kolbengeschwindigkeit recht niedrig gewählt werden, z. B. etwa $c_m = 5,5$ m/s. Daraus errechnet sich ein zulässiger Kolbenhub

$$s = \frac{c_m}{2 \cdot n} = \frac{5,5 \cdot 60}{2 \cdot 130} = 1,27 \text{ m}.$$

Als Zweitaktmotor sollte die Maschine relativ langhubig ausgelegt werden (Schlitzhöhen), ein Wert in der Gegend von $s/D = 1,8$ erscheint etwa angemessen. Das würde einem Zylinderdurchmesser $D \approx 0,71$ m entsprechen. Die erste Abschätzung ergibt damit ein Zylinderhubvolumen $V_h = 0,503$ m^3 und die Zylinderzahl müßte

$$z = \frac{V_H}{V_h} = \frac{2,473}{0,503} = 4,9$$

betragen. Zufällig haben wir damit einen Wert gefunden, der nahe bei 5 liegt und dazu verleiten könnte, keine weiteren Überlegungen mehr anzustellen. Dennoch sollte man auch die nächsten möglichen Zylinderzahlen 4 und 6 in Betracht ziehen, wobei man entweder die mittlere Kolbengeschwindigkeit (also den Hub) oder das Hub/Bohrungs-Verhältnis konstant halten kann. Es ergeben sich dann Abmessungen nach der folgenden Tabelle.

	$c_m = \text{const}$			$s/D = \text{const}$			
Variante	1	2	3	4	5	6	
z	4	5	6	4	5	6	
V_h	0,618	0,495	0,412	0,618	0,495	0,412	m³
s	1,27	1,27	1,27	1,366	1,27	1,193	m
D	0,787	0,705	0,643	0,759	0,705	0,663	m
s/D	1,61	1,80	1,98	1,80	1,80	1,80	—
c_m	5,5	5,5	5,5	5,92	5,5	5,17	m/s

Die Variante 1 ist für einen Zweitaktmotor zu kurzhubig, alle anderen könnten aber durchaus in Erwägung gezogen werden. Von den Herstellungskosten her gesehen, dürfte die Variante 4 mit 4 Zylindern am günstigsten sein, die Kolbengeschwindigkeit mit knapp 6 m/s erscheint noch akzeptabel. Die Sechszylindermotoren stellen wohl schon einen zu großen Bauaufwand dar, so daß sich die Entscheidung auf die Varianten 4 und 5 zu konzentrieren haben wird. Beide wären für eine *Baureihe* von 4 bis 10 evtl. 12 Zylindern geeignet, mit der Variante 4 ließe sich damit der Leistungsbereich von 7 500 bis 22 500 kW abdecken, mit Variante 5 der Bereich von 6 000 bis 18 000 kW. Die Zylinderbohrungen würde man auf 760 mm bzw. 710 mm aufrunden, den Kolbenhub bei Variante 4 auf 1 370 mm.

Abb. 33 zeigt einen typischen Zweitakt-Dieselmotor.

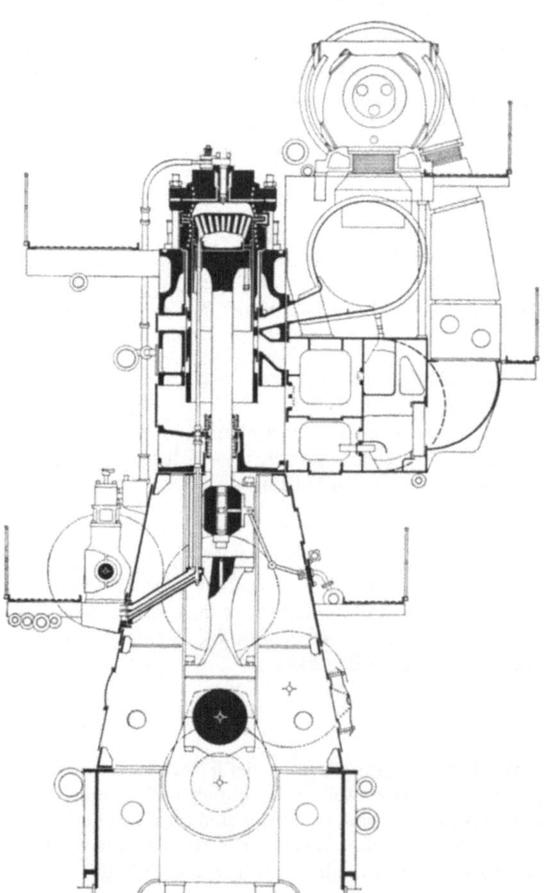

Abb. 33. Zweitakt-Dieselmotor (Gebr. Sulzer AG, Winterthur) mit Abgasturboaufladung. Bemerkenswert die Kühlung von Zylinderkopf und oberem Teil der Zylinderlaufbuchse durch Tangentialbohrungen. Posaunenrohre für die Kolbenkühlung. Kolbenunterseite als zusätzliche Ladepumpe

3. Schiffsmotor $P_e = 8000 \text{ kW}$, $n = 600 \text{ min}^{-1}$

Als Beispiel für eine (heute noch) recht extreme Motorauslegung mit etwa gleicher Leistung wie oben, soll die Auslegung eines Motors für schnelle Boote als mittelschnell-laufender Motor gezeigt werden. Bei der angegebenen Drehzahl wird man ein Getriebe be-nötigen, das dann auch mit relativ geringen Mehrkosten als Wendegetriebe ausgeführt werden kann. Damit kann ein *Viertaktmotor* vorgesehen werden, der nicht umsteuerbar sein muß. Der Motor soll mit Hochaufladung oder evtl. sogar mit zweistufiger Aufladung versehen werden, d. h., es sind je zwei Abgasturbolader hintereinander geschaltet, um den erforderlichen Ladedruck von über 3 bar zu erzeugen. Damit werden natürlich alle Prozeß-drücke steigen und man wird mit dem Verdichtungsverhältnis an die untere Grenze des bei Dieselmotoren üblichen zurückgehen. Dennoch wird man mit Spitzendrücken in der Gegend von 120 bis 140 bar zu rechnen haben. Entsprechend dem relativ niedrigen Verdichtungs-verhältnis, wird der spezifische Verbrauch bei Vollast an der oberen Grenze für Mittel-schnelläufer liegen, etwa bei 0,25 kg/kWh. Das Luftverhältnis kann wohl etwa mit 1,7 verwirklicht werden. Mit diesen Annahmen ist ein mittlerer effektiver Druck $p_{me} \approx 25$ bar erreichbar.

Daraus ergibt sich das Gesamthubvolumen

$$V_H = \frac{8000 \cdot 1200}{25 \cdot 600} = 640 \text{ l}.$$

Die mittlere Kolbengeschwindigkeit sei mit 9 m/s angenommen, woraus sich ein Hub von 0,45 m = 450 mm ergibt. Die folgende Tabelle zeigt die wesentlichen Daten für Zylin-derzahlen von 8 bis 16.

z	8	10	12	14	16	
V_h	80	64	53,33	45,71	40	l
s	450	450	450	450	450	mm
D	476	426	388	360	336	mm
s/D	0,95	1,06	1,16	1,25	1,34	—

Offensichtlich werden 8- und 10-Zylinder-Motoren für das Dieselverfahren zu kurz-hubig, während der 16-Zylinder für einen Viertaktmotor recht langhubig ausfällt. Die Wahl hätte also offenbar zwischen 12 und 14 Zylindern zu erfolgen. Vom Hub/Bohrungs-Ver-hältnis her gesehen, erscheint die 14-Zylinder-Version günstiger, dagegen spricht der größere Bauaufwand. Das etwas kleine Hub-Bohrungs-Verhältnis des 12-Zylinder-Motors erscheint akzeptabel, wenn man das oben erwähnte relativ niedrige Verdichtungsverhältnis (etwa $\varepsilon = 12$) berücksichtigt. Es ergibt einen größeren Verdichtungsraum, so daß das Oberflächen/ Volumen-Verhältnis nicht zu groß wird. Die Wahl dürfte also wohl auf den 12-Zylinder-Motor fallen, wobei man natürlich den Zylinderdurchmesser auf 390 mm aufrunden wird.

5 Literleistung, Leistungserhöhung, Aufladung

Für die Leistung eines Motors haben wir die Formel erhalten:

$$P_e = V_H \, p_{me} \, n_a.$$

Bezieht man die Leistung auf die Einheit des Hubraumes, so ergibt sich

$$\frac{P_e}{V_H} = p_{me} \, n_a.$$

Wird das Volumen wie üblich in Litern angegeben, so stellt obige Gleichung die *Literleistung* in kW/l dar. Sie ist eine gewisse Kenngröße für die Ausnützbarkeit eines Motors, ist aber nicht geeignet, Motoren mit stark unterschiedlichen Auslegungsdaten miteinander zu vergleichen. Notwendigerweise hat ein Motor mit niedriger Drehzahl auch eine niedrigere Literleistung. Die in den vorhergehenden Beispielen berechneten Motoren haben z. B. folgende Literleistungen:

Personenwagenmotor	37,5 kW/l,
Zweitakt-Schiffsdieselmotor	3 kW/l,
Viertakt-Schiffsdieselmotor	12,5 kW/l.

Daraus den Schluß ziehen zu wollen, der Pkw-Motor sei die höher entwickelte Maschine, ist zweifellos falsch. Von den Beispielen ist ohne Frage der Viertakt-Dieselmotor die Maschine, bei der der größte Bauaufwand getrieben werden muß und der — insgesamt gesehen — sicher die technisch anspruchvollste Lösung darstellt.

Die Literleistung dient im Grunde nur dem Zweck, einige Möglichkeiten — und Grenzen — der Leistungserhöhung zu untersuchen. Sie enthält die Faktoren n_a und p_{me}.

1. Drehzahl. Die Zahl der Arbeitsspiele pro Zeiteinheit n_a wächst mit der Drehzahl. Außerdem ist sie vom Arbeitsverfahren abhängig, also beim Zweitaktmotor doppelt so groß wie beim Viertakter. Theoretisch sollte daher ein Zweitaktmotor bei gleicher Drehzahl die doppelte Leistung eines hubraumgleichen Viertaktmotors haben. Daß dies in der Praxis nicht so ist, liegt an dem meistens niedrigeren Mitteldruck des Zweitakters (siehe unten). Mit steigender Drehzahl steigen aber auch die Massenkräfte aller bewegten Teile, so daß von dieser Seite der Drehzahlerhöhung eine Grenze gesetzt wird. Beim Dieselmotor muß die Gemischbildung und Verbrennung in der Nähe des oberen Totpunktes über 40° bis 50° Kurbelwinkel abgeschlossen sein; bei höheren Drehzahlen steht dafür immer weniger Zeit zur Verfügung, was die Maximaldrehzahl schließlich begrenzt. Der Ottomotor, bei dem bereits zündfähiges Gemisch nur noch entflammt werden muß, bietet von der Verbrennung her kaum Probleme bei hohen Drehzahlen.

Von der Drehzahl direkt abhängig ist die mittlere Kolbengeschwindigkeit

$$c_m = 2sn.$$

Mit der Kolbengeschwindigkeit steigt auch die Geschwindigkeit des Gases in der Ansaugleitung und in den Einlaßquerschnitten (Ventile, Spülschlitze) und damit die Drosselung. Es ist sinnlos, die Drehzahl über den Punkt hinaus zu steigern, an dem das Produkt $c_m \lambda_L$ sein Maximum erreicht (Abb. 34).

Ersetzt man in der Gleichung für die Literleistung n_a durch c_m, so ergibt sich

$$\frac{P_e}{V_H} = \frac{p_{me} c_m}{2s[2]},$$
$$\uparrow$$
nur bei Viertakt

d. h., die Literleistung ist bei gleicher Kolbengeschwindigkeit und gleichem mittlerem effektivem Druck umgekehrt proportional zum Hub. Dieser Umstand erklärt die Bevorzugung der Schnelläufer für alle Verwendungszwecke, wo der Ge-

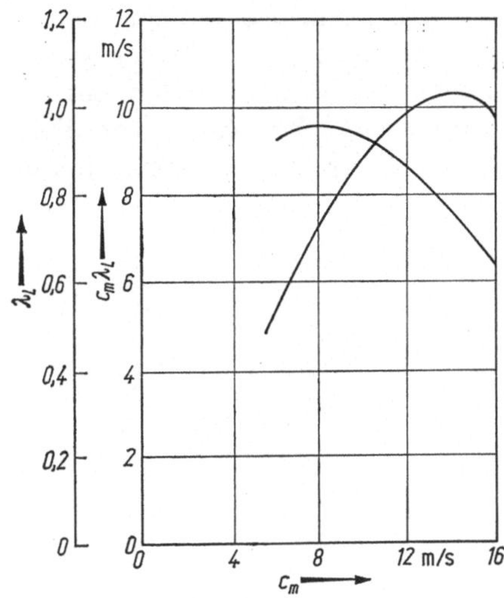

Abb. 34. Kolbengeschwindigkeit und Liefergrad

sichtspunkt höchster Literleistung, d. h. kleinsten Bedarfs an Raum und Gewicht für eine bestimmte Leistung im Vordergrund steht, also vor allem für Landfahrzeuge und in geringem Umfang auch noch für Flugzeuge.

Da der Kleinmotor zwar hohe Literleistung, aber im einzelnen Zylinder nur kleine Nutzleistung verwirklichen kann, ergibt sich die Aufgabe, viele kleine Zylinder in Gruppen zu vereinigen (Abb. 35).

Von den abgebildeten Zylinderanordnungen haben heute im wesentlichen nur noch Reihen-, V- und Boxer-Anordnung Bedeutung, in geringem Umfange noch die Sternanordnung für Flugmotoren.

Wie schon oben erwähnt, sollten Zweitaktmotoren ($n_a = n$) bei sonst gleichen Abmessungen und Drehzahlen die doppelte Leistung erbringen wie Viertaktmotoren. Daß dies in der Praxis nicht so ist, liegt am mittleren effektiven Druck.

2. *Mittlerer effektiver Druck.* Um den „Mitteldruck" möglichst hoch zu machen, müssen die einzelnen Faktoren, aus denen sich p_{me} zusammensetzt den besterreichbaren Werten angenähert werden:

$$p_{me} = \frac{H_u\, \eta_i\, \eta_m\, \lambda_L}{G},$$

d. h. also: η_i *möglichst groß!* Jede Maßnahme, die den Wirkungsgrad η_i verbessert (den Brennstoffverbrauch senkt) erhöht gleichzeitig den Mitteldruck und damit die Leistung. Rennmotoren haben in aller Regel ausgezeichnete Wirkungsgrade — allerdings nur in einem kleinen nutzbaren Drehzahlbereich — weil nur dadurch die hohen Mitteldrücke erreichbar sind.

η_m *möglichst groß!* Eine leicht auszusprechende Forderung, die aber sehr schwer realisierbar ist. Ein Problem liegt z. B. darin, daß bis heute noch nicht zuverlässig bekannt ist, wie sich die „Reibleistung" auf die zahlreichen Reibstellen in einem Motor aufteilt. Man kann zwar durch sehr sorgfältiges Indizieren (Aufnehmen von p-V-Diagrammen) die indizierte Leistung, die vom Gas auf den Kolben übertragen wird, bestimmen und als Differenz zur effektiven Leistung die Reibleistung berechnen. Wie diese sich aber wieder auf Kolbenringe, Kolben, Lager, Ventiltrieb usw. aufteilt, ist weitgehend unbekannt. Schleppversuche helfen wenig, da die thermischen und mechanischen Belastungen sich vom feuernden Betrieb zu stark unterscheiden. Hier ist noch ein Feld für weitere Forschung, vor allem wenn man bedenkt, daß es gelang, die mittleren indizierten Drücke p_{mi} in den

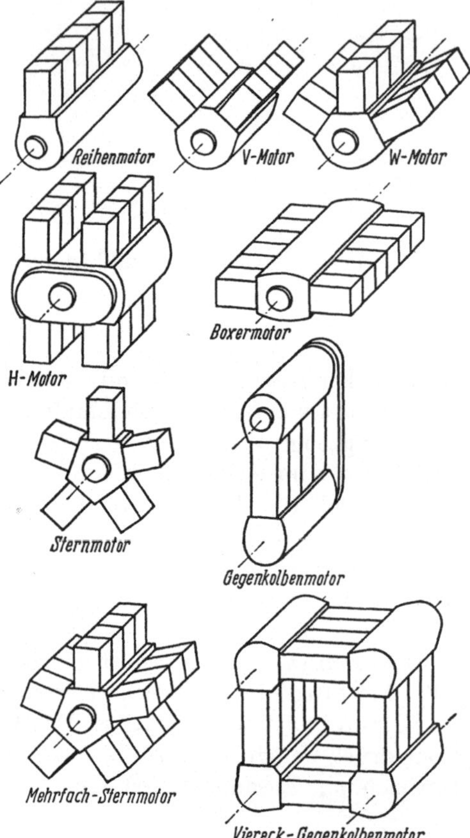

Abb. 35. Vielzylindermotoren. Kurbelwelle und Motorgehäuse stellen besonders große Anteile am Gesamtgewicht des Motors. Am leichtesten fallen daher jene Bauarten aus, bei denen an diesen Teilen gespart ist, also z. B. Stern-, V- und W-Motoren.

vergangenen fünfzig Jahren etwa um den Faktor 5 zu erhöhen, daß aber der mechanische Wirkungsgrad günstigstenfalls gleich geblieben ist, vielleicht sogar etwas schlechter wurde. In den mechanischen Wirkungsgrad geht auch die Antriebsleistung für Hilfsaggregate ein, die der Motor zu seinem Betrieb benötigt. Das sind z. B. Ölpumpen, Kraftstoffpumpen, Kühlwasserpumpen oder Kühlgebläse, Einspritzpumpen bei Dieselmotoren bzw. Zündverteiler bei Ottomotoren, Lichtmaschine oder Magnetzünder, um nur die unbedingt erforderlichen zu nennen. Auch hier wird es lohnen, die Einzelwirkungsgrade zu verbessern, da dies direkt dem Gesamtwirkungsgrad zu gute kommt.

H_u/G, d. h., der „Gemischheizwert" soll möglichst groß sein; ein Kraftstoff mit großem Heizwert bringt keinen hohen Mitteldruck, wenn er gleichzeitig einen hohen Mindestluftbedarf $L_{\min}$ hat und damit der Gemischheizwert klein ist. Beim Dieselmotor ist das Ladungsvolumen $G = \lambda L_{\min}$, da der Kraftstoff beim Ansaugen keinen Anteil am Hubvolumen beansprucht. Bei Ottomotoren für flüssige Kraftstoffe kann man ebenfalls $G = \lambda L_{\min}$ ansetzen, da das Kraftstoffvolumen gegenüber dem Luftvolumen praktisch vernachlässigbar ist. Der Dieselmotor ist aber gegenüber dem Ottomotor im Nachteil, da er mit einem Luftverhältnis $\lambda > 1$ betrieben werden muß. Anzustreben ist also immer ein möglichst kleines Luftverhältnis, wobei die Grenze durch unvollständige Verbrennung und ein Ansteigen des spezifischen Verbrauchs (Verschlechterung von η_i) gesetzt wird.

Bei nach dem Ottoverfahren arbeitenden *Gasmotoren* ist $G = 1 + \lambda L_{\min}$, sie sind vom Gemischheizwert her im Nachteil gegenüber Motoren für flüssige Kraftstoffe, da der Raumanteil des Gases nicht vernachlässigbar ist. Der Gemischheizwert von Wasserstoff ist bei einem Luftverhältnis $\lambda = 1$, z. B., $H_u/G = 10,8 \cdot 10^6/$ $3,38 = 3,2 \cdot 10^6$ J/m³$_{\text{Gem}}$ während jener eines stöchiometrischen Benzin/Luft-Gemisches bei $3,7 \cdot 10^6$ J/m³$_{\text{Gem}}$ liegt. Bei gleichem effektivem Wirkungsgrad und gleichem Liefergrad wird also ein mit Wasserstoff betriebener Ottomotor einen um 15% niedrigeren Mitteldruck haben als bei Benzinbetrieb.

λ_L muß groß sein! Möglichst restlose Frischfüllung des Hubraumes muß angestrebt werden, d. h. Vermeiden von Drosselwirkung beim Ansaugen bzw. Laden. Ottomotoren mit *Benzineinspritzung* sind hier im Vorteil gegenüber Vergasermotoren, da die Drosselung durch den Lufttrichter des Vergasers entfällt. Bei Dieselmotoren haben Kammermotoren (Vorkammer, Wirbelkammer) einen besseren Liefergrad als Direkteinspritzer. Beim Direkteinspritzer muß zur schnellen und intensiven Gemischbildung der Luft ein *Drall* erteilt werden (s. Abschn. II.7). Die dazu erforderlichen *Drallkanäle* im Zylinderkopf verursachen Drosselverluste, die bei sogenannten *Füllungskanälen* von Kammermotoren geringer sind.

Bei Zweitaktmotoren fällt der durch die Schlitze beanspruchte Hubanteil für die Füllung weg, so daß λ_L entsprechend kleiner ausfallen muß. Bei sogenannter Kurbelkastenspülung (s. Abb. 29 und 36) bei der Kolbenunterseite und Kurbelgehäuse als Ladepumpe verwendet werden, ist der Liefergrad dieses „Kompressors" wegen des ungünstigen Schadraumverhältnisses immer wesentlich kleiner als 1, was zu einer zusätzlichen Verschlechterung von λ_L führt. Andererseits kann man bei Zweitakt-Dieselmotoren durch gute und reichliche Ausspülung mit einem besonderen Spülgebläse zugleich mit dem Hubraum auch den Verdichtungsraum von Restgasen der Verbrennung reinigen und mit Frischluft füllen. Dazu bläst man bis zu 30% mehr Spülluft ein als der Hubraum fassen kann.

Bei Otto-Zweitaktmotoren, die ja Gemisch einblasen, würde dies zu Gemischverlusten führen, die nicht nur den Wirkungsgrad verschlechtern, sondern auch eine unzulässige Kohlenwasserstoffkonzentration im Abgas erzeugen. Auch bei Viertaktmotoren kann man die Ausspülung von Restgasen durch eine *Steuerzeitüberschneidung* oder „Ventilüberschneidung" verbessern, indem im Bereich des Gaswechseltotpunktes Einlaß- und Auslaßventil gleichzeitig offen sind. Während man bei Dieselmotoren, vor allem bei aufgeladenen Dieselmotoren, recht große Steuerzeitüberschneidungen (bis zu 100° Kurbelwinkel) verwirklichen kann, muß man bei Ottomotoren natürlich wieder Frischgasverluste vermeiden, was kleine oder gar völlig fehlende Steuerzeitüberschneidung verlangt.

Im Interesse eines guten Liefergrades sollte die Ladung so kalt wie möglich in

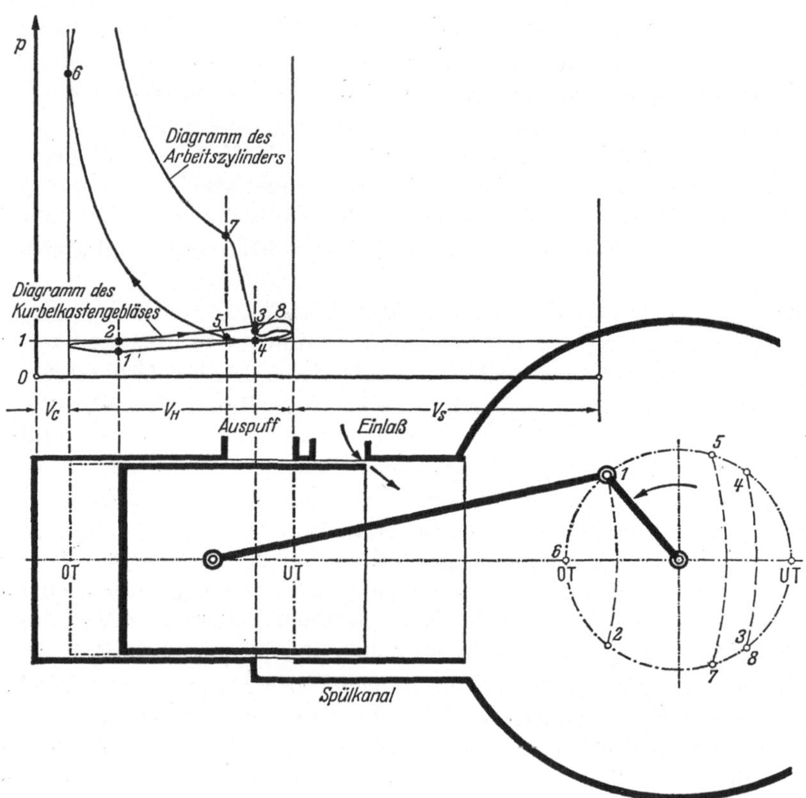

Abb. 36. Die Vorgänge in einem Zweitaktmotor mit Kurbelkastengebläse. Steht der Kopf des Arbeitskolbens bei *1*, wie gezeichnet, so beginnt das Einsaugen frischer Ladung durch die Einlaßschlitze in den Kurbelkasten. Der Kolben schließt nach seiner Rückkehr vom OT den Einlaß bei *2* wieder ab. Auf dem Wege von *2* bis *3* tritt Verdichtung der im Kurbelkasten befindlichen Ladung ein. Der ganze Rauminhalt des Kurbelkastens V_s stellt für diesen Verdichtungsvorgang den „schädlichen Raum" dar. Von *3* bis *4* sind die Spülschlitze zum Arbeitszylinder öffen, so daß die im Kurbelkasten verdichtete Ladung durch den Spülkanal in den Arbeitszylinder überströmt und die Abgase durch die geöffneten Auspuffschlitze hinaustreibt. Die Kolbenbewegung von *4* bis *1* bewirkt Unterdruck im Kurbelkasten. Die Auspuffschlitze des Arbeitszylinders werden bei *5* durch die Kante des Kolbenkopfes geschlossen, und es tritt Verdichtung bis OT (Punkt *6*) ein. Es folgen Zündung, Verbrennung und Expansion, bis bei *7* die Auspuffschlitze freigegeben werden. Das Auspuffen geschieht unter raschem Druckabfall des Zylinderinhaltes, der bis zum Öffnen der Spülschlitze bei *8* unter den Druck *3* der im Kurbelkasten verdichteten Frischladung entspannt sein soll, damit kein Rückschlagen des Auspuffs in den Spülkanal eintritt. Die im Diagramm sichtbare Druckdifferenz zwischen Kurbelkasten und Arbeitszylinder während des Spülvorgangs ist zur Überwindung der Strömungswiderstände des Ladungswechsels notwendig. In Wirklichkeit sind die hier absichtlich vereinfacht dargestellten Vorgänge fast stets von Schwingungen der Gasmassen überlagert, die sich dann in den Druckverlauflinien von *3* nach *4* und von *7* über *8* nach *5* mehr oder weniger stark ausprägen

den Zylinder gelangen, damit die Masse der Ladung möglichst groß wird. Bei Ottomotoren mit Vergaser ist man aber häufig gezwungen, die angesaugte Ladung vor-
zuwärmen, um eine bessere Gemischbildung und damit geringere Abgasemissions-
werte zu erreichen. Eine solche Vorwärmung kann durch Entnahme der Ansaugluft nahe dem heißen Auspuffrohr, durch Heizen des Ansaugrohres mit Kühlwasser oder Abgas, oder durch eine Kombination beider Maßnahmen erfolgen.
Bei vielen Vergasermotoren für Personenwagen erfolgt oft eine automatische Um-
schaltung der Frischluftentnahmestelle durch einen Thermostaten und eine Unter-
drucksteuerung. Bei niedriger Last und niedriger Umgebungstemperatur wird die
Luft nahe am Auspuffrohr entnommen, bei hoher Temperatur und bei Vollast
wird auf Ansaugen von kälterer Luft umgeschaltet.

Die wirkungsvollste Maßnahme zur Verbesserung des Liefergrades ist die
Aufladung, d. h. die künstliche Erhöhung des eintretenden Luftgewichts durch
Vorverdichtung. Man benötigt also einen Kompressor, der dem Motor mehr La-
dungsmenge zuschiebt, als er von sich aus aus der Atmosphäre ansaugen würde.
Nach dem derzeitigen Stand der Technik lassen sich damit Liefergrade in der Gegend von $\lambda_L \approx 3$ erreichen. Während man vor dem Zweiten Weltkrieg zur Aufladung häufig mechanisch vom Motor angetriebene Kreisellader oder Drehkolben-
verdichter verwendete, sind diese heute praktisch völlig verschwunden. Ihr
wesentlicher Nachteil ist, daß über die erforderliche Antriebsleistung der mechanische Wirkungsgrad des Motors entscheidend verschlechtert wurde; sie brachten
zwar Leistung, aber auf Kosten des Wirkungsgrades.

Heute werden praktisch ausschließlich **Abgasturbolader** verwendet (Abb. 37),
bei denen eine vom Abgas des Motors beaufschlagte Gasturbine einen Kreisel-
verdichter antreibt, der die Ansaugluft vorverdichtet. Man nützt damit zur Vorverdichtung der Ladung jenen Teil des p-V-Diagramms aus, den man wegen des zu
großen erforderlichen Expansionsverhältnisses abgeschnitten hat (s. Abb. 13)

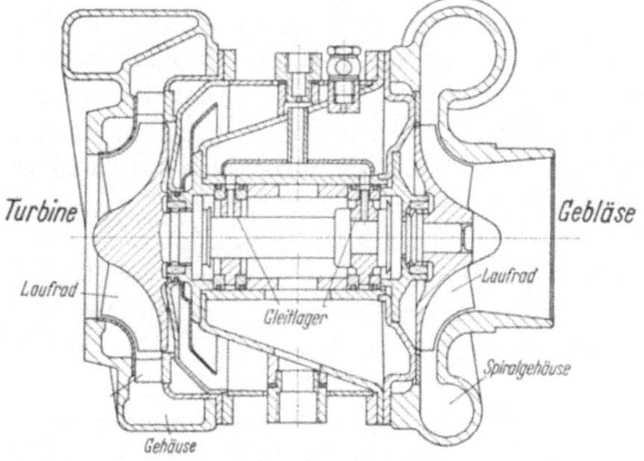

Abb. 37. Abgasturbolader (Kühnle, Kopp und Kausch).
Die Abgase des Motors treten in das Spiralgehäuse der Turbine (linke Seite) ein und strömen
radial nach innen durch den feststehenden Schaufelkranz des Leitrads und — den rotierenden Schaufelstern des Laufrades antreibend — schließlich axial (nach links) ab. Das Gebläse saugt (von rechts) axial Gemisch oder Luft an, verdichtet sie im Schaufelstern des
Laufrads und schiebt sie mit einigen Bar Überdruck durch das Spiralgehäuse zu den Einlaßschlitzen des Motors

und gewinnt damit sogar noch etwas an Wirkungsgrad. Da der Ladedruck (Ansaugdruck des Zylinders) über dem Umgebungsdruck liegt, und auch höher als der Abgasgegendruck ist, erhält man eine „positive Ladungswechselschleife", der Motor läuft im Ansaugtakt gewissermaßen als Druckluftmotor. Moderne Abgasturbolader können mit akzeptablen Wirkungsgraden etwa bis zu Druckverhältnissen von 3,5 auf der Verdichterseite ausgeführt werden, womit sich bei Dieselmotoren mittlere effektive Drücke bis zu etwa 24 bar erreichen lassen. Mit dem Druck steigt beim Verdichten natürlich auch die Temperatur und zwar bei Kreiselverdichtern immer mit einem Polytropenexponenten, der größer als 1,4 ist. Die erhöhte Ladungstemperatur verschlechtert nicht nur den Liefergrad. Da mit der Temperatur bei Verdichtungsbeginn im Zylinder auch alle übrigen Prozeßtemperaturen steigen, nimmt die thermische Belastung des Motors zu. Bei geringen Aufladegraden, etwa bis zu Druckverhältnissen von 1,5, kann durch größere Steuerzeitüberschneidung eine intensive Spülung und damit eine innere Kühlung des Motors erreicht werden. Bei höheren Aufladegraden wird es aber erforderlich, die Luft hinter dem Verdichter zu kühlen. Steht für diese *Ladeluftkühlung* ein eigener Kühlkreislauf zur Verfügung (z. B. mit Seewasser bei Schiffsdieselmotoren), so ist eine sehr wirkungsvolle Kühlung möglich. Bei Motoren für Fahrzeuge wird man im allgemeinen gezwungen sein, das Motorkühlwasser auch für die Kühlung der Ladeluft heranzuziehen. Bei den üblichen Kühlwassertemperaturen von etwa 80 °C ist damit natürlich nur eine begrenzte Ladeluftkühlung möglich.

Es gibt für den Betrieb des Abgasturboladers grundsätzlich zwei verschiedene Möglichkeiten, den sogenannten *Stoßbetrieb* oder den *Staubetrieb*. Bei der Stoßaufladung nützt man Druck, Temperatur und kinetische Energie der Abgase aus. Das Abgas wird über relativ enge Leitungen, in denen die kinetische Energie weitgehend erhalten bleibt, zur Turbine geführt. Damit sich Zylinder nicht gegenseitig stören, können beim Viertaktmotor höchstens drei, beim Zweitaktmotor höchstens zwei Zylinder in eine gemeinsame Auslaßleitung auspuffen. Die Leitungen müssen bis in den Düsenkranz der Turbine getrennt geführt werden, das Turbinenrad ist damit nur pulsierend teilbeaufschlagt. Bei einem 12-Zylinder-Viertaktmotor müssen also mindestens vier Abgasleitungen zur Turbine führen und der Düsenkranz hat vier Eintrittsviertel. Bei Aufladegraden bis zu etwa 20 bar Mitteldruck weist dieses Verfahren gute Wirkungsgrade auf, erfordert wegen der getrennten Leitungen jedoch hohen Bauaufwand. Im Gegensatz zu dem unten beschriebenen Stauverfahren ist der Wirkungsgrad auch im Bereich der Teillast noch gut, das Stoßaufladeverfahren eignet sich daher besonders für Motoren, die mit wechselnden Lasten und Drehzahlen betrieben werden, z. B. Lastwagenmotoren.

Bei der Stauaufladung werden nur Druck und Temperatur der Abgase ausgenützt. Alle Zylinder puffen in ein gemeinsames Abgassammelrohr aus und werden vor der Turbine aufgestaut. Im Gegensatz zum Stoßaufladeverfahren erhält das Sammelrohr einen großen Querschnitt um die Druckpulsationen klein zu halten. Die kinetische Energie der aus den Zylindern ausströmenden Abgase wird durch Verwirbelung im Sammelrohr in Wärme umgesetzt. Die Turbine wird gleichmäßig voll beaufschlagt, was einen besseren Turbinenwirkungsgrad ergibt. Nachteilig ist, daß bei geöffneten Auslaßorganen (Ventilen oder Schlitzen) der volle

Abgasgegendruck auf dem Kolben lastet, was evtl. die Spülung nachteilig beeinflußt. Für schlitzgesteuerte Zweitakt-Dieselmotoren bietet aber die Stauaufladung große Vorteile. Da die Spülschlitze beim Aufwärtsgang des Kolbens vor
den Auslaßschlitzen geschlossen werden, kann der Zylinderdruck beim Auslaßschluß nur gleich dem Abgasgegendruck sein. Ohne Aufstauen der Abgase wäre es
erforderlich, besondere Steuerorgane im Auslaß (Drehschieber oder Schwing-
schieber) vorzusehen, oder mit Rückschlagventilen ausgestattete Nachladeschlitze
zu verwenden. Tatsächlich wurden solche Notbehelfe mit allen ihren Problemen
früher gelegentlich verwendet, sie sind mit der Entwicklung der Stauaufladung
verschwunden.

Die Anpassung eines Turboladers an einen Motor ist immer noch in erster Linie
eine Aufgabe für den Versuchsingenieur, eine Vorabstimmung läßt sich aber an-
hand des Verdichterkennfeldes durchführen. In das Verdichterkennfeld lassen sich
die „Schlucklinien" des Motors eintragen (Abb. 38). Sie stellen den Luftdurchsatz
des Motors in Abhängigkeit von Ladedruckverhältnis und Drehzahl dar, wobei das
Ladedruckverhältnis wieder vom Mitteldruck p_{me} abhängt. Die Schlucklinie wird
außerdem von der Steuerzeitüberschneidung und von der Ladelufttemperatur
beeinflußt, sie läßt sich daher nur näherungsweise vorausberechnen. Bei der Auswahl des Turboladers ist darauf zu achten, daß die Schlucklinien auch an der kritischen Stelle (niedrige Drehzahl, hoher Mitteldruck) ausreichenden Abstand von
der Pumpgrenze haben. Außerdem darf bei Höchstdrehzahl und Vollast die zulässige Laderdrehzahl nicht überschritten werden, und schließlich sollen alle Schlucklinien in einem Bereich des Verdichterkennfeldes liegen, bei dem möglichst gute
Verdichterwirkungsgrade vorhanden sind.

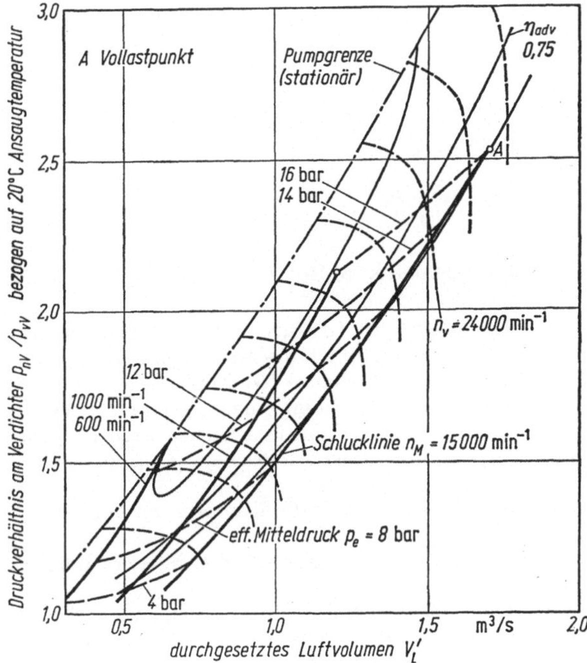

Abb. 38. Verdichterkennfeld
eines Abgasturboladers mit ein-
getragenen Schlucklinien eines
Motors

Wie der Verdichter, muß auch die Turbine des Turboladers an den Motor angepaßt werden, was durch Wahl entsprechender Düsenquerschnitte erfolgt.

Sehr hohe Ladedrücke $> 3{,}5$ bar lassen sich bei guten Laderwirkungsgraden nur mit zweistufiger Aufladung realisieren. Dabei werden im Prinzip die Verdichter zweier Turbolader unter Zwischenschaltung eines Ladeluftkühlers hintereinander geschaltet. Dabei arbeitet häufig der erste Lader im Stoßbetrieb, der zweite im Staubetrieb.

Während die Aufladung bei Dieselmotoren weit verbreitet ist und ihre Anwendung in Zukunft zweifellos weiter zunehmen wird, ist der Ottomotor vom Prinzip her wesentlich weniger für den Betrieb mit Aufladung geeignet. Da er zündfähiges Gemisch ansaugt, besteht bei zunehmenden Drücken und Temperaturen die Gefahr von Selbstzündung oder klopfender Verbrennung (s. Abschn. II.7). Man ist daher gezwungen, das Verdichtungsverhältnis zurückzunehmen, was zu einer Verschlechterung des Wirkungsgrades führt. Es erscheint allenfalls denkbar, einen aufgeladenen Ottomotor mit kleinerem Hubvolumen — z. B. mit vier anstelle von sechs Zylindern — auszuführen, um über einen besseren mechanischen

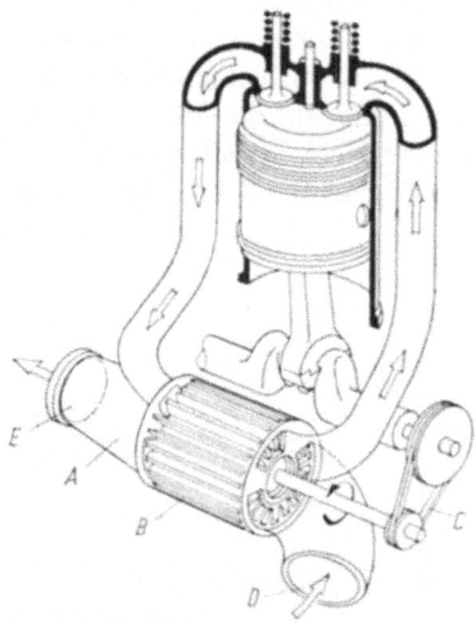

Abb. 39. „Comprex"-Druckwellenlader. *A* Gasgehäuse, *B* Rotor, *C* Keilriemen, *D* Luftgehäuse, *E* Auspuff.

Die Abgase des Motors strömen durch das Gasgehäuse (*A*) dem Rotor (*B*) des Comprex zu, geben über Druckwellen Energie an die Luft in den Zellen des Rotors ab und verlassen die Maschine in Richtung (*E*) zum Auspuff. Beim Luftgehäuse (*D*) angesaugte Frischluft, während der Drehung des Rotors im Druckwellenzyklus komprimiert, gelangt durch die Ladeluftleitung zum Motor. Der Antrieb des Rotors zur kontinuierlichen Steuerung des Druckwellenprozesses erfolgt auf einfache Weise über einen Keilrienem (*C*) und benötigt etwa 1 bis 2% der Motorleistung.

Druckwellenlader nutzen die Energie der Auspuffgase für die Kompression von Frischluft.

Druckwellenlader tauschen die Energie von Gas zur Ladeluft mit Schallgeschwindigkeit und reagieren praktisch verzögerungsfrei.

Der BBC-Druckwellenlader Comprex verfügt über einen sehr breiten Betriebsbereich bei flachem Ladedruckverlauf und ermöglicht elastische Drehmomentcharakteristik, auch bei hohem Aufladegrad.

Wirkungsgrad den Verlust an thermischem Wirkungsgrad zu kompensieren. Dabei könnte vielleicht insgesamt eine kleine Verbesserung des effektiven Wirkungsgrades erreicht werden, allerdings ohne Leistungssteigerung. Es erscheint aber fraglich, ob der erforderliche Aufwand in einem angemessenen Verhältnis zum Nutzen steht. Hinzu kommt, daß sich die Schlucklinien eines Ottomotors sehr schlecht in das Verdichterkennfeld einfügen. Es ist daher erforderlich, zusätzliche Regeleinrichtungen vorzusehen. Bei einigen heute auf dem Markt befindlichen Pkw-Ottomotoren mit Abgasturbolader ist dieser so ausgelegt, daß er bei relativ niedrigen Lastzuständen schon seine Nenndrehzahl erreicht. Bei höheren Lasten wird dann nur noch ein Teilstrom des Abgases durch den Turbolader geleitet, um Überdrehzahlen zu vermeiden. Daß eine solche Regelung bei Abgastemperaturen bis zu 1000 °C nicht problemlos ist, bedarf keiner Diskussion.

Ein Nachteil des Abgasturboladers bei Fahrzeugmotoren ist sein verzögertes Ansprechen auf Laständerungen. Bei Dieselmotoren kann das zum Rauchen beim Beschleunigen führen, da die größere Kraftstoffmenge sofort zur Verfügung steht, die zugehörige Luft aber erst nach dem Hochlaufen des Laders angeboten wird. Man ist daher bestrebt, das Massenträgheitsmoment von Turbine und Verdichter so klein wie möglich zu halten, dennoch ist es empfehlenswert, eine ladedruckabhängige Begrenzung der Einspritzmenge vorzusehen, um den Beschleunigungsrauch in Grenzen zu halten.

Diese Nachteile des Abgasturboladers vermeidet das *„Comprex"-Druckwellengerät* (Abb. 39), das die Energie der Abgase direkt zur Verdichtung der Ladeluft benützt. Es ermöglicht Ladedrücke bis etwa 2,5 bar und spricht praktisch verzögerungsfrei auf Laständerungen an. Leider erfordert es eine sehr hohe Fertigungspräzision (Spalte, Ausgleich von Wärmedehnungen), wird dadurch z. Z. etwa doppelt so teuer wie ein Abgasturbolader, und es ist ein Antrieb erforderlich. Dieser nimmt zwar keine nennenswerte Leistung auf (unter 1% der Motorleistung), schränkt aber die Anordnung am Motor ein, was wiederum zu Komplikationen bei der Auslegung von Ansaug- und Auspuffleitungen führt.

6 Kühlung

Die Werkstoffe des Maschinenbaues — vornehmlich Eisen, Bronze, Leichtmetall — vertragen nicht unbegrenzt hohe Temperaturen. Es genügt keineswegs, unter dem Schmelzpunkt (Schmelzpunkte: Al 650 °C, Fe 1200 °C, Bronze 900 °C) des Werkstoffes zu bleiben, man muß schon Temperaturen vermeiden, bei denen die Festigkeit des Werkstoffes merkbar nachläßt, oder bei denen *rasche Verzunderung* eintritt, d. h. der Werkstoff selbst Reaktionen mit den Verbrennungsgasen eingeht. Im allgemeinen dürfen Wandtemperaturen von 400 °C (250 °C bei Leichtmetallen) nicht überschritten werden, und wo dies etwa unvermeidbar ist (Auspuffventilkegel, Vorkammereinsätze), müssen hochhitzebeständige Chrom-Nickel-Wolfram-Stähle und Nickellegierungen verwendet werden.

Die Teile des Motors jedoch, die gleitende Bewegungen aufeinander ausführen und deshalb natürlich geschmiert werden müssen, dürfen *des Schmieröls wegen* keine hohen Temperaturen annehmen, da das Schmieröl schon bei 200 bis 250 °C nicht mehr die gewünschten Eigenschaften beibehalten könnte (Laufbüchse, Kolbenmantel, Kolbenringe).

Alle *Motoren mit hin- und hergehenden* (oszillierenden) *Kolben haben nun von Natur aus den wichtigen Vorteil für sich,* daß infolge ihrer *periodischen Arbeitsweise* die hohe Zündtemperatur (rd. 2500 K) nur einen Bruchteil des Arbeitsspiels über auftritt und, ehe noch die Wand Zeit hätte die hohen Temperaturen wahrzunehmen, bereits durch die tiefe Temperatur der frisch eintretenden Ladung oder Spülluft abgelöst wird.

Abbildung 40 veranschaulicht den Temperaturabfall beim Durchgang der Wärme durch eine gekühlte Wand. Die stark schwankenden Linien auf der linken

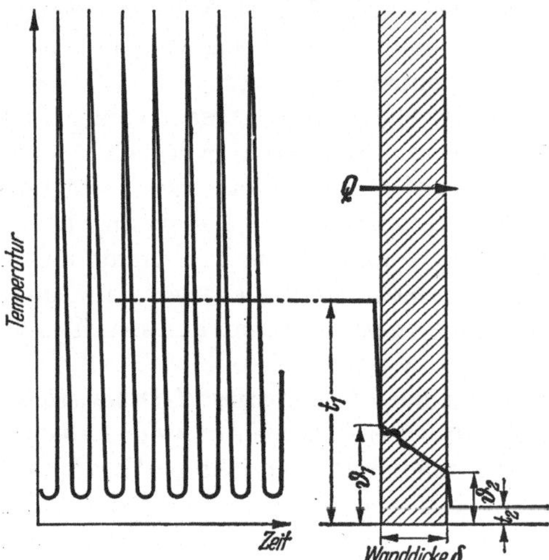

Abb. 40. Temperaturverlauf beim Wärmedurchgang durch eine außengekühlte Wand

Seite der Abbildung symbolisieren den raschen Wechsel der Gastemperaturen im Motorinnern zwischen den hohen Verbrennungstemperaturen und den niedrigen Ladungswechseltemperaturen. Für die Wand ist praktisch eine mittlere Gastemperatur t_1 maßgebend, die längs des Weges der abfließenden Wärme bekanntlich in der Grenzschicht unmittelbar an der Wand auf ϑ_1 abfällt und innerhalb der wärmeleitenden Wand (angenähert) geradlinig auf ϑ_2 absinkt. Auch auf der gekühlten Seite tritt in unmittelbarer Wandnähe ein Temperaturabfall von ϑ_2 auf die Kühlmitteltemperatur t_2 ein. Die raschen und hohen Schwankungen der Gastemperatur im Motorinnern treten in den Fasern der warmen Seite der Wand nur als Schwankungen ganz geringer Amplitude (10 bis 15 °C) auf, die wie eine stark gedämpfte Schwingung bei ihrem Lauf ins Wandinnere auf kürzestem Weg abklingen.

Die Wand verspürt also nur eine „Durchschnittstemperatur", und diese fällt um so niedriger aus, je besser die Spül- und Kühlwirkung der frischen Ladung im Motorinnern zur Wirkung kommt.

Bei Zweitaktmotoren ist die Durchschnittstemperatur größer als beim Viertaktmotor, da der Zeitanteil des kühlenden Ladungswechsels beim Viertakt länger ist.

Diese Tatsache genügt aber trotzdem noch nicht, um bei den gebräuchlichen Literleistungen gefährliche Wandtemperaturen zu vermeiden. *Motoren müssen gekühlt werden um der Wände des Verbrennungsraumes und der Erhaltung der*

Schmierschicht willen. Die Laufbüchsen sind in der Regel von einem *Wasser*mantel umgeben, die Zylinderdeckel enthalten wasserdurchflossene Kühlräume, oder sie besitzen Kühlrippen, die von einem *Luft*strom kaltgeblasen werden (vgl. Abb. 25 und 29).

Kleinere Arbeitskolben behalten erträgliche Temperaturen, weil sie dauernd an den Luftinhalt des Kurbelraums Wärme abstrahlen und durch ihre Kolbenringe Wärme an die Laufbüchsenwand ableiten. Auch die kühlende Wirkung der eintretenden frischen Ladung, die den Kolbenboden von der Brennraumseite bespült, insbesondere die Verdampfung der Kraftstoff-Nebeltröpfchen bei Vergasermotoren, ist von willkommenem Einfluß.

Bei großen Motorabmessungen müssen auch die Kolben selbst gekühlt werden. Von welchen Kolbendurchmessern an das erfolgen muß, hängt von der thermischen Belastung ab, also vom Arbeitsverfahren und vom Mitteldruck p_{me}. Bei aufgeladenen Viertakt-Dieselmotoren mit Mitteldrücken über 14 bar muß bereits bei etwa 180 mm Kolbendurchmesser eine Kolbenkühlung vorgesehen werden, bei nicht aufgeladenen Zweitakt-Dieselmotoren (die kaum noch gebaut werden) ab etwa 300 mm Durchmesser. Bei Tauchkolbenmotoren kann im einfachsten Falle der Kolben von der Pleuelstange oder durch Spritzdüsen im Kurbelgehäuse mit Schmieröl angespritzt werden. Bei Kolbenhüben unter etwa 250 mm ist es sogar möglich, mit einer Düse einen scharfen Ölstrahl in eine Fangbohrung des Kolbens zu spritzen, an die sich ein eingegossener oder eingearbeiteter Kühlkanal im Kolbeninnern anschließt. Bei größeren Hüben muß man zu Posaunenrohren übergehen. Öl hat leider eine nur etwa halb so große spezifische Wärmekapazität wie Wasser und wegen der Gefahr des Anbrennens (Verkokens) an heißen Wänden ist eine besondere Sorgfalt für die Gewährleistung eines niemals stokkenden Ölstromes nötig. Bei Großmotoren in Kreuzkopfbauart wird auch Wasserkühlung der Kolben verwirklicht. Durch Anordnung der Posaunenrohrstopfbuchsen außerhalb des Kurbelgehäuses besteht selbst bei Leckagen keine Gefahr, daß Kolbenkühlwasser in den Ölsumpf des Motors gelangt.

Werden die Wände gekühlt, so muß man — gegen die eigentliche Absicht — eine *fortwährende* Wärmeabführung aus dem Arbeitsprozeß in Kauf nehmen, die leider zu einer Verschlechterung des thermischen Wirkungsgrades führt. Man will die *Wände* kühlen, soweit sie es nötig haben, und entzieht dadurch gegen jede Absicht dem Arbeitsprozeß wertvolle Wärme. Man setzt dadurch den Gütegrad η_g herab!

Diese Verschlechterung ist nicht darin zu sehen, daß *überhaupt* Wärme abgeführt wird — denn eine erhebliche Wärmemenge Q_2 mußte ja, wie eingangs gezeigt, naturnotwendig abgeführt werden —, sondern darin, daß eine Wärmemenge zu *programmwidriger Zeit* aus dem Prozeß verschwindet. Beim Idealprozeß (etwa dem Seiliger-Prozeß S. 11) sollte Wärme lediglich *am Ende* des Prozesses nach vollendeter Expansion mit den heiß auspuffenden Abgasen entweichen. Bei dem Motor mit gekühlten Wänden entweicht *schon vorher* ein guter Teil der Wärme ins Kühlwasser.

Am bedauerlichsten ist der große Wärmeverlust, der schon gleich während der Verbrennung an die Wände übergeht. Er ist um so größer, je heißer die Verbrennungstemperatur, je kälter und umfangreicher die Oberfläche des Verbrennungsraumes und je heftiger die Bewegungen, Wirbelungen und Schwingungen des brennenden Gases sind.

Diese Abweichungen im Verlauf des Prozesses beim gekühlten Motor von dem Idealverlauf beim ungekühlten Motor bedingen wie *jede* Abweichung vom Idealverlauf eine Verringerung des Gütegrades η_g und damit der verhältnismäßigen Arbeitsausbeute.

Die Verteilung der im eingeführten Kraftstoff enthaltenen Energien ist aus der anschaulichen Darstellung in Abb. 41 zu ersehen.

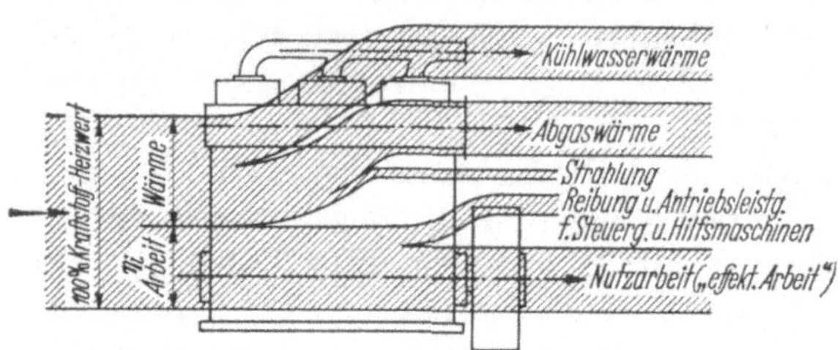

Abb. 41. Schaubild („Sankey-Diagramm") des Energiestroms in einem Brennkraftmotor. Nur der Bruchteil η_i wird in mechanische Arbeit umgesetzt, und auch davon geht ein Teil als Reibung für die Nutzarbeit verloren

Bei Überschlagsrechnungen kann als Erfahrungswert für den in das Kühlmittel übergehenden Anteil der im Kraftstoff zugeführte Wärmemenge Q_1 etwa 25 bis 35% des Heizwertes angenommen werden.

Von Zeit zu Zeit kommt immer wieder der Gedanke auf, einen „wärmedichten" Verbrennungsmotor zu bauen. Die naive Vorstellung, der thermische Wirkungsgrad η_i würde dann um die oben genannten 25 bis 35% größer, ist natürlich unsinnig. Das Abgas würde vielmehr erheblich heißer sein als beim gekühlten Motor und entsprechend mehr Wärme abführen. η_i läßt sich im Höchstfalle auf η_{th} steigern!

Betrachten wir aber doch einmal, wie der Arbeitsprozeß eines „wärmedichten" Motors aussehen könnte. Bei einem nicht aufgeladenen Viertakt-Dieselmotor wird man mit einer „mittleren Gastemperatur" über ein volles Arbeitsspiel von etwa 400°C rechnen können, ermittelt als zeitliches Integral über den Temperaturverlauf eines Arbeitsspiels dividiert durch die Dauer des Arbeitsspiels (integraler Mittelwert). Wollte man also im Mittel über ein Arbeitsspiel Kühlwärmeverluste vermeiden, so müßten die Wände des Arbeitsraumes etwa 400°C warm sein. Das ist eine Temperatur, die ein Aluminiumkolben nicht ertragen kann, er müßte auf irgendeine Weise isoliert werden. Eine Zylinderwandtemperatur von 400°C ist ebenfalls inakzeptabel, da das zur Schmierung des Kolbens erforderliche Öl bei dieser Temperatur zu verkoken beginnt. Aber selbst wenn es gelänge, Schmiermittel zu entwickeln, die derartige Temperaturen ertragen, wäre unser Motor keineswegs wärmedicht im Sinne des idealen Vergleichsprozesses. Während des Ansaugens und eines beträchtlichen Teils der Kompression würde von den heißen Brennraumwänden Wärme auf die Ladung übertragen. Dadurch sinkt der Liefergrad — und damit die Leistung —, die Verdichtungslinie wird steiler als im Vergleichsprozeß, da eine unprogrammgemäße Wärmezufuhr auftritt, η_g sinkt.

Während der Verbrennung und Expansion ist die Gastemperatur höher als die Wandtemperatur, eine bestimmte Wärmemenge wird an die Wand abgeführt —

genau die Menge, die beim Ansaugen die Ladung wieder aufheizt — und die Expansionslinie fällt steiler ab als die Isentrope, η_g wird weiter verschlechtert. Selbst die *nach außen* wärmedichte Maschine kann nie einen Gütegrad $\eta_g = 1$ erreichen, auch mit ihr läßt sich also der Wirkungsgrad des Vergleichsprozesses nicht verwirklichen.

Aus Realprozeßrechnungen läßt sich die zu erwartende Verbesserung des Wirkungsgrades einer „wärmedichten" Maschine abschätzen. Sie liegt in einer Größenordnung, die es realistischer erscheinen läßt, alle Kräfte auf eine Verbesserung des mechanischen Wirkungsgrades zu richten. Ohne exotische Materialien und Fertigungsverfahren dürften sich hier eher Erfolge erzielen lassen, die im Endeffekt die gleiche Wirkung, nämlich eine Verbesserung von η_e, ergeben.

Andere Gesichtspunkte, die zur Forderung kühler Wände bei Ottomotoren führten, sind schon früher genannt worden; Rücksicht auf guten Liefergrad η_L, niedrige Verdichtungsendtemperatur, Verringerung der Klopfneigung.

Auch die *Verdunstungskälte* (Verdampfungswärme) der in Dampfform übergehenden flüssigen Kraftstoffe übt eine Kühlwirkung aus, die den Wänden zugute kommt, dem Prozeß aber unerwünschterweise ungenutzte Wärme entzieht. Am heftigsten wirkt in dieser Beziehung *Wassergehalt* des Brennstoffes (Spiritus!), da das Wasser Verdampfungswärme beansprucht, ohne Verbrennungswärme zu liefern.

Bei sehr hohen Verbrennungstemperaturen kommt noch ein weiterer Umstand hinzu, der ebenfalls den Temperaturverlauf beeinflußt und als eine Art Kühlwirkung in diesem Zusammenhang genannt werden kann: die *Dissoziation* (Spaltung) der Verbrennungsgase. Bei hohen Temperaturen (über etwa 1000 °C) entsteht z. B. neben dem vollkommenen Verbrennungsprodukt CO_2 auch ein gewisser Teil unvollkommen verbranntes Kohlenoxid CO, das also noch einen Teil seiner Verbrennungswärme in sich trägt. Diese Wärme kann erst später frei werden, wenn die Temperatur des Gases während der Expansion wieder sinkt und — wenn überhaupt — das CO mit O_2 zu CO_2 endlich nachverbrennt, eine verspätete Wärmezufuhr also, welche die Wandtemperaturen günstiger gestaltet und den bei Ottomotoren so steilen Druckverlauf mildert.

Infolge des Wärmeflusses durch die Wandungen entstehen in dem Werkstoff der Wände Wärmespannungen, welche heftige Ausmaße annehmen und Ursachen von Rissen und Brüchen werden können (vgl. die späteren Ausführungen S. 122 und 124).

Man muß sich vorstellen, daß im Kühlwasser an den besonders heißen Stellen der Wand *Dampfblasen* entstehen, die allerdings nach der Ablösung von der Wand im kälteren Kühlwasser rasch wieder kondensieren. Dieser Tatsache trägt man Rechnung, indem man die Möglichkeit von Dampfsäcken an heißen Stellen peinlich vermeidet. Luft- und Dampfsäcke verhindern die nötige Wandkühlung und steigern die Wärmeverzüge und Wärmespannungen in gefährlichem Maße.

Man läßt das Kühlwasser *steigend von unten nach oben* durch die Kühlräume des Motors fließen. Allmählich gewöhnt man sich auch daran, daß man dem Motorkühlwasser die gleiche Sorgfalt zuwenden muß wie dem Kesselspeisewasser, um *Kesselsteinausscheidungen an den heißen Verdampfungsflächen* zu vermeiden. Diese setzen — ebenso wie etwa anhaftender Ölfilm oder Luftnester — natürlich die Kühlwirkung erheblich herab und gefährden die wärmebeanspruchten Bauteile.

7 Zündung und Verbrennung

Zur Zündung eines Kraftstoff/Luft-Gemisches müssen verschiedene Bedingungen
erfüllt sein:

1. Das Gemisch selbst muß zündfähig sein. Zu „magere" Gemische, in denen zu
   wenig Kraftstoff enthalten ist, zünden nicht. Zu „fette" Gemische, in denen
   zuviel Kraftstoff enthalten ist, zünden ebenfalls nicht.
2. Es muß an irgendeiner Stelle in dem zündfähigen Gemisch die Zündtemperatur
   des Gemisches überschritten sein. Diese Zündtemperatur ist kein fester Wert,
   sie hängt wesentlich von der Art des Kraftstoffes und der Dichte der Verbrennungsluft ab.
3. Die Zufuhr von Wärme aus der frei werdenden Verbrennungswärme muß
   schneller erfolgen als die Abführung von Wärme (an Luft, Wände und ver-
   dampfende Kraftstofftropfen), sonst kann die Zündung nicht um sich greifen
   und nicht alle Gemischteile erfassen.

Bei *Fremdzündung eines Gas-Luft-Gemisches*, wie sie *im Ottomotor* mittels elektrischen Funkens geschieht, läuft eine Flammenfront von der Zündstelle aus durch
den ganzen gemischerfüllten Raum. Ihre Eigengeschwindigkeit beträgt etwa 20
bis 30 m/s, sie wird vorangetragen durch die Ausdehnung der hinter ihr verbren-
nenden und heiß werdenden Gasmengen.

Die durch die Verbrennung hervorgerufene Drucksteigerung teilt sich mit Schallgeschwindigkeit (bei 2000 K etwa 900 m/s) dem vor der Flammenfront liegenden
noch unverbrannten Gemisch mit, welches dadurch weiter verdichtet und erwärmt
wird. Dabei kann es zu einer spontanen Zündung der noch unverbrannten Gasmenge führen mit extremen Drucksteigerungsgradienten dp/dt. Die durch den
Brennraum laufenden Druckwellen machen sich nach außen durch ein metallisch
klingendes Geräusch, das *Klopfen* oder *Klingeln*, bemerkbar, allerdings nur bei
niedrigen Drehzahlen. Bei höheren Drehzahlen auftretendes Klopfen, das sogenannte *Hochgeschwindigkeitsklopfen*, geht im allgemeinen Geräuschpegel unter
und ist daher besonders gefährlich, da es nur mit besonderen Meßeinrichtungen
(Druckindizierung, Körperschallmessung) feststellbar ist.

Der Schadensmechanismus bei klopfender Verbrennung ist noch nicht völlig
geklärt. Neben der Erhöhung des Wärmeüberganges zwischen Gas und Wand tritt
auch ein kavitationsartiger Angriff auf die Wandungen auf, vor allem bei Leichtmetallkolben, und zwar überraschenderweise oft am Feuersteg des Kolbens, jenem
Teil oberhalb des obersten Kolbenringes, der eigentlich durch den engen Spalt
zwischen Kolben und Zylinder vor übermäßigen Temperaturen gut geschützt
sein sollte. Maßnahmen zur Vermeidung klopfender Verbrennung werden in
Zukunft größere Bedeutung bekommen, da man bestrebt ist, das Verdichtungsverhältnis von Ottomotoren weiter zu erhöhen, um den Wirkungsgrad zu verbessern.

Ob in einem Motor klopfende Verbrennung auftritt oder nicht, ist sowohl vom
Motor, insbesondere von der Brennraumform, als auch vom Kraftstoff abhängig.
Die Klopffestigkeit von Kraftstoffen ist im wesentlichen vom *Zündverzug* ab-
hängig, jener kleiner Zeit, die vom Eintreten der Zündbedingungen (Druck,
Temperatur) bis zur wirklich einsetzenden Verbrennung vergeht. Diese Zeit, die

mit dem Ablaufen von Vorreaktionen vergeht, ist beim Ottomotor willkommen, da sie der von der Zündkerze ausgehenden Flammenfront die Chance gibt, rechtzeitig vor der Selbstzündung den ganzen Brennraum zu durchlaufen. In der Praxis wird die Klopffestigkeit eines Kraftstoffes durch die *Oktanzahl* angegeben.

Zur Bestimmung der Oktanzahl eines Kraftstoffes benützt man einen international genormten Prüfmotor, den sogenannten CFR-Motor, bei dem es möglich ist, im Betrieb das Verdichtungsverhältnis zu verstellen. Mit dem zu untersuchenden Kraftstoff wird die Verdichtung so weit erhöht, bis eine bestimmte Klopfstärke auftritt. Bei gleichgehaltenem Verdichtungsverhältnis wird anschließend durch Probieren eine Mischung von *Iso-Oktan* und *Normal-Heptan* gesucht, die die gleiche Klopfintensität erzeugt, wie der zu untersuchende Kraftstoff. Diesem wird dann der prozentuale Anteil von Iso-Oktan der Vergleichsmischung als Oktanzahl zugeschrieben. Auf die Unterschiede der verschiedenen Oktanzahlen (Research-Oktanzahl ROZ, Motor-Oktanzahl MOZ, Front-Oktanzahl FOZ) kann hier nicht eingegangen werden.

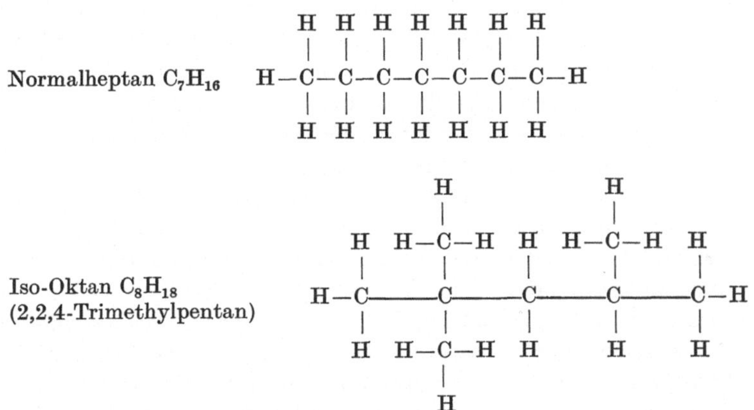

Normalheptan C_7H_{16}

Iso-Oktan C_8H_{18}
(2,2,4-Trimethylpentan)

Die heute in Deutschland üblichen Ottokraftstoffe haben etwa folgende Oktanzahlen:

Normalbenzin ROZ 89 bis 92   MOZ 80 bis 81
Superbenzin   ROZ 98 bis 100 MOZ 88 bis 91

Um diese Oktanzahlen zu erreichen, wird dem Kraftstoff als „*Klopfbremse*" meistens Bleitetraäthyl $Pb(C_2H_5)_4$ (sehr giftig!) zugesetzt. Da Bleiverbindungen in der Regel gesundheitsschädlich sind, ist die Zumischung gesetzlich auf 0,15% begrenzt.

Im Prinzip kann man die Oktanzahl eines Motors (nicht zu verwechseln mit der Motor-Oktanzahl MOZ) nach dem gleichen Verfahren bestimmen. Es wird die Mischung von Iso-Oktan und Normal-Heptan ermittelt, bei der gerade das Klopfen beginnt. Der Gehalt der Mischung an Iso-Oktan ist dann die Oktanzahl (besser: der Oktanzahlbedarf) des Motors. Offenbar muß die Oktanzahl des Motors niedriger sein als die des vorgesehenen Kraftstoffes. Allerdings spielen noch eine Reihe weiterer Einflüsse eine Rolle, z. B. das Beschleunigungsverhalten, für das die Front-Oktanzahl des Kraftstoffes wichtig ist, das Luftverhältnis λ, mit dem der Motor betrieben wird, um nur einige zu nennen.

Für den Entwicklungsingenieur ist es wichtig, die Maßnahmen zu kennen, mit denen eine hohe Klopfsicherheit (kleiner Oktanzahlbedarf) eines Motors zu erreichen ist. Da die Selbstzündung des vor der Flammenfront befindlichen Gemisches von der Temperatur abhängig ist, sollte es so kalt wie möglich gehalten werden. Kalte Brennraumwände und niedriges Verdichtungsverhältnis sind also von Vorteil, leider wird dadurch der Wirkungsgrad verschlechtert. *Kurze Flammenwege* von der Zündkerze bis zur heißesten Stelle des Brennraumes, meistens dem Auslaßventil, lassen dem dort befindlichen noch unverbrannten Gemisch nicht die erforderliche Zeit zur Selbstzündung. Die Partien des Brennraumes, die weit von der Zündkerze entfernt sind, werden als *Quetschspalte* ausgebildet (s. Abb. 32), in denen die oben genannte dritte Zündbedingung (Wärmezufuhr $>$ Wärmeabfuhr) nicht mehr erfüllt ist. Solche Quetschspalten tragen gleichzeitig zur Verwirbelung des Gemisches bei und erhöhen damit die Ausbreitungsgeschwindigkeit der Flammenfront, da sie aufgerissen und damit vergrößert wird. Leider nimmt aber das Gemisch in Quetschspalten nicht oder nur unvollkommen an der Verbrennung teil und erhöht damit die Emission von Kohlenwasserstoffen mit dem Abgas, was aus Gründen des Umweltschutzes unerwünscht ist. Anzustreben ist daher ein möglichst kompakter Brennraum mit intensiver Gemischbewegung.

Neben der konstruktiven Ausbildung des Brennraumes beeinflussen *Zündzeitpunkt* und *Luftverhältnis* das Klopfverhalten eines Motors. Frühe Zündung erhöht die Drücke und Temperaturen während der Verbrennung, steigert also die Klopfneigung. Spätere Zündung verringert entsprechend das Klopfen, führt aber auch zu verschleppter Verbrennung und einer Erhöhung der Abgastemperatur, also steigendem Brennstoffverbrauch. Eine wichtige Aufgabe bei der Entwicklung eines Motors ist daher die Festlegung des „Zündkennfeldes", d. h. des Zündzeitpunktes in Abhängigkeit von Last und Drehzahl. Insbesondere bei Vollast muß ein ausreichender Abstand zur Klopfgrenze vorhanden sein, wobei notfalls auf etwas Leistung verzichtet werden muß und der Wirkungsgrad nicht optimal wird. Zur Zeit wird daher intensiv an geschlossenen Regelkreisen für die Zündung gearbeitet. Man versucht durch *Klopfsensoren* — meistens Körperschallgeber — das Auftreten von klopfender Verbrennung festzustellen und die Zündung entsprechend zurückzunehmen. Damit wäre es möglich, dicht an der Klopfgrenze zu fahren. Änderungen im Zustand des Motors, wie z. B. Verdichtungserhöhung durch Ablagerungen im Brennraum, würden automatisch kompensiert, so daß der Motor immer in einem relativen Optimum betrieben wird.

Auch das Luftverhältnis beeinflußt die Klopfneigung. Am klopffreudigsten sind stöchiometrische Gemische ($\lambda = 1$), während sowohl zur mageren wie zur fetten Seite hin die Klopfneigung abnimmt. Das ermöglicht die Ausführung sogenannter *Magerkonzepte*, also Betrieb des Motors mit $\lambda > 1$ bei erhöhter Verdichtung. Da größere Luftverhältnisse außerdem von sich aus bessere Wirkungsgrade ergeben, weil die Bildung von CO_2 mit seiner hohen spezifischen Wärmekapazität geringer wird, ist das Magerkonzept ein wirksames Mittel zur Verbrauchsabsenkung. Bei Vollast muß man entweder auf etwas Leistung verzichten, oder durch Anfettung auf ein Luftverhältnis $\lambda < 1$ und spätere Zündung etwas schlechtere Verbräuche in Kauf nehmen. Bei Motoren für Straßenfahrzeuge, die selten bei Vollast betrieben werden, wird sich die Vollast-Anfettung praktisch nicht auf den Streckenverbrauch (l/100 km) auswirken.

Im *Dieselmotor* wird der Kraftstoff in Form kleiner Nebeltröpfchen (durchschnittlich etwa $^2/_{100}$ mm Dmr.) in die hochverdichtete heiße Verbrennungsluft eingespritzt. Man erreicht tatsächlich bei dieser Zerstäubung in winzige Tröpfchen eine auf etwa das 650fache vergrößerte Oberfläche der Flüssigkeitsmenge.

Die Tröpfchen erhitzen sich, sie verdampfen an der Oberfläche — und zwar die leichtest flüchtigen Bestandteile zuerst —, und diese Dampfhülle verbrennt mit dem sie umgebenden heißen Sauerstoff. Der Tröpfchenkern — ob flüssig oder verdampft — muß durch die Hülle verbrannten Gases zu neuem Sauerstoff gelangen, was um so rascher geschieht, je größer die Relativgeschwindigkeit zwischen Tropfen und Luft ist. Man ist also auf hohe Einspritzgeschwindigkeit und kräftige Verwirbelung bedacht.

Zwischen dem Beginn der Einspritzung und dem Beginn der Drucksteigerung durch die Verbrennung liegt der oben schon erklärte „Zündverzug", jene kurze Zeit von etwa $^1/_{1000}$ bis $^1/_{300}$ s, die beim Dieselmotor (im Gegensatz zum Ottomotor!) nicht willkommen ist. Dieser *Zündverzug*, der für verschiedene Kraftstoffe verschieden ist, wird mit steigender Temperatur kleiner und ist demnach beeinflußbar durch höhere Verdichtung, heißere Wände, höhere Belastung usw.

Bei langsam laufenden Motoren ist die Einspritzzeit des Kraftstoffes, die sich bis zu 40° Kurbelwinkel nach Totpunkt erstrecken kann, sehr viel größer als dieser kurze Zündverzug, so daß man den Verbrennungs- und Druckverlauf des Motors durch die Wahl eines geeigneten Einspritzverlaufs (Nockenform!) in der Hand hat. Man kann also hoch verdichten und in guter Annäherung die ideale Gleichdruckverbrennung verwirklichen.

Bei raschlaufenden Motoren jedoch, wo der Zündverzug einen wesentlichen Anteil der Einspritzzeit darstellt, hat man natürlich auf den Verbrennungsverlauf des ersten, während der Zündverzugszeit eingespritzten Kraftstoffes so gut wie keinen Einfluß. Es entstehen verpuffungsartige rasche Drucksteigerungen, die für das Gestänge und die Lager schädliche Beanspruchungen mit sich bringen, und die zu niedrigerer Verdichtung zwingen, wenn ein zulässiger Höchstdruck nicht überschritten werden soll.

Man erstrebt also *möglichst kleinen Zündverzug* und trachtet danach, während der Zündverzugszeit nur wenig und nachher erst die volle Kraftstoffmenge einzuspritzen.

Die Verbrennung selbst ist ein verwickelter und in den Einzelheiten seines Verlaufes noch nicht völlig geklärter chemischer Vorgang. Die schweren Kohlenwasserstoffe, aus denen die üblichen Kraftstoffe bestehen, zerfallen und werden schrittweise abgebaut, es entstehen mannigfache, sehr kurzlebige Zwischenverbindungen, ehe die Endprodukte CO_2 und H_2O zustande kommen.

Insbesondere treten bei der Verbrennung schwebender Flüssigkeitströpfchen vorübergehend mit Sauerstoffüberschuß behaftete „Peroxid"-Bindungen auf, die in ihrem Verhalten nahezu Explosivstoffeigenschaften zeigen und unerwünscht rasche und heftige Drucksteigerungen während der Verbrennung verschulden (Beanspruchung der Triebwerksteile, geräuschvoller Lauf). Aus der hellen Flamme solcher Reaktionen muß man überdies auf freie Kohlenstoffteilchen schließen, die letztlich für Rußbildung verantwortlich sind. Rußiger Auspuff aber mindert den Wirkungsgrad und begrenzt die dem Motor zumutbare Leistung.

Um die oben geforderte hohe Relativgeschwindigkeit zwischen den Kraftstofftröpfchen und der Luft zu erreichen, arbeiten moderne Direkteinspritzermotoren durchweg mit einer gezielt gerichteten Luftbewegung im Brennraum, einem sogenannten Luftdrall. Er wird durch eine entsprechende Formgebung von Einlaßkanal und Ventilsitz erzeugt (Abb. 42) und stellt eine Rotation der Luft um die Zylinderachse dar. Der Brennraum wird durch eine zylinder- oder kugelförmige Mulde im Kolben gebildet, in die hinein die Luft im oberen Totpunkt verdichtet wird. Dabei steigt die Umfangsgeschwindigkeit der Luftteilchen, da sie sich auf einem kleineren Radius bewegen müssen ($rc_u =$ const). Die Einspritzung des Kraftstoffes kann nun *luftverteilt* oder *wandverteilt* erfolgen.

Das erste Verbrennungsverfahren, bei dem *bewußt* ein Luftdrall erzeugt wurde, war das sogenannte M-Verfahren (MAN Nürnberg, Dr. Meurer 1954), bei dem ein Kraftstoffstrahl tangential auf die Wand der kugelförmigen Kolbenmulde gespritzt wird und sich dort ausbreitet (Abb. 43). Die Muldenwand wird bewußt

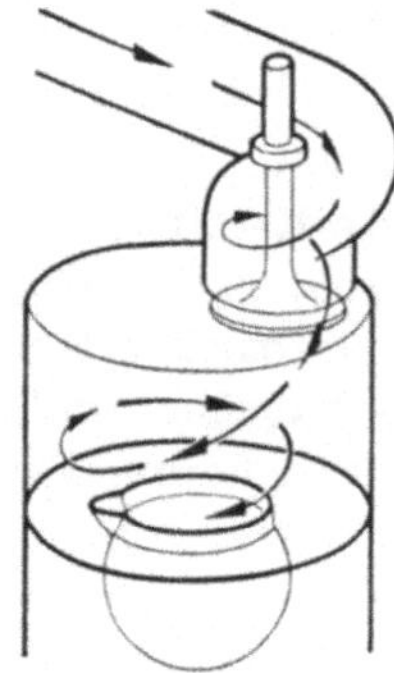

Abb. 42. Erzeugung der Luftdrehung im Zylinder beim Saughub

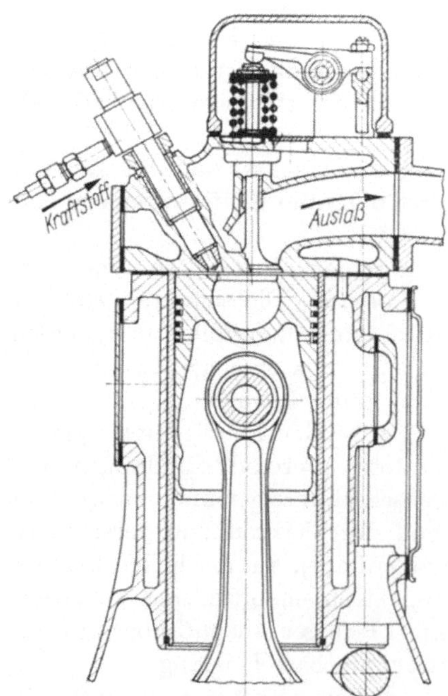

Abb. 43. Querschnitt durch einen M-Motor. Kugelbrennraum im Arbeitskolben. Einspritzung tangential an die Kugelwand (MAN)

heiß gehalten, so daß der Kraftstoff von der Wand abdampft, mit der vorbeistreichenden Luft verbrennt und die spezifisch leichteren Verbrennungsgase von der noch dichteren kalten Luft in das Zentrum der Kugel gedrängt werden. Dem „wandverteilten" Kraftstoff wird damit fortlaufend Sauerstoff zugeführt, bis er völlig verbrannt ist. Das M-Verfahren zeichnet sich durch kurzen Zündverzug, relativ kleinen Druckanstieg $dp/d\alpha$ und dadurch niedriges Verbrennungsgeräusch aus. Allerdings ist sein Wirkungsgrad etwas schlechter als der von Verfahren mit luftverteilter Einspritzung und die Neigung zum *Weißrauchen* durch unverbrannten Kraftstoff beim Start und Warmlaufen ist wesentlich stärker.

In neuerer Zeit hat sich daher in schnellaufenden Dieselmotoren die luftverteilte Einspritzung durchgesetzt . Auch hier wird ein Luftdrall erzeugt und in eine meistens zylinderförmige Kolbenmulde komprimiert. Die Einspritzung erfolgt durch eine Mehrlochdüse, die in der Mittelachse der Kolbenmulde angeordnet ist und ihre Kraftstoffstrahlen radial in Richtung auf den Umfang der Mulde richtet. Durch den Luftdrall werden die Kraftstoffstrahlen verweht, es wird ihnen frischer Sauerstoff zugeführt, und die Verbrennungsgase werden wieder in das Zentrum der Mulde gedrängt. Gegenüber dem M-Verfahren ist der Druckanstieg steiler (besserer Wirkungsgrad) und die Neigung zum Weißrauchen wesentlich geringer, doch müssen diese Vorteile mit härterem Verbrennungsgeräusch und höherer Triebwerksbelastung bezahlt werden.

Ein grundsätzlicher Nachteil aller Verbrennungsverfahren, die einen beim Ansaugen erzeugten Luftdrall verwenden, liegt darin, daß ein drallerzeugender Einlaßkanal notwendigerweise einen schlechteren Liefergrad λ_L verursacht. Die im Luftdrall enthaltene kinetische Energie kann nicht von Nichts kommen! Daher ist der erreichbare Mitteldruck p_{me} von Direkteinspritzermotoren (ohne Aufladung) kleiner als der von Vorkammer- oder Wirbelkammermotoren (siehe unten). Der für eine optimale Gemischaufbereitung und Verbrennung erforderliche Drall ist nicht direkt proportional zur Drehzahl. Es ist daher nicht möglich, den Drall für den ganzen Betriebsdrehzahlbereich optimal abzustimmen. Akzeptable Kompromisse lassen sich nur finden, wenn das Verhältnis von Nenndrehzahl zu Leerlaufdrehzahl kleiner als etwa 4 ist. Pkw- und kleinere Lkw-Dieselmotoren erreichen Werte von 5 bis 7, deshalb ist hier der Direkteinspritzung noch nicht der Durchbruch gelungen, wie bei größeren Motoren. Dennoch wird intensiv daran gearbeitet, auch kleinere Dieselmotoren mit Direkteinspritzung zu entwickeln, um ihre günstigeren Verbräuche auch kleineren Fahrzeugen zugute kommen zu lassen.

Bei dem von Prosper L'Orange erfundenen Vorkammerverfahren ist ein Teil des Kompressionsraumes (15 bis 35%) vom Hauptbrennraum abgeteilt und steht mit ihm nur über einige enge Bohrungen im sogenannten Brenner in Verbindung (Abb. 44). Der Kraftstoff wird mit einem relativ niedrigen Druck von 150 bis 200 bar in die Vorkammer eingespritzt. Dazu wird eine Einlochdüse, meistens in Form einer Drosselzapfendüse, verwendet, die den größten Teil des Kraftstoffes bis in den Brenner spritzt, wo er an den heißen Wandungen (bis 800 °C) verdampft. Die am Rande des Kraftstoffstrahls einsetzende Zündung bewirkt eine Drucksteigerung in der Vorkammer, durch die der inzwischen aufbereitete Kraftstoff aus dem Brenner in den Hauptbrennraum übergeblasen wird. Dabei entsteht im Hauptbrennraum eine intensive Verwirbelung, die den Kraftstoff mit der Luft vermischt und zu einer raschen Verbrennung führt.

Gegenüber der direkten Einspritzung hat das Vorkammerverfahren Vor- und Nachteile.. Da keine Drall-Einlaßkanäle benötigt werden, sind Liefergrad und Mitteldruck höher. Nach dem Anlassen des Motors wird der ungekühlte Brenner sehr schnell heiß, die Phase des Weißrauchens ist wesentlich kürzer als beim Direkteinspritzer. Die Neigung zum Schwarz-Rauchen (Ruß) bei Vollast ist deut-

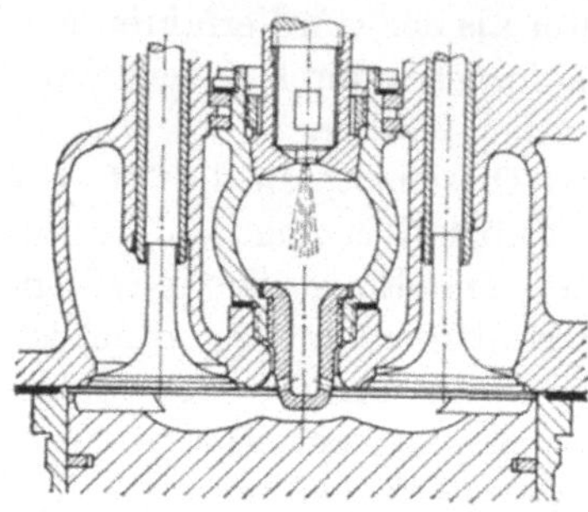

Abb. 44. Brennraum eines Vorkammer-Dieselmotors mit vier Ventilen (Daimler-Benz AG)

lich kleiner; es ist daher möglich mit kleinerem Luftverhältnis zu fahren, was höheren Mitteldruck p_{me} ergibt. Die Drucksteigerung $dp/d\alpha$ ist kleiner, Verbrennungsgeräusch und Triebwerksbelastung sind niedriger. Durch die *zweistufige Verbrennung* in Vorkammer und Hauptbrennraum ist die *Stickoxidemission* wesentlich geringer als bei direkter Einspritzung. Der Wirkungsgrad ist schlechter als bei Direkteinspritzung, bedingt durch die Drosselverluste beim Ausblasen aus der Vorkammer, durch höhere Wärmeverluste an das Kühlwasser (Oberflächen/Volumen-Verhältnis) und durch die geringere Drucksteigerungsgeschwindigkeit $dp/d\alpha$. Die Starteigenschaften des Vorkammermotors sind schlechter, da bei kalter Maschine wegen des großen Oberflächen/Volumen-Verhältnisses mehr Wärme abgeführt wird und niedrige Verdichtungstemperaturen erreicht werden. Als

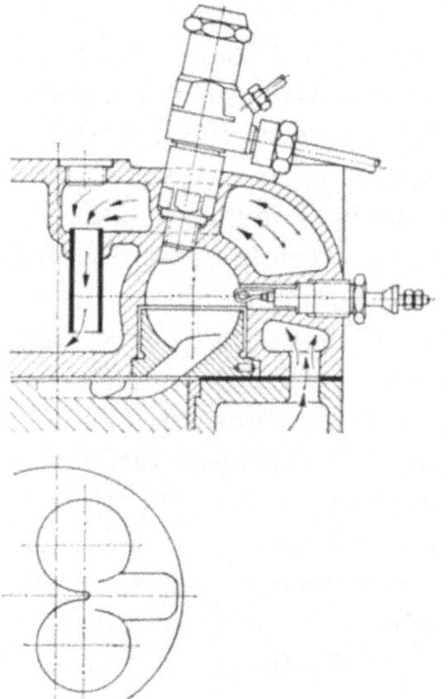

Abb. 45. Brennraum mit Wirbelkammer nach Ricardo

Starthilfe ist daher eine Glühkerze in der Vorkammer erforderlich, die beim Anlassen für die nötige Zündtemperatur sorgt.

Das *Wirbelkammerverfahren* arbeitet ebenfalls mit unterteiltem Brennraum. Bei seiner „klassischen" Form, wie sie besonders von Ricardo entwickelt wurde, bemühte man sich, möglichst den gesamten Verdichtungsraum (praktisch maximal 85%) in der Wirbelkammer unterzubringen. Die Wirbelkammer hat immer eine flachzylindrische Gestalt, in die ein relativ weiter Verbindungskanal vom Zylinder her tangential einmündet (Abb. 45). Beim Verdichtungstakt wird die Luft durch diesen Kanal in die Kammer übergeschoben, wodurch sich ein intensiver Luftdrall einstellt, ähnlich wie in der Kolbenmulde eines Direkteinspritzers. Der Kraftstoff wird durch eine Einlochdüse in die Wirbelkammer eingespritzt, und zwar in Drehrichtung des Luftwirbels. Einspritzung gegen die Drehrichtung ergäbe zwar höhere Relativgeschwindigkeiten zwischen Kraftstoff und Luft, die Verbrennungsgase würden aber durch die Luftbewegung in den Kraftstoffstrahl hineingetragen, was starke Rußbildung und schleppende Verbrennung zur Folge hätte. Ähnlich wie beim M-Verfahren wird zumindest ein Teil des Kraftstoffes an die heiße Wand der Wirbelkammer angelagert, wo er verdampft und mit dem durch die Luftbewegung herangetragenen Sauerstoff reagieren kann. Die Verbrennungsgase werden durch die Drucksteigerung aus der Wirbelkammer in den Zylinder ausgeblasen, wo etwa noch unverbrannter Kraftstoff oxidiert wird.

Gegenüber dem Vorkammerverfahren ist der Wirkungsgrad besser, da die Drosselverluste geringer sind wegen des größeren Querschnitts des Verbindungskanals zum Zylinder. Die Wärmeverluste liegen aber in der gleichen Größenordnung, so daß die Wirkungsgrade von Direkteinspritzern nicht erreicht werden. Wie der Vorkammermotor benötigt auch der Wirbelkammermotor keinen Drall-Einlaßkanal. Sein Liefergrad ist dem Vorkammerverfahren gleichwertig und dank des niedrigeren Brennstoffverbrauches ist der erreichbare Mitteldruck noch etwas höher. Hinsichtlich Triebwerksbelastung und Verbrennungsgeräusch liegt die Wirbelkammer zwischen Direkteinspritzung und Vorkammer, eine Glühkerze als Starthilfe ist erforderlich.

Aus Gründen der *Abgasemission* werden heute Wirbelkammermotoren meistens mit kleineren Wirbelkammern ausgeführt, bei denen der Anteil am gesamten Kompressionsraum in der gleichen Größenordnung liegt wie bei der Vorkammer. Hinsichtlich seiner Eigenschaften nähert sich damit der Wirbelkammermotor dem Vorkammerverfahren.

8 Abgasemission

Alle flüssigen und die meisten praktisch verwendeten gasförmigen Kraftstoffe bestehen aus Mischungen der verschiedensten Kohlenwasserstoffe. Es ist daher nicht möglich, Verbrennungsgleichungen wie für einfache Stoffe aufzustellen. Man kann nur summarisch die wichtigsten Endprodukte der Verbrennung etwa in folgender Form anschreiben:

$$\underbrace{C_x H_y}_{\text{Kraft-stoff}} + \underbrace{O_2 + N_2}_{\text{Luft}} \rightarrow H_2O + \underset{\substack{\uparrow \\ \text{bei Luft-mangel}}}{CO} + CO_2 + \underset{\substack{\uparrow \\ \text{bei Luft-überschuß}}}{O_2} + N_2 + NO_x + C_m H_n + C_2.$$

Damit ist nichts über die zahlreichen kurzlebigen Zwischenprodukte gesagt, die in Wirklichkeit auftreten, und eine Reihe weiterer Abgasbestandteile, die nur in sehr kleinen Mengen vorkommen, sind unterschlagen.

Die Zusammensetzung des Abgases wird in erster Linie durch das Luftverhältnis λ bestimmt (Abb. 46). Kohlenmonoxid CO entsteht bei Verbrennung unter Luftmangel, also bei $\lambda < 1$. Bei $\lambda \geq 1$ sollte theoretisch kein CO mehr vorhanden sein. Als Folge von Dissoziation, vor allem aber bei unterschiedlichen Luftverhält-

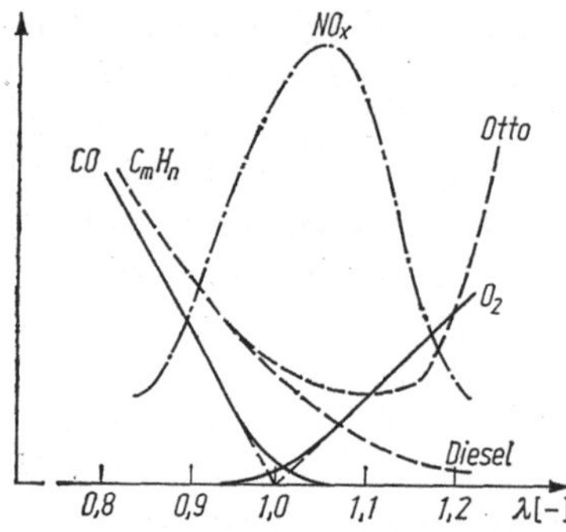

Abb. 46. Abgas bei Verbrennung eines handelsüblichen Kraftstoffes

nissen in den einzelnen Zylindern eines Mehrzylindermotors, tritt auch bei $\lambda \leq 1{,}1$ noch eine gewisse, meistens kleine CO-Emission auf. Eine ungleichmäßige Gemischzusammensetzung der einzelnen Zylinder findet man bei allen Ottomotoren, selbst bei solchen mit Benzineinspritzung im Einlaßkanal des Zylinderkopfes. Verantwortlich dafür ist in erster Linie das Ansaugrohr, dessen optimale Gestaltung ein überaus schwieriges, nur experimentell lösbares Problem darstellt, wobei häufig der zur Verfügung stehende Raum zu Kompromissen zwingt. Abgesehen von diesen Einflüssen, die sich praktisch nur im Bereich $0{,}95 < \lambda < 1{,}1$ bemerkbar machen, ist die CO-Emission nur vom Luftverhältnis abhängig, Brennraumform, Temperatur, Druck, Ladungsschichtung usw. haben keinen meßbaren Einfluß. Da Dieselmotoren immer mit $\lambda > 1$ betrieben werden müssen, ist ihre CO-Emission vernachlässigbar klein. *Kohlenmonoxid ist im höchsten Maße giftig!* Es wird vom Hämoglobin des Blutes wesentlich bereitwilliger aufgenommen als Sauerstoff und führt daher bei Konzentrationen von 0,15% nach einigen Stunden zu schweren Vergiftungen. Einatmen von Luft mit 0,4% CO führt nach zwei Stunden zum Tode.

Die Emission von Kohlenwasserstoffen ist ebenfalls vom Luftverhältnis abhängig, sie wird jedoch niemals zu Null, da Kraftstoff, der sich in der Nähe kalter Wände befindet, nicht verbrennt. Das Oberflächen/Volumen-Verhältnis beeinflußt daher bei Ottomotoren die Kohlenwasserstoffemission, kurzhubige Motoren sind zumindest in der Tendenz ungünstiger als Langhuber. Quetschspalten, die für die Klopffestigkeit günstig sein können, erhöhen die Emission, sollten also mit Vorsicht angewandt werden. Ein Spaltraum zwischen Kolben, Zylinder und oberem Kolbenring ist unvermeidbar, er ist beim Ottomotor für einen nennenswerten Anteil der Kohlenwasserstoffemission verantwortlich. Während man im Interesse einer geringen thermischen Belastung des oberen Kolbenringes einen hohen „Feuersteg" (zwischen Kolbenring und Oberkante des Kolbens) vorzieht, sollte er im Hinblick auf die Emission so niedrig wie möglich sein. Auch hier sind also Kompromisse unvermeidbar. Mit zunehmendem Luftverhältnis stellt man bei Ottomotoren etwa ab $\lambda \approx 1{,}2$ einen steilen Anstieg der CH-Emission fest. Das ist darauf zurückzuführen, daß das Gemisch sich der Grenze der Zündfähigkeit nähert. Zunächst vereinzelt, mit zunehmendem Luftverhältnis immer häufiger, treten Zündaussetzer auf, die sich noch nicht unbedingt in steigender Laufunruhe, wohl aber in der Emission von Kohlenwasserstoffen bemerkbar machen.

Beim Dieselmotor gelangt kein Kraftstoff an die Wände oder nur an Wandungen, die bewußt heiß gehalten werden (M-Verfahren, Wirbelkammer, Brenner der Vorkammer), den Kraftstoff verdampfen lassen und damit zur vollständigen Verbrennung beitragen. Insbesondere gelangt kein Kraftstoff in den Spalt am Feuersteg, der also höher ausgeführt werden kann als im Ottomotor. Ein Dieselmotor hat daher, selbst wenn er mit λ knapp über 1 betrieben würde, eine geringere Kohlenwasserstoffemission (gestrichelte Kurve in Abb. 46). Bei den üblichen höheren Luftverhältnissen ist die CH-Emission sehr gering. Zündaussetzer treten nicht auf, da am Rande der Keule von Kraftstofftropfen immer stöchiometrische Mischung und damit ideale Zündbedingungen vorliegen, selbst wenn das Luftverhältnis insgesamt bis auf $\lambda \approx 10$ ansteigt, was bei Leerlauf üblich ist.

Stickoxide NO und NO_2 (oft summarisch mit NO_x bezeichnet) entstehen bei Temperaturen oberhalb etwa 1500 K. Die Konzentration ist abhängig von:

1. Temperatur: Zunahme etwa mit der dritten bis vierten Potenz der Temperatur.
2. Sauerstoffpartialdruck: Hierauf ist es zurückzuführen, daß das Maximum der NO_x-Emission nicht bei $\lambda = 1$ oder sogar knapp darunter liegt, also bei den höchsten Verbrennungstemperaturen, sondern leicht nach der mageren Seite verschoben, etwa bei $\lambda = 1{,}05$.
3. Verweilzeit bei hohen Temperaturen: Sie ist durch den Verbrennungsablauf und die Drehzahl vorgegeben und kaum zu beeinflussen. Die theoretisch zu erwartende Abnahme der NO_x-Emission mit zunehmender Drehzahl (kürzere Verweilzeit bei hohen Temperaturen) ist praktisch nicht nachzuweisen, da sich andere Einflüsse (Liefergrad, Durchbrenngeschwindigkeit, Zündungszeitpunkt) überlagern. Aufgrund seiner höheren Spitzentemperaturen hat der Ottomotor eine etwa 10% höhere NO_x-Emission als Direkteinspritzer-Dieselmotoren, der Unterschied ist also nicht sehr groß. Vom Prinzip her günstiger ist das Vorkammer-Verfahren. In der Vorkammer herrscht extremer Luftmangel ($\lambda \approx 0{,}4$), im Hauptbrennraum nach dem Überblasen hoher Luftüberschuß. Beides zusammen führt dazu, daß die Stickoxidemission von Vorkammermotoren nur etwa 40% derjenigen von Direkteinspritzern ausmacht. Der Vorkammer-Motor „unterläuft" gewissermaßen den „Berg" der NO_x-Bildung bei $\lambda \approx 1$.

Stickoxide sind schädlich, da sie zu Reizungen der Schleimhäute führen, in stärkerer Konzentration auch zu Lungenschädigungen.

Bei instationärem Motorbetrieb, wie er für Straßenfahrzeuge typisch ist, kommen zu den vorstehend geschilderten Einflüssen auf die Schadstoffemission weitere hinzu. Bei Vergasermotoren muß zum Beschleunigen in der Regel eine Anreicherung des Kraftstoff/Luft-Gemisches erfolgen (s. Abschn. V.6), was einen kurzzeitigen Anstieg der CO- und CH-Emission zur Folge hat. Überraschenderweise stellt man einen ähnlichen Anstieg auch in Verzögerungsphasen fest, wenn die Drosselklappe des Vergasers geschlossen wird. Der starke Druckabfall im Ansaugrohr läßt Kraftstoff verdampfen, der sich in Tropfen an der Wand des Ansaugrohres niedergeschlagen hat. Da die Luftmenge infolge der geschlossenen Drosselklappe stark zurückgeht, tritt eine Anfettung des Gemisches auf, die zum Anstieg der Emission führt bis das Saugrohr „trocken" ist. Bei Ottomotoren mit *Benzineinspritzung* in den Einlaßkanal des Zylinderkopfes ist eine Beschleunigungsanfettung nicht erforderlich und das Ansaugrohr bleibt trocken. Daher reagieren solche Motoren auf Lastwechsel nicht mit erhöhter Emission, vor allem wenn sie mit einer „Schubabschaltung" versehen werden, die bei geschlossener Drosselklappe und Drehzahlen über der Leerlaufdrehzahl die Kraftstoffzufuhr völlig abschaltet. Bei Vergasermotoren hilft eine *Beheizung des Ansaugrohres*, Kraftstoffkondensation an den Wänden zu vermeiden oder wenigstens zu verringern. Aus diesem Grund werden heute praktisch alle Pkw-Ottomotoren mit Saugrohrbeheizung durch Kühlwasser oder Abgas ausgerüstet, auch wenn dadurch der Liefergrad und damit die Leistung fällt. In Entwicklung befinden sich auch elektronisch geregelte Vergaser, die u. a. eine Schubabschaltung ermöglichen. Das Übergangsverhalten von Schub- zu Lastbetrieb ist aber wesentlich schwieriger zu beherrschen als bei Benzineinspritzung, es ist daher zu erwarten, daß sich letztere im Laufe der nächsten Jahre stärker einführen wird.

In allen wichtigen Industrieländern (Europa, USA, Japan) gibt es heute gesetzliche Vorschriften für die zulässige Abgasemission von Fahrzeugmotoren, die in einem bestimmten, leider nicht international einheitlichen Fahrzyklus ermittelt wird. Die vorerst noch relativ milden europäischen Vorschriften lassen sich noch mit motorischen Maßnahmen erfüllen: magere Vergasereinstellung, Dämpfung der Schließbewegung der Drosselklappe („dashpot") um Anreicherung im Schiebebetrieb zu reduzieren, spätere Zündung, um über höhere Abgastemperatur eine Nachoxidation von CO und CH in der Auspuffanlage zu erreichen. Um die NO_x-Emission zu senken, müssen die Spitzentemperaturen der Verbrennung gesenkt werden: spätere Zündung, evtl. Rückführung von Abgas in die Ansaugleitung. *Abgasrückführung* senkt die Verbrennungstemperaturen einerseits durch Verdünnen der Ladung, vor allem aber durch seinen Gehalt an CO_2, das eine hohe spezifische Wärmekapazität hat und damit die Spitzentemperaturen herabdrückt. Niedrigere Verbrennungstemperatur verschlechtert aber notwendigerweise den Wirkungsgrad.

Härtere Abgasvorschriften, wie in den USA, sind mit motorischen Maßnahmen allein nicht mehr zu erfüllen. Nachoxidation im Auspuffsystem mit Hilfe von Lufteinblasung und thermischen oder katalytischen Reaktoren senkt die CO- und CH-Emission. Stickoxide können mit reduzierenden Katalysatoren beseitigt werden, wenn als Reduktionsmittel CO vorhanden ist, also bei stöchiometrisch oder leicht fett eingestellten Ottomotoren. Da Dieselabgase kein CO enthalten ($\lambda > 1$), ist eine Nachbehandlung der Stickoxide nicht möglich.

9 Abwärme

Jede Wärmekraftmaschine muß, selbst wenn sie unter musterhaften Bedingungen arbeiten würde, einen großen Teil der im Kraftstoff zugeführten Energie *in Form von Wärme* abführen. Es ist dies die in den Abschn. I, 2. und 3. als Q_2 bezeichnete Wärmemenge. Sie ist um so größer, je kleiner der Gütegrad η_g, d. h. je schlechter die Annäherung des wirklichen Ablaufs an den Idealprozeß ist. Tatsächlich

führen die heute üblichen Motoren 50 bis 80% der Kraftstoffenergie als Wärme
ab, und zwar (vgl. Abb. 41) in den Auspuffgasen, im Kühlwasser, im Schmieröl
und als Wärmeausstrahlung an die Umgebung.

Diese Wärme braucht nicht als Verlust betrachtet zu werden, wenn irgendeine
Verwendung für Wärme vorhanden ist — zum Heizen, Kochen, Dampferzeugen,
Trocknen usw. Wärme, die also sonst durch Verbrennung frischen Brennstoffes
gewonnen werden müßte, entsteht als Abfallenergie in großen Mengen bei jeder
Wärmekraftmaschine. In einer vorbildlichen Wirtschaft muß daher die Wärmekraftmaschine gleichzeitig als Lieferer von Kraft *und* von Wärme eingesetzt
werden, um nicht wertvolle und unwiederbringliche Kraftstoffenergie zu ver-
geuden.

Bei Motorfrachtschiffen gelingt es z. B., den gesamten Dampfverbrauch zum
Heizen und Kochen, den gesamten Strombedarf für Licht, elektrische Hilfsmaschinen, Kreiselkompaß und Funkanlage, ja den gesamten Energiebedarf für
Rudermaschine und andere dampfbetriebene Hilfsmaschinen auf See lediglich
aus der Dampferzeugung eines von den heißen Abgasen des Hauptmotors beheizten Kessels zu bestreiten.

Wichtig ist es, sich zu erinnern, daß Wärme um so wertvoller und um so brauchbarer ist, je höher die Temperatur ist. 1 l Wasser von 90 °C enthält zwar ebensoviel
Wärmeeinheiten wie 5 l Wasser von 18 °C, doch sieht man sofort, daß die Wärme
im ersten Fall zum Heizen und Wärmeübertragen jeder Art geeignet, die gleiche
Wärme in der zweiten Form jedoch nahezu wertlos ist.

Die mehrere hundert Grad heißen Auspuffgase enthalten also weit wertvollere
und brauchbarere Wärme als das nur etwa 80 °C warme Kühlwasser, so daß man
bei der Abwärmeverwertung meist nur an die Verwertung der Abgaswärme
denkt, die etwa 30 bis 35% des Kraftstoffheizwertes umfaßt.

Für den in Abschn. II. 4 als Beispiel 2 ausgelegten Schiffsdieselmotor soll unter-
sucht werden, welche Wärmemenge vom Abgas her zur Verfügung steht, und wieviel Dampf damit gegebenenfalls erzeugt werden könnte. Die Luftmenge, die durch
den Motor durchgesetzt wird, bestimmt sich aus Hubvolumen, Drehzahl, Liefergrad und einer evtl. zusätzlichen Menge Spülluft. Das Gesamthubvolumen des
Motors war 2,473 m³, der Liefergrad war mit 1,45 angenommen, die Drehzahl be-
trug 130 min⁻¹. Daraus ergibt sich zunächst der Luftdurchsatz zu $2{,}473 \cdot 130$
$\times\ 1{,}45 = 466$ m³/min. Ein Schiffsdieselmotor mit einer Leistung von 10000 kW
wird aus Kostengründen immer mit Schweröl betrieben, das ziemlich viele aggres-
sive Beimengungen enthält. Um keine zu starke Verschmutzung der Turbine
des Abgasturboladers zu bekommen, darf die Gastemperatur am Turbinenein-
tritt höchstens 550 °C betragen. Dafür ist es erforderlich, eine gewisse Luftmenge
durch die Zylinder durchzuspülen, um die Abgastemperatur auf diesen Wert zu
senken. Es sei angenommen, daß eine um 20% erhöhte Luftmenge dazu ausreicht. Damit ergibt sich der Luftdurchsatz zu

$$\dot{V}_{\text{Luft}} = 466 \cdot 1{,}2 = 560 \ \text{m}^3/\text{min} = 9{,}33 \ \text{m}^3/\text{s} = 11{,}2 \ \text{kg/s}.$$

Hinzu kommt der Kraftstoff: Bei einem spezifischen Verbrauch von 0,185 kg/
kWh ergeben sich 1850 kg/h oder 0,51 kg/s. Der gesamte Massenstrom ist dann
$\dot{m} = 11{,}7$ kg/s. Bei einer Eintrittstemperatur in den Turbolader von 550 °C
wird man mit einer Austrittstemperatur von etwa 400 °C rechnen können. In

einem Abgaskessel sollten die Gase nicht unter eine Temperatur von 200 °C ab-
gekühlt werden, um sicher zu sein, daß auch bei Teillast die Temperatur noch weit
genug über dem Taupunkt liegt. Wird dieser unterschritten, so kann der bei der
Verbrennung entstandene Wasserdampf kondensieren und mit SO_2 und anderen
im Abgas enthaltenen aggressiven Verbindungen zu schweren Korrosionsschäden
führen. Es steht damit ein Temperaturgefälle von 200 °C für die Dampferzeugung
zur Verfügung. Mit einer spezifischen Wärmekapazität der Abgase $c_p \approx 1000$ J/
(kg K) wird dann der nutzbare Wärmestrom

$$\dot{Q} = \dot{m}c_p\,\Delta t = 11{,}7 \cdot 1000 \cdot 200 = 2{,}34 \cdot 10^6 \text{ J/s} = 2340 \text{ kW}.$$

Trotz bester Maßnahmen zur Vermeidung von Wärmeverlusten werden von
dieser Leistung nur etwa 80% nutzbar sein. Will man damit Sattdampf von 8 bar
aus Speisewasser von 40 °C erzeugen, so ergibt sich mit der Enthalpie des Dampfes
von $2{,}8 \cdot 10^6$ J/kg und der des Wassers mit $0{,}17 \cdot 10^6$ J/kg die erzeugbare Dampfmenge

$$\dot{m}_{\text{Dampf}} = \frac{0{,}8 \cdot 2{,}34 \cdot 10^6}{(2{,}8 - 0{,}17) \cdot 10^6} = 0{,}71 \text{ kg/s} = 2560 \text{ kg/h}.$$

Der Gedanke liegt nahe, das heiße *Motorkühlwasser* als Kesselspeisewasser für
den Abgaskessel zu verwenden und auf diese Weise weitere Abwärmemengen wirtschaftlich auszunutzen. Leider eignet sich das Kolbenkühlwasser der mit Kolbenkühlung ausgerüsteten Großmaschinen hierzu nicht ohne weiteres, und zwar
wegen der für Kessel untragbaren Ölbeimengungen, die das Wasser an den Posaunenrohrstopfbuchsen aufnehmen kann. Man kann allenfalls das Speisewasser des
Abgaskessels aus der Zylinderkühlung des Motors entnehmen, muß aber bedenken,
daß ein ordentlicher Kesselbetrieb hohe Anforderungen an Härte, Stein-, Öl- und
Gasfreiheit des Speisewassers stellt, und daß eine Verwertung des Motorkühl-
wassers also eine dementsprechend sorgfältige Behandlung des Wassers verlangt,
wie sie beim Kessel üblich ist. Sonst wird der verringerte Wärmeübergang an
verschmutzten Kesselwänden bald zu Enttäuschungen führen.

Die stoßweise strömenden Auspuffgase geben in Abgaskesseln und Leitungen
Anlaß zu Geräuschen, die sich bis zu donnerndem Lärm steigern können, zu
Rüttelungen und Rissen, Undichtheiten und Zerstörungen, wenn diesen Er-
scheinungen nicht durch zielbewußte Gestaltung der Bauteile begegnet wird.
Man vermeide grundsätzlich jede ebene Fläche — auch Rippen und Sicken auf
ebenen Flächen genügen erfahrungsgemäß nicht! — man baue kräftig und stark-
wandig, man bevorzuge *gegossene* Krümmer, Übergangsstücke usw., und man
sichere etwaige Schieber oder Klappen sorgfältig durch kräftige Vorreiber u. dgl.
Jede Nachlässigkeit des Konstrukteurs an solchen Bauteilen rächt sich durch
Klappern, Ausschlagen, Undichtwerden, Zerbrechen und Platzen, die normalen
Formen des Kesselbaues genügen nicht ohne weiteres den an Abgaskessel zu
stellenden Bedingungen.

Andererseits macht die verhältnismäßig niedrige Abgastemperatur viele Vor-
sichtsmaßnahmen und Betriebsregeln, die sich aus der sonst so hohen Feuergas-
temperatur normaler Kessel herleiten, überflüssig. Die Verminderung der im Abgaskessel erzeugten Dampfmenge darf z. B. einfach durch Senkung des Wasser-
standes und Trockenlegung eines Teiles der Heizflächen bewirkt werden, was bei
normalen Kesselfeuerungen höchste Gefahr bedeuten würde.

Abhitzeverwertungsanlagen dämpfen das Auspuffgeräusch in höchst wirksamem Maße und übernehmen damit die Aufgabe der üblichen Auspuffschalldämpfer.

Die Abgastemperatur des Motors ist für den Fachmann ein beliebter und zuverlässiger Anhalt zur Beurteilung der Leistung und Verbrennung. Insbesondere ist die Ablesung der Temperaturen an den einzelnen Auspuffstutzen eines Vielzylindermotors ein wichtiges Mittel zur Einregelung der gleichen Leistungsverteilung auf die einzelnen Arbeitszylinder. Man muß sich nur davor hüten, die gleich hinter dem Zylinder abgelesene Abgastemperatur als richtigen Meßwert anzusehen, den man etwa den Wärmebilanz- oder Abgasverwertungsrechnungen zugrunde legen könnte. Die wirkliche durchschnittliche Abgastemperatur liegt immer höher, wie man an einem weiter entfernt am Auspuffsammelrohr angebrachten Thermometer stets feststellen kann. Die Erklärung ist zweierlei: Erstens wandelt sich die kinetische Energie der rasch ausströmenden Auspuffgase im Auspuffrohr nachträglich durch Wirbelung um, — zweitens stürmen die im Augenblick des Auspuffbeginnes am Thermometer vorbeiströmenden *heißesten* Gase *am schnellsten* vorbei, während die nachkommenden *kühleren* Gase *langsamer* vorbeistreichen, so daß der Zeitdurchschnitt der Temperatur, den das Thermometer anzeigt, natürlich nicht dem richtigen Mittelwert entspricht.

Für die Zukunft könnte eine Maschinenkombination interessant werden, die nur noch Abwärme erzeugt, nämlich eine von einem Verbrennungsmotor angetriebene *Wärmepumpe*. Die Nutzleistung des Motors dient zum Antrieb der Wärmepumpe, das 80°C heiße Kühlwasser ist direkt für Heizungszwecke verwendbar. Die mit den Auspuffgasen abgeführte Wärmemenge läßt sich über einen Wärmetauscher ebenfalls auf das Kühlwasser übertragen, dient also auch zur Heizung. Die Wärmepumpe entzieht der Umgebung (Luft, Erdreich, Wasser) eine Wärmemenge, die größer ist, als es ihrer Antriebsleistung entspricht. Bezogen auf den eingesetzten Kraftstoff ergibt sich damit ein Wirkungsgrad von bis zu 150%. Bei dieser Rechnung ist natürlich großzügig die „geschenkte" Wärmemenge vernachlässigt, die der Umgebung entnommen wurde, die ja aber tatsächlich kostenlos zur Verfügung steht.

Für kleine Heizleistungen, wie sie für Einfamilienhäuser oder mittlere Wohnhäuser benötigt werden, gibt es allerdings vorläufig bei einem solchen Heizsystem noch Probleme vom Motor her. Selbst wenn nur eine Heizung ohne Versorgung der Wohnungen mit warmem Gebrauchswasser betrieben werden soll, sind jährliche Betriebszeiten von 3000 bis 4000 h zu erwarten. Es gibt aber z. Z. keine Verbrennungsmotoren im benötigten Leistungsbereich von 10 bis 40 kW, die so lange Betriebszeiten ohne häufigere Wartung oder den Austausch von Verschleißteilen durchstehen können.

Bei heutigen Personenwagenmotoren ist in der Regel nach 10000 km Fahrstrecke eine Inspektion vorgeschrieben, bei einer mittleren Fahrgeschwindigkeit von 60 km/h bei gemischtem Betrieb in der Stadt und über Land ist das eine Betriebszeit von 167 h, also etwa sieben Tagen. Rechnet man für einen solchen Motor mit einer Lebensdauer von 250000 km Fahrstrecke, so sind dies 4170 h, also etwa die Betriebszeit, die ein Wärmepumpenaggregat in einem Jahr zu absolvieren hätte. Es wird also erforderlich sein, ganz neue Kleinmotoren zu entwickeln, die mit sehr niedrigen Kolbengeschwindigkeiten und niedrigen thermischen Belastungen betrieben werden.

III Die Kolbenmaschine

1 Kinematik des Kurbeltriebes

Das Bewegungsgesetz des Kolbens läßt sich sehr einfach herleiten. Es gilt offenbar (Abb. 47) $x = r \cos \alpha + l \cos \beta$. Der Winkel β läßt sich durch α ausdrücken:

$$r \sin \alpha = l \sin \beta \quad \text{mit} \quad r/l = \lambda = \text{Pleuelverhältnis}$$

wird

$$\sin \beta = \lambda \sin \alpha \quad \text{und} \quad \cos \beta = \sqrt{1 - \lambda^2 \sin^2 \alpha}.$$

Der Wurzelausdruck läßt sich in eine Reihe entwickeln:

$$\sqrt{1 - \lambda^2 \sin^2 \alpha} = 1 - \frac{\lambda^2}{2} \sin^2 \alpha - \frac{\lambda^4}{8} \sin^4 \alpha - \frac{\lambda^6}{16} \sin^6 \alpha - \cdots.$$

Da λ bei allen Motoren im Bereich von $1/5 \leq \lambda \leq 1/3$ liegt, sieht man sofort, daß selbst bei $\lambda = 1/3$ das dritte Glied max. 0,00154 wird, gegenüber dem zweiten Glied mit 0,05556 also nur noch 3% ausmacht. Es ist daher zulässig, das dritte

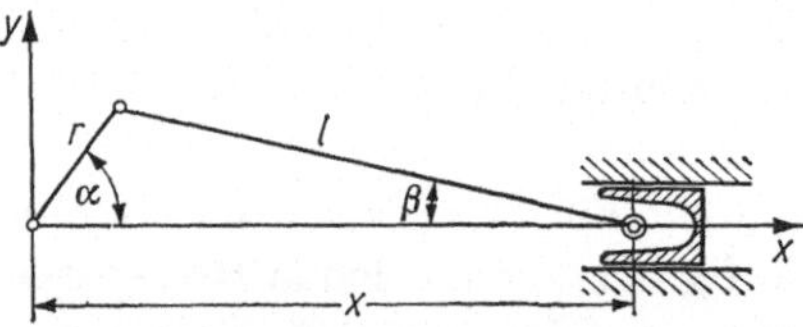

Abb. 47. Zur Kinematik des Kurbeltriebes

und alle folgenden Glieder der Reihenentwicklung wegzulassen. Mit der bekannten Beziehung $\sin^2 \alpha = 1/2(1 - \cos 2\alpha)$ geht damit die Gleichung für den Kolbenweg über in:

$$x = r \left(\frac{1}{\lambda} - \frac{\lambda}{4} + \cos \alpha + \frac{\lambda}{4} \cos 2\alpha \right).$$

Diese Schreibweise erscheint umständlicher als die einfache Ausgangsgleichung. Ihr Vorteil wird sichtbar, wenn man die erste und zweite Ableitung bildet, also Kolbengeschwindigkeit und Kolbenbeschleunigung:

$$\dot{x} = \frac{dx}{d\alpha} \frac{d\alpha}{dt} = -r\omega \left(\sin \alpha + \frac{\lambda}{2} \sin 2\alpha \right) \quad \text{mit} \quad \omega = \frac{d\alpha}{dt},$$

$$\ddot{x} = -r\omega^2 (\cos \alpha + \lambda \cos 2\alpha).$$

Diese letztere Gleichung ist unvollständig! Da auch ω, die Winkelgeschwindigkeit der Kurbelwelle, nicht konstant, sondern eine Funktion der Zeit ist — also $\dot\omega \neq 0$ — muß eigentlich noch ein Term $-r\dot\omega(\sin\alpha + \lambda/2\sin 2\alpha)$ hinzugefügt werden (Produktregel der Differentialrechnung). Da man sich durch entsprechende Dimensionierung des Schwungrades bemüht, die Schwankung $\dot\omega$ der Winkelgeschwindigkeit klein zu halten, ist die Vernachlässigung im allgemeinen nicht von Belang.

2 Gaskraft und Tangentialkraft

Der auf die Kolbenfläche A_K wirkende Gasdruck p, der mit der Kolbenstellung veränderlich ist, ergibt eine in Richtung der Zylinderachse wirkende Kraft F_G, die am Kreuzkopf (oder am Kolben bei Tauchkolbenmotoren) zu zerlegen ist in die Komponenten F_N (Gleitbahndruck) und F_S (Stangenkraft).

Die Stangenkraft F_S ergibt sich nach Abb. 49 aus:

$$F_S = \frac{F_G}{\cos\beta} \quad \text{mit} \quad \beta = \text{arc sin}\,(\lambda\sin\alpha).$$

Anmerkung: Man verwende nicht $\cos\beta = \sqrt{1 - \lambda^2\sin^2\alpha}$!

Für $180° < \alpha < 360°$ wird β negativ, in diesem Bereich liefert die Gleichung falsches Vorzeichen, was vor allem beim Rechnen mit programmierbaren Rechnern leicht übersehen wird und dann zu unerklärlichen Fehlern führt.

Die in ihrer Wirkungslinie verschobene Stangenkraft F_S wirkt auf den Kurbelzapfen K, wo sie ersetzt werden kann durch das Kräftepaar (Drehmoment) M_d und die Lagerkraft F_L. Zerlegt man F_L wiederum in eine waagerechte und eine senkrechte Komponente, so erkennt man leicht, daß die Senkrechte der Kraft F_G, die Waagerechte der Kraft F_N entspricht (Abb. 48). Das Kräftepaar F_N—F_N stellt ein Kippmoment dar, das den Motor entgegen seiner Drehrichtung umwerfen möchte. Dieses „Reaktionsmoment" ist gleich groß, aber umgekehrt gerichtet wie das in Abb. 49 schraffierte Nutzmoment, das der Motor an der Kurbelwelle abgibt.

Die senkrechte Komponente ist keine freie Kraft, denn ihr wirkt die gleich große, entgegengesetzt gerichtete Gaskraft $A_K\,p$ entgegen, die auf den Zylinderdeckel wirkt. Die beiden Kräfte heben sich innerhalb des Motors auf, beanspruchen aber alle Bauteile und Verbände auf Zug, sie suchen den Motor zu dehnen. Bauarten mit durchgehenden Zugankern tragen dieser Tatsache Rechnung und entlasten das Motorgehäuse von den unangenehmen, rasch wechselnden Zugspannungen.

Anstatt des Drehmoments M_d ist es üblich, die am Kurbelradius r wirkende tangentiale Drehkraft $F_T = M_d/r$ zu betrachten. Wie aus Abb. 50 leicht zu sehen ist gilt:

$$\frac{F_T}{F_S} = \cos\,[90 - (\alpha + \beta)] = \sin\,(\alpha + \beta),$$

$$F_T = F_S\sin\,(\alpha + \beta) = \frac{F_G\sin\,(\alpha + \beta)}{\cos\beta}.$$

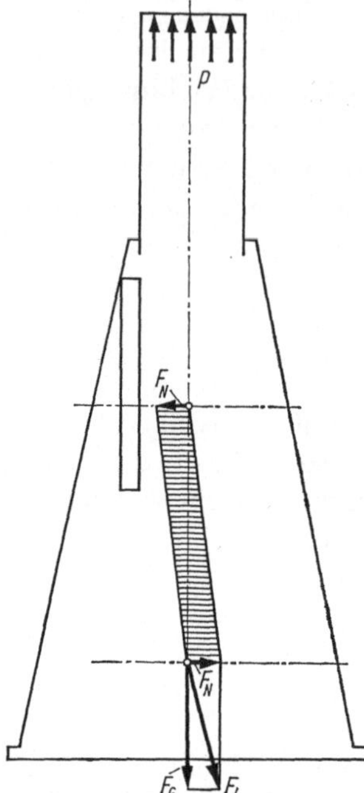

Abb. 48. Kippmoment

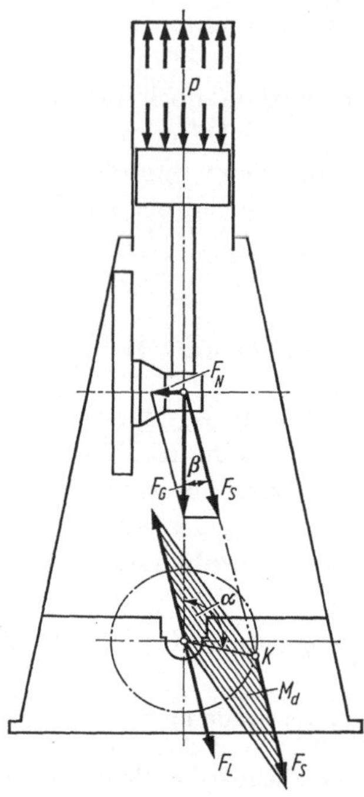

Abb. 49. Zerlegung der Kräfte im Kurbeltrieb

Die in Abb. 50 verdeutlichte Zerlegung der Kraft S am Kurbelzapfen ist kein wirklicher Vorgang, sondern dient nur zur Bestimmung der gedachten, tangential an der Kurbel angreifenden Kraft F_T. Es ist aber zweckmäßig, mit der Tangentialkraft zu rechnen: Trägt man die Tangentialkraft über dem abgewickelten Kurbelkreis — dem Weg des Kurbelzapfens — auf, so ist offenbar die Fläche unter der Kurve gleich der Arbeit (Kraft × Weg).

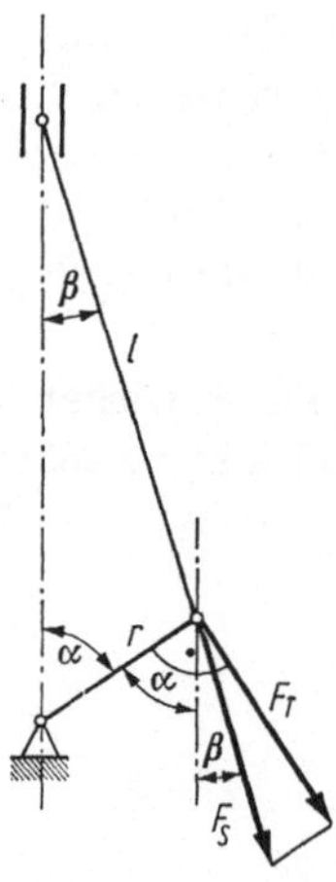

Abb. 50. Zur Ermittlung der Tangentialkraft

Man erhält auf diese Weise aus einem Indikatordiagramm (p-V-Diagramm) den Verlauf der Tangentialkraft über dem Kurbelwinkel. Es ergibt sich für einen Zylinder eine periodische auf und ab schwankende Linie, die bei den Totpunkten natürlich durch Null geht. Die Periodenlänge ist bei Zweitaktmaschinen eine Umdrehung, bei Viertaktmaschinen zwei Umdrehungen (Abb. 51).

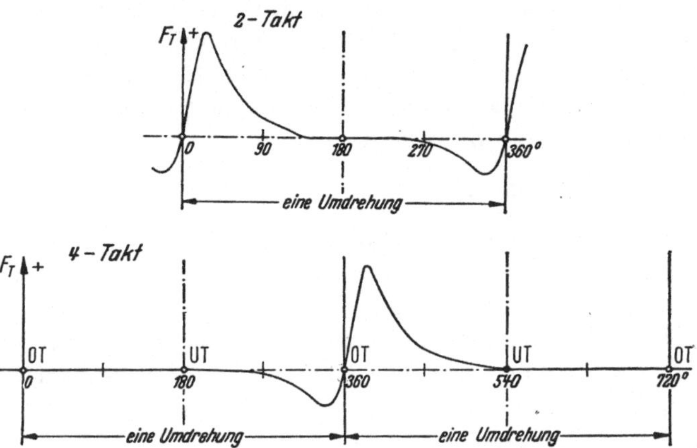

Abb. 51. Drehkraftverlauf über einem Arbeitsspiel bei einem Zweitakt- und einem Vieraktmotor

3 Massenkräfte

Durch die Bewegung des Kurbeltriebes werden Massenkräfte hervorgerufen. Die Massenkraft umlaufender Massen, also Kurbelwangen und Kurbelzapfen, ist einfach die Fliehkraft $m_r\, r\omega^2$, also eine mit der Winkelgeschwindigkeit $\omega = 2\pi n$ umlaufende, gleichbleibende, stets vom Kurbelzapfen radial nach außen gerichtete Kraft. Die „rotierende Masse" m_r ist im Kurbelzapfenmittelpunkt vereinigt gedacht. Liegt der Schwerpunkt eines umlaufenden Bauteils — z. B. der Kurbelschenkel — nicht im Abstand r von der Drehachse, sondern im Abstand r_s, so muß die Masse m_s mit r_s/r multipliziert werden, und m_r ist die Summe aller solcher $m_s(r_s/r)$.

Die Pleuelstange führt mit ihrem kurbelseitigen Ende eine reine Rotationsbewegung, mit ihrem kreuzkopfseitigen (kolbenseitigen) Ende eine rein translatorische Bewegung aus. Man zerlegt sie daher rechnerisch in zwei Massen, die zusammen die Gesamtmasse der Pleuelstange ergeben und die gleiche Schwerpunktlage wie die wirkliche Pleuelstange haben. Liegt der Schwerpunkt im Abstand l_s vom kurbelseitigen Pleuelauge, ist l die Länge zwischen den Mitten der Pleuelaugen und m_p die Masse, so wird die „rotierende Pleuelmasse"

$$m_{\mathrm{rot\,Pleuel}} = m_p \left(1 - \frac{l_s}{l}\right)$$

und die „oszillierende Pleuelmasse"

$$m_{\mathrm{osz\,Pleuel}} = m_p \frac{l_s}{l}.$$

Anmerkung: Diese Zerlegung ist im Grunde nicht exakt. Da die Pleuelstange auch eine Schwenkbewegung um ihren Schwerpunkt ausführt, sollte auch das Massenträgheitsmoment des Ersatzsystems mit dem der tatsächlichen Pleuelstange übereinstimmen. Diese Forderung ist mit zwei Massen offenbar nicht zu realisieren. In der Praxis zeigt sich aber, daß bei der üblichen konstruktiven Ausführung der Pleuelstange das Massenträgheitsmoment durch das Zwei-Massen-Ersatzsystem mit sehr guter Näherung wiedergegeben wird.

Die oszillierende Pleuelmasse, die Masse von Kreuzkopf, Kolbenstange, Kolben und allen weiteren mit diesen Teilen bewegten Massen, lassen sich zur gesamten oszillierenden Masse m_{osz} zusammenfassen. Sie erzeugt eine Massenkraft F_{osz} $= - m_{osz}\,\ddot{x}$, die stets in Richtung der Zylinderachse wirkt und periodisch mit $\ddot{x}$ veränderlich ist. Mit dem obigen Ansatz für $\ddot{x}$ folgt:

$$F_{osz} = m_{osz}\,r\omega^2(\cos\alpha + \lambda\cos 2\alpha).$$

Löst man die Klammer auf, so entstehen rechnerisch zwei Massenkräfte, die man als Massenkraft 1. Ordnung F_1 (mit $\cos\alpha$) und als Massenkraft 2. Ordnung F_2 (mit $\lambda\cos 2\alpha$) bezeichnet (Abb. 52). Ihre Summe ist die tatsächlich wirkende Massenkraft (Abb. 53). Sie wirkt im oberen Totpunkt nach oben — von der Kurbelwelle weg — und hat die Größe $m_{osz}\,r\omega^2(1 + \lambda)$, im unteren Totpunkt nach unten mit der Größe $m_{osz}\,r\omega^2(1 - \lambda)$.

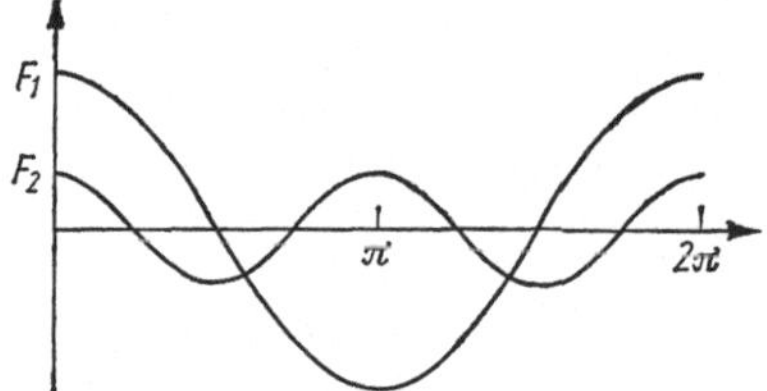

Abb. 52. Massenkräfte 1. und 2. Ordnung

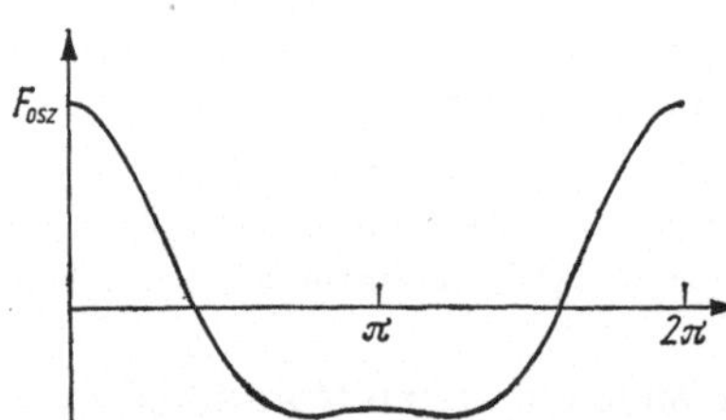

Abb. 53. Summe der Massenkräfte 1. und 2. Ordnung

Bei großer Pleuellänge wird λ klein und damit auch die nur bei Mehrzylindermotoren ausgleichbare Massenkraft 2. Ordnung. Man muß dabei aber große Bauhöhe des Motors in Kauf nehmen und hat größere Pleuelmassen zu beschleunigen. Bei Tauchkolbenmotoren bestimmt sich die Mindestlänge des Pleuels durch rein räumliche Bedingungen. Das Pleuel darf nicht mit Unterkante Kolben und Unterkante Laufbuchse in Kollision kommen und etwa an den Kurbelwangen angebrachte Gegengewichte dürfen nicht an die Laufbuchse anstoßen. Daraus ergibt sich üblicherweise ein $\lambda \approx 1/4$ oder etwas größer, zu dessen genauer Einhaltung man aber keineswegs gezwungen ist.

Während sich von rotierenden Massen erzeugte Massenkräfte einfach ausgleichen lassen (s. Abschn. III.4), ist dies bei den oszillierenden Massenkräften nicht der

Fall. Selbst wenn bei Mehrzylindermotoren ein vollständiger Ausgleich nach außen hin möglich ist (z. B. beim Sechszylinder-Viertaktmotor), erfahren Kurbelwelle und Kurbelgehäuse oder Grundplatte heftige Wechselbiegemomente, von denen im folgenden Abschnitt noch die Rede sein wird. Im übrigen bewirken die oszillierenden Massenkräfte Lager- und Gleitbahndrücke, Drehmoment und Kippmoment wie die Gaskräfte. Bei Zweitaktmotoren muß es als erfreulicher Zufall gewertet werden, daß die Massenkräfte im wesentlichen den Gaskräften entgegenwirken, so daß sie die Lager- und Gleitbahndrücke niedriger, die Gestängebeanspruchung kleiner und das Drehmoment sowie das Kippmoment gleichmäßiger gestalten (Abb. 54).

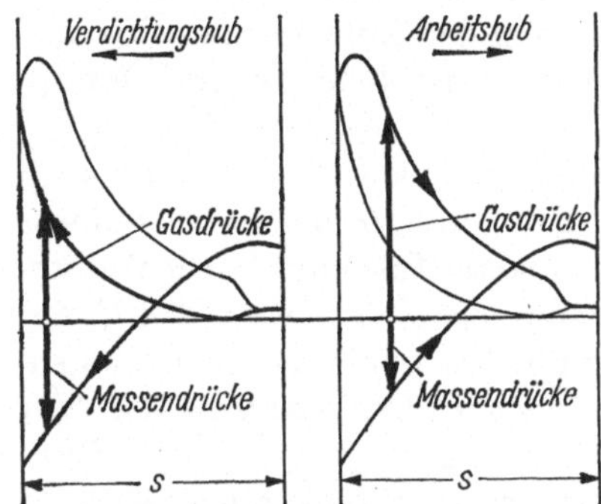

Abb. 54. Massenkräfte und Gaskräfte über dem Kolbenweg aufgetragen

Jede dieser aufgezählten Größen erfährt bei wachsenden Massenkräften $m_{osz}\,r\omega^2$ die in Abb. 55 angedeutete typische Veränderung. Die Beanspruchungen sind bei kleiner Drehzahl (fehlender Massenkraft) am größten, werden bei schneller laufender Maschine kleiner und erreichen einen Kleinstwert (Bestwert), der bei einer vom Arbeitsprozeß abhängigen Größe von $m_{osz}\,r\omega^2/A_K$ liegt (A_K Kolbenfläche). Der Wert von $m_{osz}\,r\omega^2/A_K$ in N/m² stellt gewissermaßen den „Massendruck"

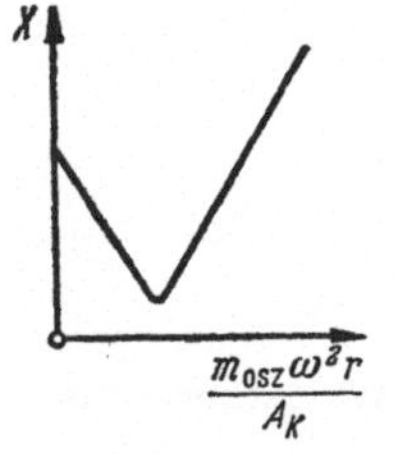

Abb. 55. Verlauf der Gestängebeanspruchungen mit wachsenden Massenkräften. m_{osz} oszillierende Massen, A_K Kolbenfläche

dar, der während eines Teils des Hubes dem Gasdruck entgegen wirkt. Bei modernen schnellaufenden Motoren ist im allgemeinen die Massenkraft der oszillierenden Bauteile im Zündtotpunkt größer als die Gaskraft, der „Massendruck" im Totpunkt, also größer als der Spitzendruck der Verbrennung. Die Pleuelstange wird dann trotz des Gasdruckes auf Zug beansprucht. Die höchste Beanspruchung eines Pleuels im Viertaktmotor tritt im Gaswechsel-OT auf, wo die Gaskraft vernachlässigbar ist und die maximale Massenkraft $m_{osz}\,r\omega^2(1 + \lambda)$ als Zugkraft wirkt. Gewisse Maschinenelemente, die durch Gaskräfte überhaupt nicht beansprucht werden, wie z. B. Pleuellagerdeckel oder Grundplattenlagerdeckel, er leiden große Beanspruchungen durch die mit der Drehzahl quadratisch anwachsenden Massenkräfte. Daher müssen die hin- und hergehenden Massen bei schnelllaufenden Motoren so leicht wie irgend möglich gestaltet werden: Leichtmetallkolben, hohle Kolbenbolzen, hochbeanspruchte, gut geformte Querschnitte, hochbelastbare Sonderstähle.

Die Massenkräfte unterstützen die Schmierung der Zapfen, da sie bald die eine bald die andere Lagerschale belasten. Beim Kreuzkopf- bzw. Kolbenbolzenlager der einfachwirkenden Zweitaktmotoren entstehen vordringliche Schwierigkeiten bezüglich Schmierung des dauernd einseitig belasteten, nicht umlaufenden Zapfens und — falls dort die Massenkräfte nicht ausreichen, einen Lastwechsel zu erzielen — müssen besondere Maßnahmen für die ausreichende Schmierung angewandt werden (vgl. S. 23). Auch die Schmierung der Kolbenringe wird, insbesondere beim Viertaktmotor, durch die abwechselnde Richtung der Massenkräfte günstig beeinflußt.

Die wechselnde Beschleunigung der hin- und hergehenden Massen führt auch zu erheblichen Druckänderungen in der an der Hin- und Herbewegung teilnehmenden Kühlflüssigkeit des Kolbens. Während im oberen Totpunkt hoher Wasserdruck im Kolben herrscht, entsteht *bei unterem Totpunkt unter Umständen Unterdruck!* Dann verdampf sofort ein Teil des Wasserinhaltes, um im nächsten Augenblick — wenn der Druck wieder ansteigt — *schlagartig zu kondensieren.* Vor diesen gefährlichen Schlägen — mit ihren *zerstörenden „Hohlsogwirkungen"* (Kavitation) — schützt man sich durch vergrößerte Rohrquerschnitte an waagerecht verlaufenden und umkehrenden Stellen der bewegten Kühlwasserleitungen, sowie durch möglichst hohen Zulaufdruck und Drosselung am Ablauf des Kolbenkühlwassers oder durch reichliche Luftbeimengung zum Kühlwasser (Schnüffeln oder nötigenfalls Einblasen), obwohl die Sauerstoffanreicherung des Kühlwassers im Hinblick auf die Verrottungsgefahr der Eisenteile höchst unerwünscht ist.

Eine gewisse Luftmenge ist im Kolben sicherlich immer vorhanden. Das Wasser im Kolben *planscht* daher wie in einer geschüttelten Flasche auf und ab („Planschkühlung"). Nur bei ganz langsamer Fahrt — wenn $r\omega^2(1 + \lambda)$ kleiner als 9,81 m/s²

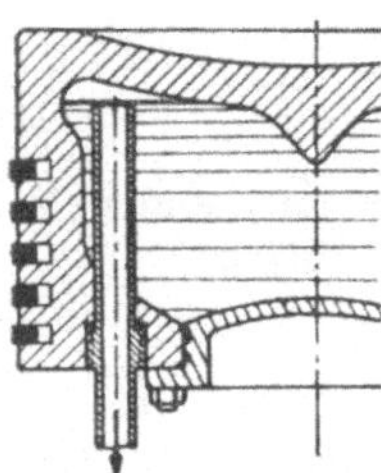

Abb. 56. Maßnahmen zur Aufrechterhaltung der Wasserberührung des Kolbenbodens bei langsamer Drehzahl

ist — hört das Planschen auf, und der heiße Kolbenboden ist durch das Fehlen einer unmittelbaren Wasserberührung dann besonders gefährdet. Tief heruntergezogene Kolbenbodenmitte und hoch hinaufgeführtes Ablaufrohr tragen diesem Umstand Rechnung (Abb. 56). Die meisten Störungen an Kolben bei Groß-Dieselmaschinen traten früher bei Langsamlauf nach vorangegangener Vollast auf, bei einem Betriebszustand also, wo die Planschkühlung des Kolbenbodens aufhört.

Die bekannteste Massenkraft — *die Schwere* — muß der Vollständigkeit wegen ebenfalls genannt werden. Bei stehenden Maschinen werden durch das statische Gewicht der Triebwerksmassen Lager- und Gleitbahnbelastungen sowie Drehmomente und Kippmomente verursacht, die je nach der Kurbelstellung verschieden sind. Der Einfluß der Schwere ist jedoch meist vernachlässigbar gegenüber den großen Gaskräften und Trägheitskräften.

Bei liegenden Maschinen wird das Kolbengewicht von der Laufbahn getragen und man hat es in der Hand, durch entsprechende Wahl der Drehrichtung die auf die Gleitbahn wirkende Kraft F_N (vgl. Abb. 48) um das Kolbengewicht zu verkleinern.

4 Massenausgleich

Wenn keine besonderen Maßnahmen ergriffen werden, so kommen die Massenkräfte der Triebwerksgewichte nach außen — aufs Motorfundament — zur Wirkung und können dort unter Umständen ganze Gebäude oder Fahrzeuge zu gefährlichen Resonanzschwingungen veranlassen. Die Massenkraft $m_r\omega^2 r$ der umlaufenden Massen tritt als umlaufende, gleichbleibende, radial nach außen wirkende Fliehkraft in Erscheinung, die Massenkraft F_{osz} der hin -und hergehenden Masse m_{osz} ist eine periodisch wechselnde Kraft in Zylinderachse (Abb. 57), deren zeitlicher Verlauf in Abb. 53 dargestellt ist.

Zum Ausgleich einer radial nach außen wirkenden Fliehkraft steht ein einfaches Mittel zur Verfügung: das *Gegengewicht*. Der Ausgleich der umlaufenden Massenkraft ist vollkommen, wenn $m_g\,\omega^2 r_g = m_r\omega^2 r$. (Dabei ist m_g die Masse und r_g der Abstand des Gegengewicht-Schwerpunktes von Achsmitte.)

Bei der Befestigung eines Gegengewichtes (Abb. 25, 28, 58, 59, 67, 68) ist nicht nur an die Fliehkraft zu denken, sondern auch an *tangential* rüttelnde Massenkräfte, bedingt durch die Ungleichförmigkeit der Rotation der Welle (s. S. 87).

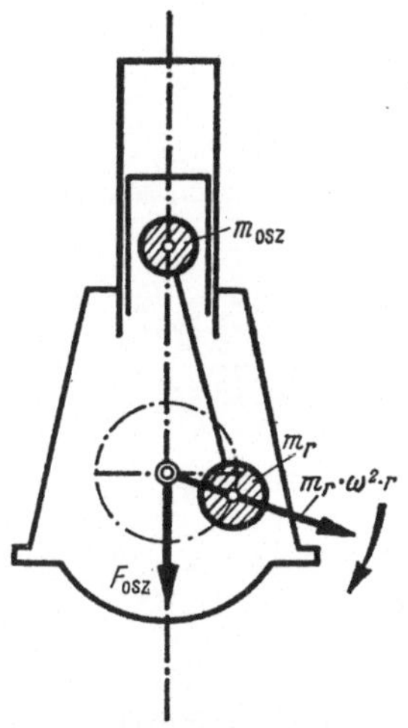

Abb. 57. Massenkräfte im Getriebe eines Arbeitszylinders

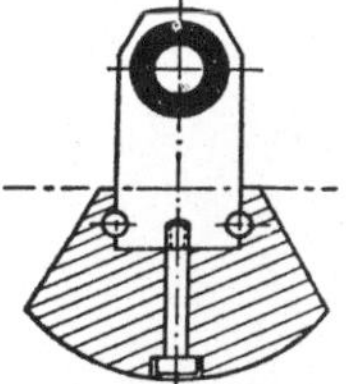

Abb. 58. Gegengewicht am Kurbelschenkel

Der Ausgleich der hin- und hergehenden Massenkraft F_{osz} eines einzelnen Zylinders ist schwieriger. Ein Gegengewicht, das man etwa zu diesem Zwecke an der Kurbelwelle anbringen wollte, erzeugt ja keine rein senkrecht in Zylinderachse wirkende Wechselkraft, wie sie zum Ausgleich von F_{osz} erforderlich wäre, sondern eine umlaufende Fliehkraft, die außer der senkrechten auch eine waagerechte Komponente besitzt. Zudem ist die senkrechte Komponente einer solchen Fliehkraft rein sinusförmig, während zum völligen Massenausgleich der Verlauf von F_{osz} nach Abb. 53 nachgeahmt werden müßte.

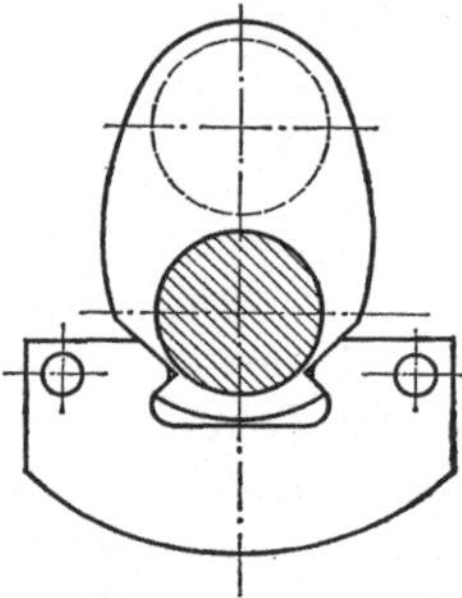

Abb. 59. Durch kräftige Eigenfederung festgeklemmtes Gegengewicht. (Die beiden Löcher dienen zum Anpacken der Montagevorrichtung beim Aufbringen)

Es gibt theoretisch eine selten angewandte Möglichkeit, durch umlaufende Gegengewichte die Massenkräfte 1. und 2. Ordnung auszugleichen. Man müßte je ein Paar von Gegengewichten so anordnen (Abb. 60), daß die resultierenden harmonischen Wechselkräfte in Richtung der Zylinderachse fallen und dabei gleich groß aber entgegengesetzt gerichtet sind wie die Massenkräfte (Abb. 61). Man treibt diesen Aufwand nur, wenn es unbedingt sein muß, z. B. bei großen

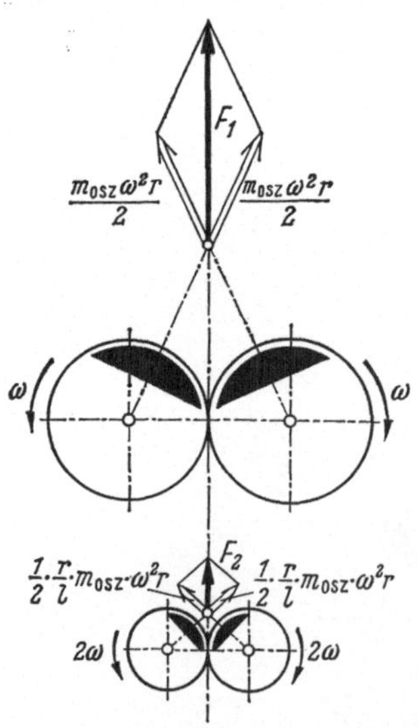

Abb. 60. Umlaufende Gegengewichtspaare zur Erzeugung harmonischer Wechselkräfte

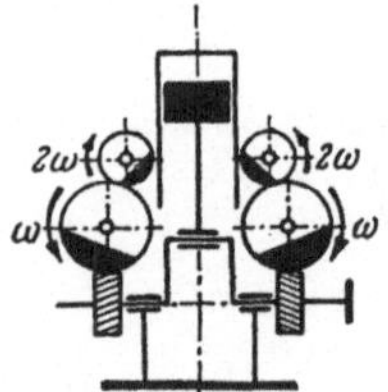

Abb. 61. Schema einer einzylindrigen Kolbenmaschine mit Gegengewichtspaaren

Einzylinder-Versuchsmotoren, wie sie zur Entwicklung des Verbrennungsverfahrens bei der Neukonstruktion eines Motors gebaut werden. Gelegentlich findet man auch an Vierzylinder-Pkw-Motoren Ausgleichswellen mit Gegengewichten, die mit doppelter Kurbelwellendrehzahl umlaufen. Sie gleichen die Massenkräfte 2. Ordnung aus, die sich beim Vierzylindermotor sonst addieren. Unter Umständen wird allerdings durch solche Ausgleichswellen der mechanische Wirkungsgrad η_m verschlechtert, denn bei den erforderlichen Drehzahlen von 10000 bis 12000 min^{-1} können sich die Reibungsverluste in der Wellenlagerung durchaus bemerkbar machen.

Da ein solcher baulicher Aufwand für Gebrauchsmotoren kaum vertretbar ist, verzichtet man auf den vollständigen Ausgleich der oszillierenden Massen und wendet trotz des oben zu diesem Punkt Gesagten einfache Gegengewichte an den Kurbelwangen an, die man jedoch, um übermäßige waagerechte Wechselkräfte zu vermeiden, nur etwa halb so groß macht, wie zum Ausgleich der Massenkraft 1. Ordnung nötig wäre. Man baut also Gegengewichte nach dem Kompromiß

$$m_g\, r_g\, \omega^2 = m_r\, r\omega^2 + 0{,}5 \cdot m_{\mathrm{osz}}\, r\omega^2.$$

Anmerkung: Man erhält einen noch etwas besseren Kompromiß, wenn man die Gegengewichte nach folgender Gleichung dimensioniert:

$$m_g\, r_g\, \omega^2 = m_r\, r\omega^2 + (0{,}5 + 0{,}36 \cdot \lambda)\, m_{\mathrm{osz}}\, r\omega^2,$$

wobei λ das Pleuelverhältnis r/l ist.

Man behält damit auf das Fundament eine unausgeglichene umlaufende Kraft der Größe $0{,}5\, m_{\mathrm{osz}}\, r\omega^2$, mit einer Drehrichtung umgekehrt zur Kurbelwelle.

Viel einfacher gestaltet sich der Massenausgleich der Wechselkraft F_{osz}, wenn *mehrere* hin- und hergehende Massen *entgegengesetzte* Bewegungen machen, also entgegengesetzt gerichtete Kräfte F_{osz} erzeugen und sich so auf natürliche Weise gegenseitig aufheben. Diesen Vorteil hat z. B. der Gegenkolbenmotor.

Bei Mehrzylinder-Reihenmotoren wird zu diesem Zwecke die gegenseitige Verkröpfung der einzelnen Kurbelzapfen so eingerichtet, daß sich die Massenkräfte zu Null ergänzen.

Es genügt dabei, wie man aus Abb. 62 sofort ersieht, nicht, wenn man verschiedengerichtete Kräfte erzielt, denn diese können immer noch infolge ihres räumlichen

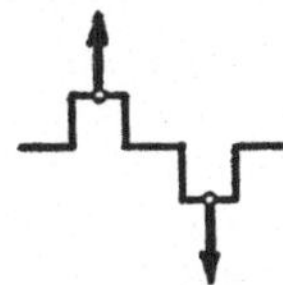

Abb. 62. Kurbelwelle eines Zweizylinder-Reihenmotors

Abstandes ein Kräftepaar darstellen, das den ganzen Motor zu schaukelpferdartigen Rüttelbewegungen veranlaßt. Beim Zweizylinder- und Dreizylinder-Reihenmotor muß dieses Kräftepaar (Moment) in Kauf genommen werden, es kann in seiner Auswirkung durch umlaufende Gegengewichte nach dem oben angegebenen Kompromiß meistens befriedigend vermindert werden.

Beim Vierzylinder- (Viertakt-) Motor nach Abb. 63 heben sich die Kräfte F_1 tatsächlich gegenseitig völlig auf. Es herrscht ohne weiteres „Massenausgleich

1. Ordnung" sowie ohne alle Gegengewichte auch Ausgleich der umlaufenden Massen. Die Massenkräfte 2. Ordnung sind natürlich völlig unausgeglichen.

Bei einem Sechszylinder- sowie Achtzylinder- (Viertakt-) Motor nach Abb. 64 ist außerdem gegenseitiger Ausgleich der Massenkräfte 2. Ordnung F_2 gegeben. Es herrscht demnach *vollkommener* Massenausgleich ohne irgendeine andere Kraftwirkung auf das Fundament als vom Gewicht und vom Reaktionsmoment (vgl. S. 73) des Motors.

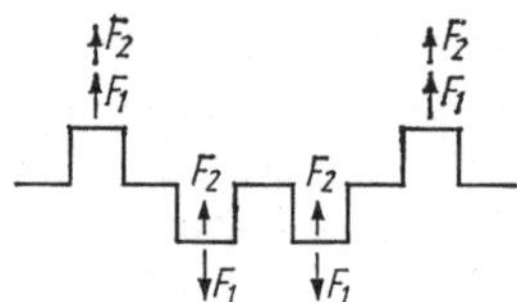

Abb. 63. Massenkräfte 1. und 2. Ordnung an einer
Vierzylinder-Viertakt-Kurbelwelle

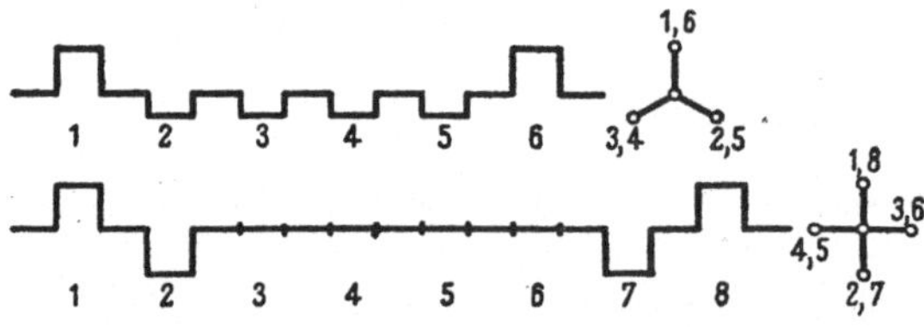

Abb. 64. Sechszylinder- und Achtzylinder-Viertakt-Kurbelwellen

Bei Mehrzylinder-*Zweitakt*motoren vermeidet man gleichgerichtete Kurbeln, da die betreffenden Zylinder ja gleichzeitig zünden müßten. Man teilt den Kurbelkreisumfang möglichst in gleiche Teile und erreicht den jeweils bestmöglichen Massenausgleich durch folgende Kurbelversetzungen, die nach dem beigegebenen Merkschema (Abb. 65) leicht zu behalten sind.

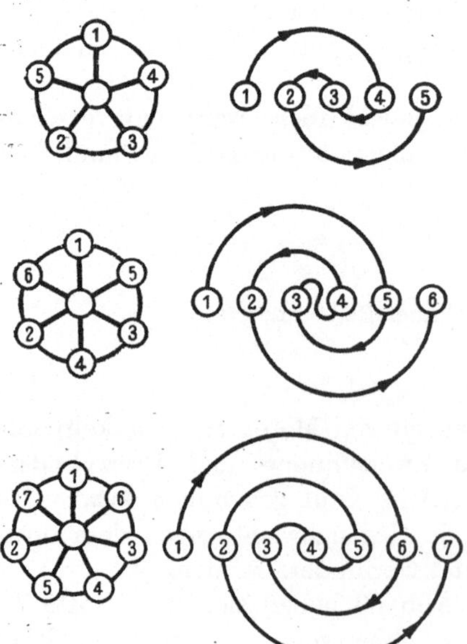

Abb. 65. Merkbilder für Kurbelfolgen mit bestmöglichem Massenausgleich 1. Ordnung. Beginne mit der ∼ förmigen Linie in der Mitte der Ziffernreihe und ergänze das Bild wie oben ersichtlich! Der Linienzug verbindet die Ziffern in der Reihenfolge, die den bestmöglichen Ausgleich der Momente der Massenkräfte 1. Ordnung gewährleistet. (Bei größeren Zylinderzahlen setze man 2 Vierzylindermaschinen, 3 Dreizylindermaschinen, 2 Fünfzylindermaschinen usw. hintereinander)

Bei Vielzylinder-Reihenmotoren, die an sich guten, unter Umständen sogar vollkommenen Massenausgleich ohne weiteres besitzen, sieht man trotzdem fast immer Gegengewichte angebracht. Diese bezwecken, die Kurbelwelle und das Motorgestell von den wechselnden Verbiegungen zu entlasten, welchen diese Teile sonst durch die örtlich oft weit auseinanderliegenden Massenkräfte ausgesetzt wären. (Auf S. 84 wird hierauf ausführlicher eingegangen.)

Bei schnellaufenden Motoren ist es heute üblich, an jeder Kurbelwange oder wenigstens an einer Wange jeder Kröpfung Gegengewichte anzubringen, die so dimensioniert werden, daß die inneren Momente der Kurbelwelle minimal werden. Soll nicht für jede Kröpfung ein Gegengewicht vorgesehen werden, so kann ihre Größe und Richtung für den Ausgleich der Massenkräfte nach außen so bestimmt werden, wie es im folgenden am Beispiel einer dreifach gekröpften Kurbelwelle erklärt wird.

Die für die Gegengewichte in Aussicht genommenen Ebenen seien mit A und B bezeichnet. Die Abstände der Kräfte von A bzw. B seien $a_1, a_2, a_3, \ldots$ bzw. b_1, b_2, b_3 benannt. (Liegt die Kraft F_1 in der Ebene A, so ist natürlich $a_1 = 0$.) Der Abstand zwischen den Ebenen A und B sei l, man wähle ihn stets so groß wie möglich, da bei großem l die Gegengewichte kleiner ausfallen.

Nun zeichne man in der Ebene B die Kräfte $F_I(a_1/l)$ und $F_{II}(a_2/l)$ und $F_{III}(a_3/l)$ usw. parallel zur Richtung der Kräfte $F_I \, F_{II} \, F_{III}$ (das sind einfach die Richtungen der betreffenden Kurbeln!) und bilde daraus einen geknickten Streckenzug. Die Schlußstrecke, die das Kräftevieleck schließt, gibt ohne weiteres die Richtung und Größe der in der Ebene B anzubringenden Gegengewichtsfliehkraft $m_g \, \omega^2 r_g$ an.

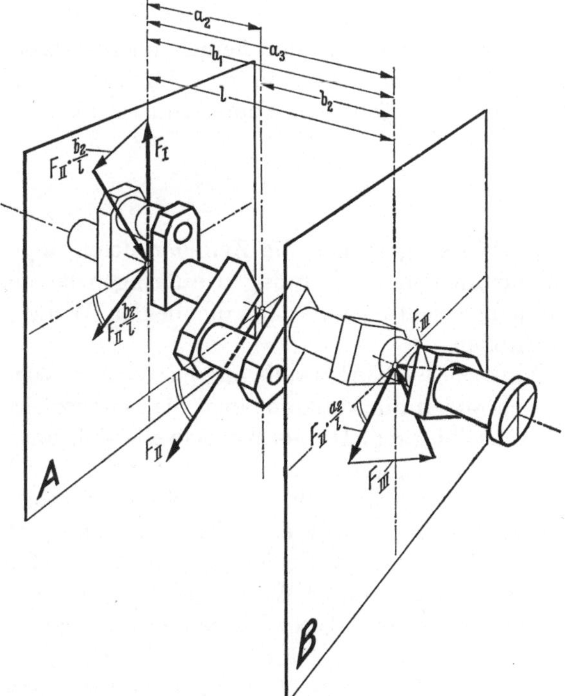

Abb. 66. Massenkräfte an einer dreifach gekröpften Welle

(Im Beispiel der Abb. 66 bis 68 ist $a_1 = 0$, also fehlt in dem Streckenzug der Ebene die Kraft $F_I(a_1/l)$).

Um das in der Ebene A anzubringende Gegengewicht zu bestimmen, zeichne man in gleicher Weise den aus den Kräften $F_I(b_1/l)$, $F_{II}(b_2/l)$ und $F_{III}(b_3/l)$ usw. gebildeten Streckenzug.

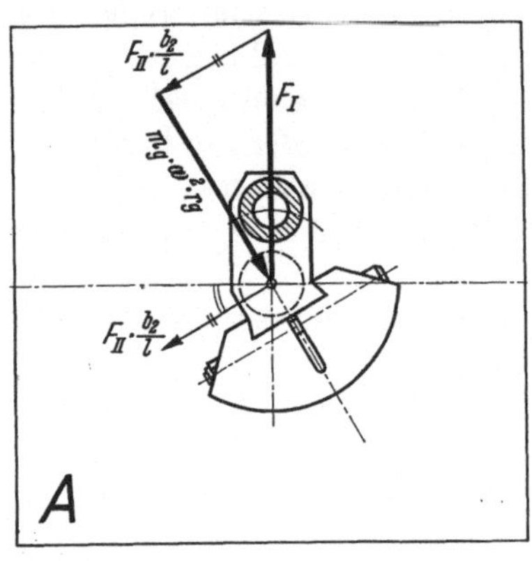
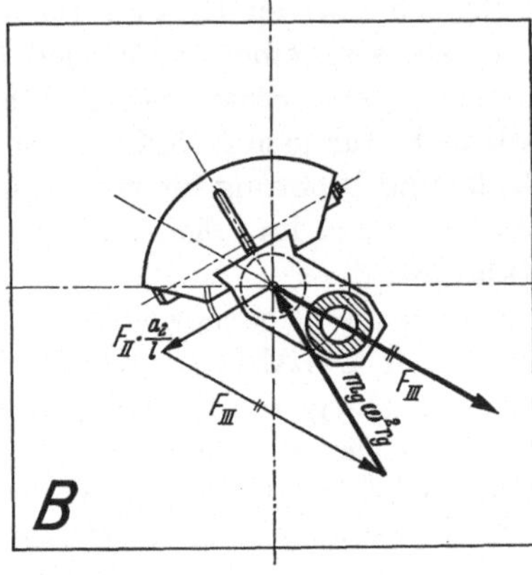

Abb. 67   **Abb. 68**

Abb. 67 und **68.** Massenausgleich bei der dreifach gekröpften Welle durch Gegengewichte an den Schenkeln der Kurbeln I und III, s. auch Abb. 66

Die Kraft F ist die schon bekannte Fliehkraft $m_r\,\omega^2 r$ der umlaufenden Massen eines Zylinders. Will man auch die Wirkung der hin- und hergehenden Massenkräfte 1. Ordnung nach Möglichkeit vermindern, so nehme man für F, entsprechend dem oben für den Einzylindermotor empfohlenen Kompromiß, etwa

$$\left(m_r + \frac{1}{2}\,m_{osz}\right)\omega^2\,r.$$

Im vorstehenden Beispiel waren als Bezugsebenen die Zylindermitten angenommen. Da sich Gegengewichte nur an den Kurbelwangen anbringen lassen, wird man die oben ermittelten Gegengewichte jeweils auf die beiden Wangen der Kurbelkröpfungen I und III aufteilen.

Die an räumlich verschiedenen Punkten der Kurbelwelle angreifenden Massenkräfte beanspruchen, auch wenn nach außen hin vollkommener Massenausgleich erreicht ist, die Kurbelwelle auf Wechselbiegung. Da die Kurbelwelle sich unter der Wirkung der „inneren Momente" verformt, werden die Kräfte über die Grundlager (zusätzliche Belastung!) auf das Kurbelgehäuse übertragen, das damit ebenfalls eine Wechselbiegebeanspruchung erfährt. Falls es nicht steif genug ist, wird auch noch das Fundament des Motors in Mitleidenschaft gezogen. Das Biegemoment („inneres Moment") wird in bekannter Weise ermittelt. Für eine beliebige Ebene, von der die auf der gleichen Seite dieser Ebene liegenden Kräfte F_I, F_{II} usw. die Abstände c_1, c_2 usw. haben, werden die Momente $F_I \cdot c_1$, $F_{II} \cdot c_2$ usw. vektoriell addiert, wobei natürlich die Fliehkräfte etwa angebrachter Gegengewichte nicht vergessen werden dürfen. Die Resultierende der Vektoraddition ergibt das Moment in der Ebene nach Größe und Richtung. Abbildung 69 zeigt für zwei verschiedene Kröpfungsfolgen einer Achtzylinder-Kurbelwelle den Verlauf der Momentenlinie, wie er sich für die Massenkräfte aus den rotierenden Massen m_r ergibt, wenn keine Gegengewichte angebracht werden. Die untere Version ist offenbar wesentlich günstiger.

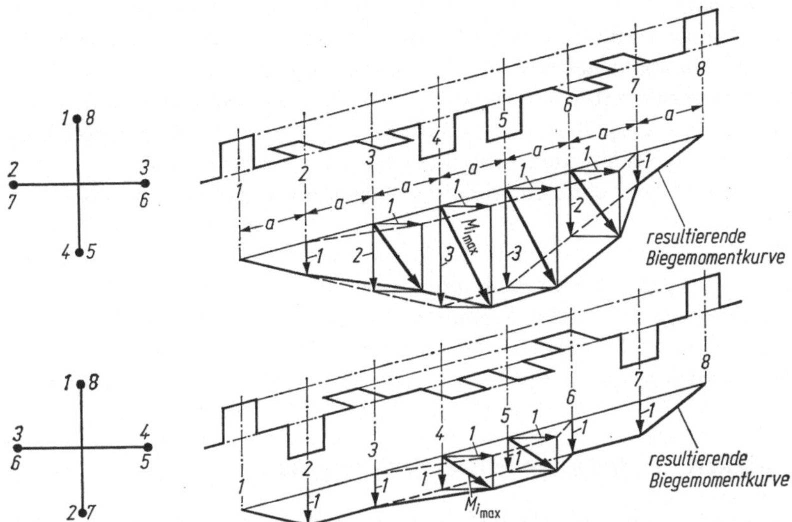

Abb. 69. Innere Momente an zwei Versionen einer Achtzylinder-Kurbelwelle

Die Momentenlinie aus den rotierenden Massenkräften läuft mit der Kurbelwelle um, sie stellt also für diese eine statische Belastung dar. Anders die inneren Momente aus den oszillierenden Massenkräften. Sie wirken immer in der Zylinderebene und sind von der Kurbelstellung abhängig. Ihre Berechnung erfolgt am einfachsten für verschiedene Kurbelstellungen mit Hilfe eines programmierbaren Rechners, wobei programmierbare Tischrechner schon voll ausreichen. Das Vorgehen ist das gleiche wie oben bei den rotierenden Massenkräften, wird aber dadurch wesentlich einfacher, daß keine vektorielle, sondern nur eine skalare Addition erforderlich ist.

Die Biegemomente aus rotierenden und oszillierenden Massenkräften setzen sich zu einer resultierenden Beanspruchung zusammen, die ähnlich der einer Reckstange ist, wenn jemand die Riesenwelle ausführt.

Die inneren Biegemomente können, wie oben gezeigt, durch veränderte Kurbelanordnungen und durch Gegengewichte weitgehend gemildert werden. Hohe biegesteife Grundplatten oder Kurbelgehäuse und kräftiger Längsverbund der Zylinder mildern die Auswirkungen der inneren Wechselbiegemomente auf Motor und Fundament.

Bei Sternmotoren (vgl. Abb. 26) setzen sich die in den einzelnen Zylinderachsen hin- und hergehenden Wechselkräfte F_1 zu einer mit ω *umlaufenden Fliehkraft* von der Größe $1/2(\sum m_{osz}) \omega^2 r$ zusammen.

Ein Gegengewicht von der Größe

$$m_g\, \omega^2\, r_g = m_r\, \omega^2\, r + \frac{1}{2}\, \left(\sum m_{\text{osz}}\right) \omega^2\, r$$

($\sum m_{\text{osz}} = $ Summe aller m_{osz} der einzelnen Zylinder)

bewirkt also tatsächlichen Massenausgleich 1. Ordnung. Dazu kommt, daß bei Sternmotoren mit mehr als drei gleichmäßig versetzten Zylindern die Summe der F_2 ohne weiteres verschwindet, so daß also dort durch einfaches Gegengewicht nach obiger Formel *vollkommener* Massenausgleich erzielt wird.

Allein beim Dreizylinder-Sternmotor verbleibt eine *umlaufende* Massenkraft 2. Ordnung, welche mit doppelter Motordrehzahl entgegen dem Kurbeldrehsinn umlaufend zu denken ist. Sie hat die Größe $(3/2)\,(r/l)\,m_{\text{osz}}\,\omega^2 r$ und könnte allenfalls durch ein mit doppelter Drehzahl umlaufendes Gegengewicht zum Verschwinden gebracht werden.

Greifen nicht alle Pleuelstangen am Kurbelzapfen an, sondern sind die „Nebenpleuel" an den kurbelseitigen Stangenköpfen der „Hauptpleuel" angelenkt, so treffen die eben niedergelegten Feststellungen für den Massenausgleich 2. Ordnung nicht mehr genau zu. Es verbleiben dann in der Regel kleine freie unausgeglichene Kräfte 2. Ordnung.

5 Ungleichförmigkeit des Drehmomentes, Schwungrad

Wie die Gaskräfte, erzeugen auch die Massenkräfte der oszillierenden Triebwerksteile eine Drehkraft F_{Tm} (Abb. 70), natürlich ebenfalls eine periodische Kurve die zu der oben ermittelten Tangentialkraft F_T aus der Gaskraft zu addieren ist

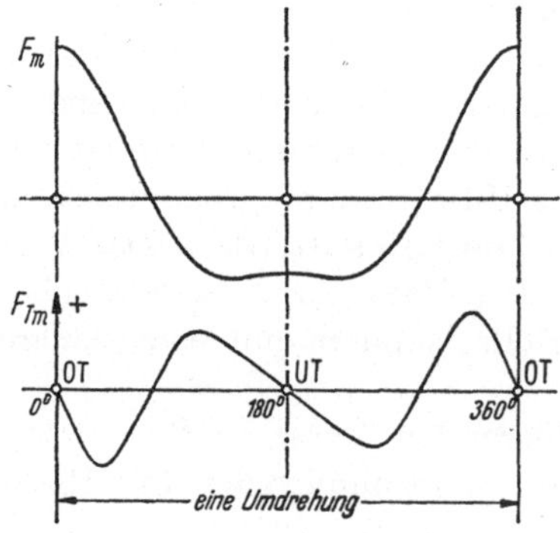

Abb. 70. Hin- und hergehende Massenkraft und ihre Drehkraftkomponente während einer Umdrehung

(Abb. 71). Es ergibt sich daraus die Gesamttangentialkraft eines Zylinders F_{T1}. Wirken mehrere in ihren Arbeitsspielen versetzte Zylinder auf die gleiche Kurbelwelle, so sind ihre Tangentialkräfte F_{T1} phasenrichtig zur Gesamttangentialkraft F_{Tges} zu addieren (Abb. 72).

Das Kippmoment des Motors, das stets dem augenblicklichen Drehmoment entgegengesetzt gleich ist, hat natürlich ebenfalls den ungleichmäßigen Verlauf der Tangentialkraft.

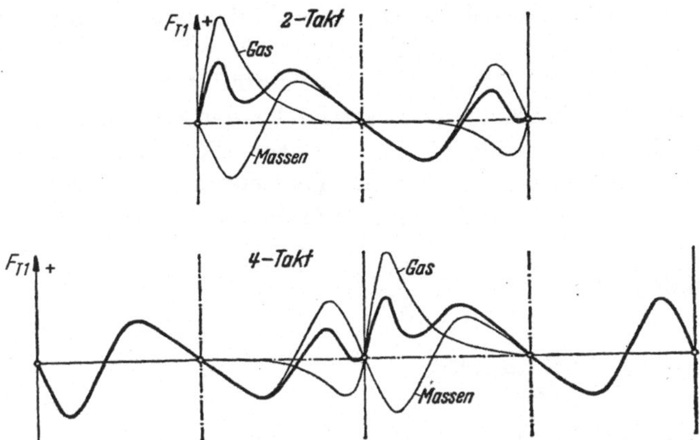

Abb. 71. Zusammensetzung der von den Gasdrücken und den Massenkräften herrührenden Drehkräfte zur „resultierenden Drehlinie" (Zweitakt und Viertakt)

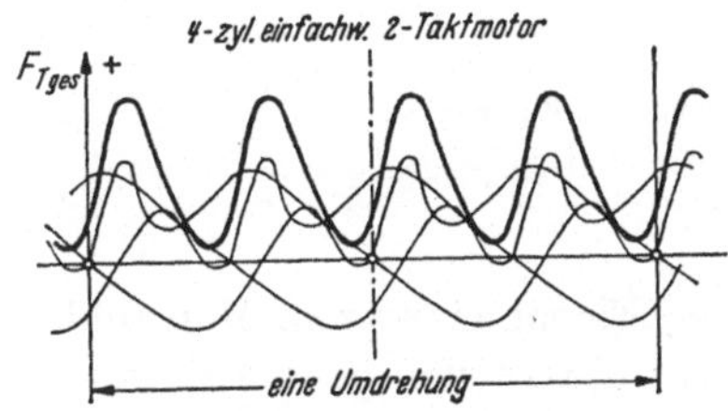

Abb. 72. Zusammensetzung der gegeneinander versetzten Drehkraftlinien mehrerer Arbeitszylinder

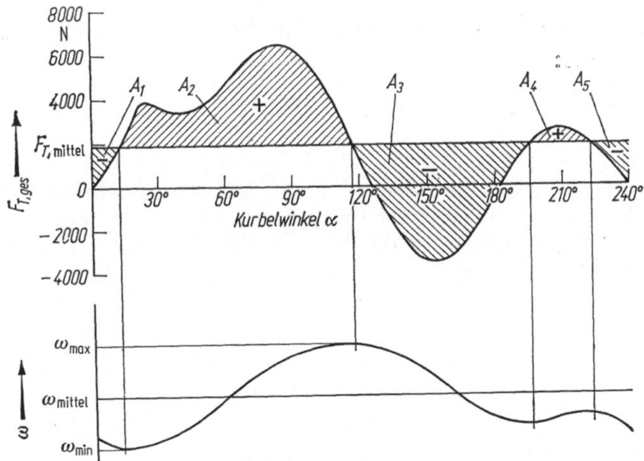

Abb. 73. Tangentialkraft und Winkelgeschwindigkeit bei einem Dreizylinder-Viertaktmotor

Treibt der Motor eine Arbeitsmaschine an, die ein gleichmäßiges Drehmoment beansprucht — z. B. einen elektrischen Generator oder eine Kreiselpumpe — so wird die zeitweilige höhere Drehkraft des Motors die Winkelgeschwindigkeit ω der Kurbelwelle erhöhen, während in jenen Bereichen, wo die Drehkraft kleiner als der Drehkraftbedarf der Arbeitsmaschine ist, die Winkelgeschwindigkeit sinken wird. Die Winkelgeschwindigkeit schwankt also fortwährend zwischen ω_{max} und ω_{min}. Abbildung 73 zeigt den Verlauf der Tangentialkraft für einen Dreizylinder-Viertaktmotor über dem Kurbelwinkel, sowie die dadurch hervorgerufene Schwankung der Winkelgeschwindigkeit. Da sich nach 240° Kurbelwinkel der Kurvenverlauf periodisch wiederholt, genügt die Betrachtung des Bereichs von 0° bis 240° Kurbelwinkel. Es werden nun folgende Größen definiert:

Mittlere Winkelgeschwindigkeit: $\omega_{mi} = \dfrac{\omega_{max} + \omega_{min}}{2}$,

Ungleichförmigkeitsgrad: $\delta = \dfrac{\omega_{max} - \omega_{min}}{\omega_{mi}}$.

In Abb. 73 stellt der Flächeninhalt A einer mit $+$ bezeichneten Fläche einen Arbeitsüberschuß dar, der eine Steigerung der kinetischen Energie aller rotierenden Massen J hervorruft. Wenn die Welle als absolut steif angenommen wird, so gilt die Gleichung:

$$A = J\,\frac{\omega_{max}^2 - \omega_{min}^2}{2} = J\,\frac{\omega_{max} + \omega_{min}}{2}\,(\omega_{max} - \omega_{min}),$$

$$A = J\omega_{mi}\,\delta\,\omega_{mi} = J\omega_{mi}^2\,\delta.$$

Man darf für A nicht einfach die größte positive Fläche einsetzen. Man bildet vielmehr die Folge A_1; $A_1 + A_2$; $A_1 + A_2 + A_3$; ..., was sich geometrisch wie in Abb. 74 darstellt. A in obiger Gleichung ist als $A = A_{max} - A_{min}$ einzusetzen.

Wird ein bestimmter verlangter Ungleichförmigkeitsgrad δ vorgegeben (siehe unten), so ergibt sich das zu seiner Verwirklichung erforderliche Massenträgheitsmoment J des Kurbeltriebes aus:

$$J_{erf} = \frac{A}{\omega_{mi}^2\,\delta}.$$

Beispiel: Der Motor, dessen Tangentialkraftdiagramm in Abb. 73 dargestellt ist, hat einen Kurbelradius von 34 mm und läuft mit einer Drehzahl von 7500 min^{-1}, was einer mittleren Winkelgeschwindigkeit $w_{mi} = 785{,}4$ s^{-1} entspricht. In Abb. 73 wurden die Flächen A_1 bis A_5 wie folgt bestimmt:

$$A_1 = -1{,}1\ \text{cm}^2,$$
$$A_2 = +28{,}1\ \text{cm}^2,$$
$$A_3 = -26{,}8\ \text{cm}^2,$$
$$A_4 = +1{,}5\ \text{cm}^2,$$
$$A_5 = -1{,}7\ \text{cm}^2,$$

Daraus ergibt sich (Abb. 74) $A = 28{,}1$ cm^2.

Der Kurbelradius des Motors beträgt 34 mm, der Kurbelweg pro ° Kurbelwinkel ist dann $2r\pi/360$, und da in Abb. 73 10° KW als 1 cm dargestellt sind, ergibt sich der Maßstab

$$m_K = 20{,}034\ \pi\ \frac{10}{360} = 0{,}00593\ \text{m/cm}.$$

Auf der T-Achse sind 10^3 N als 1 cm dargestellt, daraus folgt $m_T = 10^3$ N/cm. Die für A ermittelte Fläche multipliziert mit den Maßstabfaktoren ergibt:

$$A = 28{,}1 \cdot 10^3 \cdot 0{,}00593 = 167\ \text{Nm}.$$

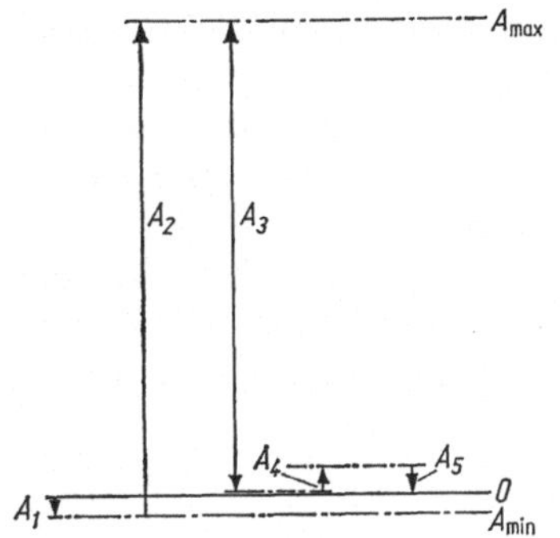

Abb. 74. Ermittlung des Arbeitsüberschusses

Wenn ein Ungleichförmigkeitsgrad von $\delta = 1/100$ verlangt wird, muß das Massenträgheitsmoment des Kurbeltriebes werden:

$$J_{\text{erf}} = \frac{A}{\omega_{\text{mi}}^2 \delta} = \frac{167}{785{,}4^2 \cdot 0{,}01} = 0{,}0271 \text{ kgm}^2.$$

Sind die vorhandenen Massenträgheitsmomente von Kurbelwelle, rotierendem Pleuelanteil, Gegengewichten, angetriebenem Gerät nicht ausreichend, so muß der Rest durch Anbringen eines Schwungsrades verwirklicht werden.

Der Ungleichförmigkeitsgrad muß klein sein:

1. Bei Arbeitsmaschinen (Spinnerei usw.), die zur Erzeugung gleichmäßiger Ware eine stetige Drehgeschwindigkeit verlangen.

2. Bei Pumpen, Gebläsen, Schiffsschrauben, wo Druckstöße in dem geförderten Medium oder Rüttelstöße auf das Axialdrucklager vermieden werden sollen.

3. Beim Antrieb von Lichtmaschinen, damit infolge der Spannungsschwankungen kein „Flimmern" des Lichtes eintritt.

4. Bei raschlaufenden Vielzylindermotoren, damit durch das rasche Wechseln von ω kein Rütteln in den Kurbellagern spürbar wird.

(Die Definition von δ berücksichtigt nicht die Winkelbeschleunigung $\dot{\omega}$! Bei zu großen Werten von $\dot{\omega}$ führt das in der Gleichung für die Kolbenbeschleunigung vernachlässigte Glied $r\dot{\omega}[\sin \alpha + (\lambda/2) \sin 2\alpha]$ zu zusätzlichen Massenkräften, die ihrerseits wieder den Verlauf der Tangentialkraft beeinflussen. Bei Vier- und Mehrzylindermotoren und bei schnellaufenden Motoren sollte daher $\delta \leq 1/100$ sein).

5. Bei Zahnradgetrieben zur Schonung der Zahnflanken und zur Vermeidung von Klappern innerhalb des Zahnspiels und — bei Schrägverzahnungen — axialem Rütteln.

6. Auch bei vorübergehend langsamlaufendem ($c_m = 1 \cdots 1{,}5$ m/s) Motor darf δ einen gewissen Wert ($\sim 1/3$) nicht überschreiten, damit der Motor sicher über die Lücken der Drehkraftlinie wegläuft und nicht stehenbleibt.

Das *Schwungrad* erfüllt als wirksamer Energiespeicher gleichzeitig mehrere Aufgaben:

1. Erzielung eines guten Gleichförmigkeitsgrades der Drehgeschwindigkeit.

2. Hilfe beim Anfahren des Motors zur Sicherung der ersten Verdichtungen.

3. Unterstützung der Drehzahlregelung. Denn eine Kraftmaschine mit großem Schwungrad braucht längere Zeit zum Auslaufen oder Durchgehen, so daß der Regler Zeit hat, die Füllung der Last anzupassen.

Auf die *Ungleichmäßigkeit des Kippmomentes* des Motors ist das Schwungrad ohne Einfluß.

Abbildung 75 veranschaulicht die einerseits vom Kippmoment des Antriebmotors und andererseits von dem an die Arbeitsmaschine abgegebenen Nutzmoment an die Fundamentblöcke abgegebenen Kräftepaare.

Im zeitlichen Mittelwert sind diese beiden Momente gleich und heben einander infolge ihrer verschiedenen Richtungen auf, wenn beide Maschinen auf gemeinsamer Fundamentplatte montiert sind. Die Fundamentplatte wird durch dieses

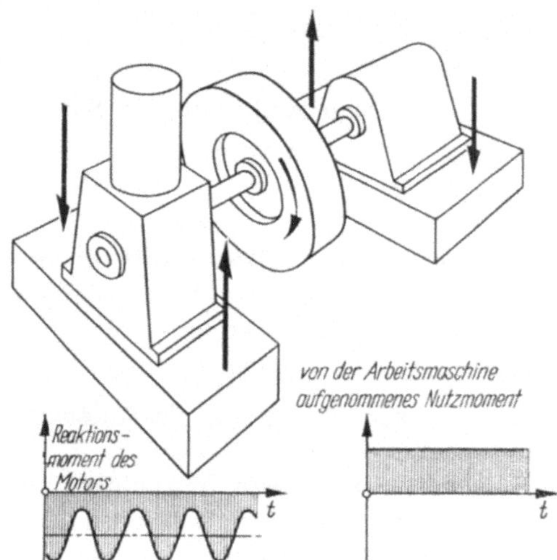

Abb. 75. Auf die Fundamente abgestützte Momente. Kippmoment des Antriebsmotors. Nutzmoment der angetriebenen Arbeitsmaschine

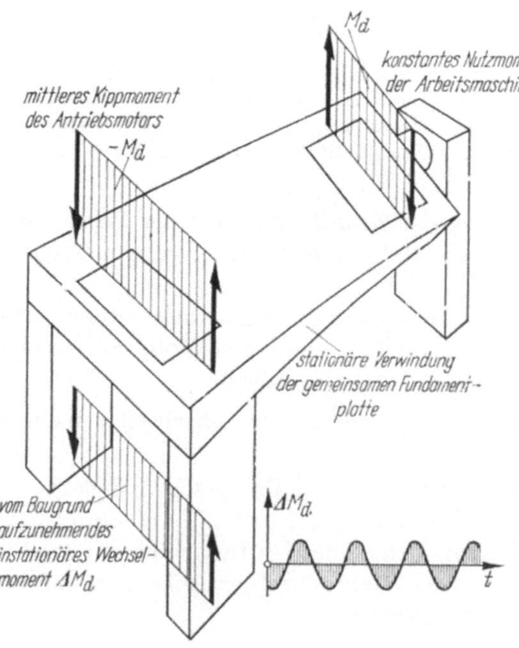

Abb. 76. Elastische Verwindung der gemeinsamen Fundamentplatte durch das mittlere Kippmoment des Motors $(-M_d)$ und das Nutzmoment (M_d) der Arbeitsmaschine. Der periodisch wechselnde Überschuß ΔM_d geht unausgeglichen als periodisches Wechselmoment in die Fundamentfüße und den Baugrund

stationäre mittlere Drehmoment auf Torsion beansprucht, wie Abb. 76 anschaulich machen will. Die rasch wechselnden Überschüsse und Fehlbeträge des periodisch schwankenden Momentes der Kolbenmaschine werden jedoch innerhalb der gemeinsamen Fundamentplatte nicht aufgehoben, sie wirken in unerwünschter Weise auf das Gebäude, Fahrzeug oder Flugzeug, in dem der Motor eingebaut ist. Man erzielt Verbesserung dieser Rüttelwirkung durch elastische Bauelemente in der Fundamentabstützung.

Die oben gebrachte Formel $\sum J = A/(\delta\omega^2)$ setzte die bewußt vereinfachende Annahme voraus, daß die Welle, auf der die einzelnen Schwungmassen angebracht sind, weitestgehend starr und unelastisch sei, so daß alle Schwungmassen gleichzeitig die gleiche Winkelbeschleunigung erfahren. Dies gilt leider nur bei sehr torsionssteifen Wellen und bei kleinen Drehzahlen. Im folgenden Abschnitt werden die Folgerungen genauer betrachtet, die aus der Tatsache entstehen, daß jede Welle torsionselastisch ist.

6 Kritische Drehzahlen

Der unregelmäßige Verlauf der Drehkraftlinie bei einer Kolbenmaschine bringt eine sehr wichtige, unangenehme Folgeerscheinung mit sich.

Wirkt nämlich eine periodisch veränderliche Kraft — und eine solche ist (Abb. 77) die Drehkraft T_{ges} — an einem schwingungsfähigen Gebilde — und ein

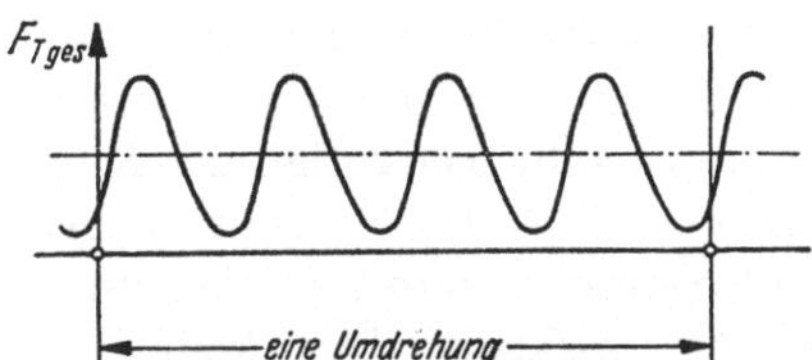

Abb. 77. Periodischer Verlauf der Drehkraft einer Mehrzylinder-Kolbenmaschine. Die strichpunktierte Linie stellt die durchschnittliche „mittlere" Drehkraft dar, der sich die heftigen Schwankungen als gefährliche Schwingungserreger überlagern

solches ist die fedrig verdrehbare (torsionselastische) Welle mit ihren mancherlei Schwungmassen —, so besteht die gefährliche Möglicheikt der **Resonanz**. Resonanz bedeutet: *Übereinstimmung des Taktes der erregenden Kraft mit dem Takt der „Eigenschwingung" des schwingungsfähigen Gebildes* und hat außerordentlich große Schwingungsausschläge (Abb. 78), Ungleichförmigkeiten und Drehbean-

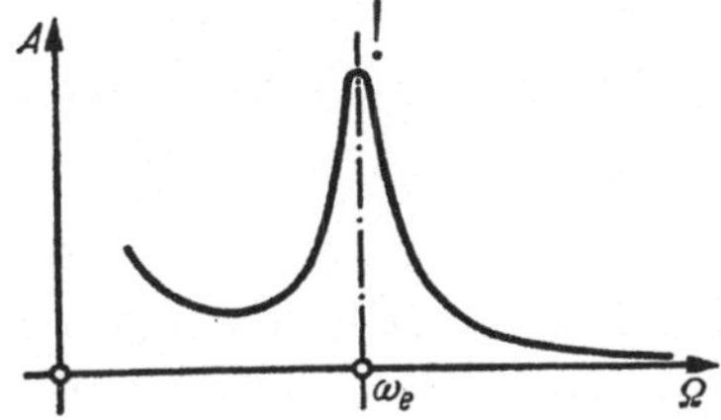

Abb. 78. Typische Resonanzkurve. Der Ausschlag A ändert seine Größe mit der Erregerfrequenz Ω in eigentümlicher Weise. Bei $\Omega = \omega_e$ werden die Ausschläge A außerordentlich hoch aufgeschaukelt

spruchungen in der Welle zur Folge, die sich bis zum Wellenbruch steigern können.

Resonanz muß also vermieden werden. Man darf die Frequenz Ω der erregenden Kraft nicht mit der Frequenz ω_e der Eigenschwingung der Wellenanlage zur Übereinstimmung kommen lassen, denn wenn $\Omega = \omega_e$, so wird der Schwingungsausschlag A außerordentlich groß.

Wenn keine Dämpfung vorhanden wäre, würden sich die Schwingungsausschläge A im Resonanzpunkt theoretisch bis „unendlich" hochschaukeln.

Um zu untersuchen, ob im genutzten Drehzahlbereich eines Motors (von der niedrigsten Drehzahl, bei der Leistung abgegebenen werden kann, bis zur Höchstdrehzahl) solche Resonanzen auftreten werden, müssen also zunächst die *Eigenschwingungszahlen der Wellenanlage* ermittelt werden. Das ist aber nur für geometrisch einfache Gebilde möglich, wie z. B. glatte Wellen mit Drehmassen, wobei die Welle nur Drehsteifigkeit aber keine Masse besitzen soll. Die tatsächliche Kurbelwelle mit ihren Grund- und Kurbelzapfen, Wangen und Gegengewichten muß auf ein solches rechnerisch erfaßbares System zurückgeführt werden. Dazu werden

1. durch die „Massenreduktion" alle Massen auf reine Drehmassen zurückgeführt,
2. die Drehfederzahlen der Wellenabschnitte ermittelt („Längenreduktion"),
3. aus dem „Ersatzsystem" die Eigenschwingungszahlen bestimmt.

Zu 1. „Massenreduktion"

Die Massenträgheitsmomente (kg · m²) lassen sich für geometrisch einfache Gebilde (Grundzapfen, Kurbelzapfen) leicht geschlossen berechnen. Kompliziertere Gebilde wie Kurbelwangen mit Gegengewichten werden in einfache Teilstücke zerlegt oder mit gemischt rechnerisch-graphischen Verfahren erfaßt. Die rotierende Masse der Pleuelstange geht — mit Steiner-Ergänzung — voll in das Massenträgheitsmoment der Kurbel ein. Der oszillierende Anteil, sowie Kreuzkopf, Kolbenstange und Kolben ist im oberen und unteren Totpunkt unwirksam: Eine kleine hin- und herschwingende Bewegung der Kurbel ergibt keine Kolbenbewegung, die Kurbel verspürt nichts von der oszillierenden Masse. Bei 90° Kurbelwinkel vor oder nach den Totpunkten führt der Kolben aber bei einer schwingenden Bewegung des Kurbelzapfens den gleichen Weg aus wie dieser: Die Kurbel verspürt die volle oszillierende Masse. Als Kompromiß benützt man die „Frahmsche Näherung" bei der die oszillierenden Massen zur Hälfte beim Massenträgheitsmoment der Kurbel berücksichtigt werden. Für eine Kurbelkröpfung (halber Grundlagerzapfen, Wange mit Gegengewicht, Kurbelzapfen, Wange mit Gegengewicht, halber Grundlagerzapfen) setzt man also

$$J_{\text{Frahm}} = J_{\text{Kröpf}} + m_{\text{rot}}\, r^2 + \frac{1}{2}\, m_{\text{osz}}\, r^2 \quad (r \text{ Kurbelradius}).$$

Dieses Ersatzmassenträgheitsmoment wird in der Mittelebene des Zylinders angenommen.

Zu 2. „Längenreduktion"

Die Kurbelwelle wird ersetzt durch eine glatte (masselos gedachte) Welle mit einem beliebigen Durchmesser, der damit ein bestimmtes polares Flächenträgheitsmoment I_{pred} hat. Nach einer für den jeweiligen Typ der Kurbelwelle geeigneten empirischen Formel kann man dann die Länge dieser Ersatzwelle bestimmen, die sich unter dem gleichen Drehmoment genauso stark verdreht wie die tatsächliche Kurbelwelle. Eine für die Kurbelwellen schnellaufender Motoren bewährte Formel ist die von *Carter*:

$$l_{red} = (l_W + 0.8 \cdot h) \frac{I_{pred}}{I_{pW}} + 1.274 \cdot r \cdot \frac{I_{pred}}{I_A} + 0.75 \cdot l_K \cdot \frac{I_{pred}}{I_K}.$$

Dabei ist (s. Abb. 79)

$$I_{pW} = \frac{\pi(D_W^4 - d_W^4)}{32} = \text{polares Flächenträgheitsmoment Grundzapfen}$$

$$I_{pK} = \frac{\pi(D_K^4 - d_K^4)}{32} = \text{polares Flächenträgheitsmoment Kurbelzapfen}$$

$$I_A = \frac{hb^3}{12} = \text{aequatoriales Trägheitsmoment Kurbelwange}$$

Übrige Bezeichnungen s. Abb. 79.

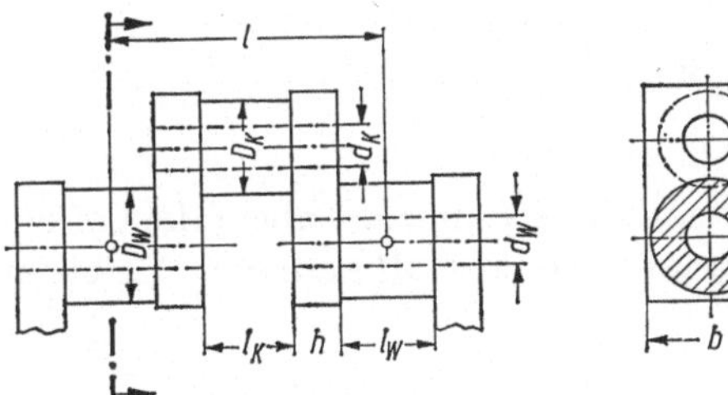

Abb. 79. Wellenabmessungen für die Carter-Formel

Man beachte, daß l_{red} von *Mitte Grundzapfen bis Mitte Grundzapfen* rechnet. Jeweils die Hälfte davon ist also rechts und links von jeder Masse J_{Frahm} anzubringen. Das Ersatzsystem baut sich aus den einzelnen Kurbeln mit ihren Massenträgheitsmomenten und reduzierten Längen sowie aus weiteren Wellenstücken (etwa zwischen letzter Kurbel und Schwungrad) und Drehmassen (z. B. Schwungrad) auf. Die Wellenstücke sind ebenfalls auf reduzierte Längen umzurechnen nach der einfachen Formel

$$l_{red} = \frac{I_{pred}}{I_{ptats}} \cdot l_{tats}.$$

Massenträgheitsmomente der weiteren Wellenstücke werden jeweils hälftig den benachbarten Drehmassen (Kurbeln, Schwungrad) zugeschlagen. Nach der Durchführung von Massen- und Längenreduktion hat man ein Ersatzsystem wie in Abb. 80 dargestellt.

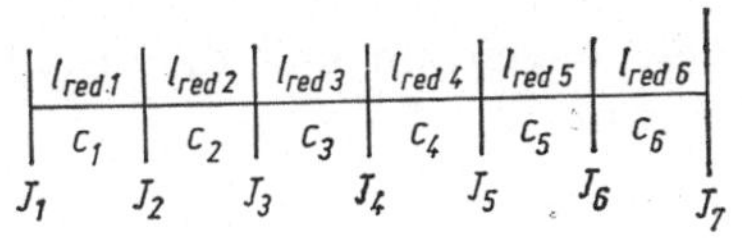

l_{red1}	l_{red2}	l_{red3}	l_{red4}	l_{red5}	l_{red6}
c_1	c_2	c_3	c_4	c_5	c_6
J_1	J_2	J_3	J_4	J_5	J_6	J_7

Abb. 80. Ersatzsystem für eine Kurbelwelle

Die reduzierten Längen l_{red1} bis $l_{red\,n-1}$ werden jetzt wieder in Drehfederzahlen zurückgerechnet nach der bekannten Gleichung

$$c = \frac{I_{pred}\,G}{l_{red}},$$

wobei G der Schubmodul des Wellenwerkstoffes ist (bei Stahl $\sim$ 81 000 N/mm² $= 81 \cdot 10^9$ N/m²).

Zu 3. Berechnung der Eigenschwingungszahlen (Eigenkreisfrequenzen)

Für jede einzelne Drehmasse im Beispiel von Abb. 80 läßt sich die Bewegungs-differentialgleichung leicht anschreiben. Bezeichnet man die Ausschläge der Massen mit φ (im Bogenmaß gemessen), so ergibt sich

$$
\begin{aligned}
J_1 \cdot \ddot{\varphi}_1 + c_1(\varphi_1 - \varphi_2) &= 0 \quad (\text{Massenkraft} = -\text{Federkraft})\\
J_2 \cdot \ddot{\varphi}_2 + c_1(\varphi_2 - \varphi_1) + c_2(\varphi_2 - \varphi_3) &= 0\\
&\;\;\vdots\\
J_6 \cdot \ddot{\varphi}_6 + c_5(\varphi_6 - \varphi_5) + c_6(\varphi_6 - \varphi_7) &= 0\\
J_7 \cdot \ddot{\varphi}_7 + c_6(\varphi_7 - \varphi_6) &= 0.
\end{aligned}
$$

Der Lösungsansatz für derartige lineare homogene Differentialgleichungen ist bekanntlich $\varphi_k = A_k \sin \omega t$, womit sich ergibt:

$$\ddot{\varphi}_k = -\omega^2 A_k \sin \omega t.$$

Wir addieren nun zuerst die obigen Differentialgleichungen. Dabei fallen offenbar alle Glieder $c(\varphi - \varphi)$ weg, da sie sich paarweise zu Null addieren. Es bleibt übrig:

$$\sum_{k=1}^{n} J_k \cdot \ddot{\varphi}_k = 0.$$

Mit dem Lösungsansatz für $\ddot{\varphi}$ ergibt sich dann

$$\sum \{- J_k A_k \omega^2 \sin \omega t\} = 0.$$

Die Null auf der rechten Seite der Gleichungen zeigt, daß keine äußeren Kräfte beteiligt sind. Das im folgenden mit diesen Formeln berechnete ω ist also die *Eigenschwingungszahl* ω_e des Systems.

Da $\sin \omega t$ nicht Null wird (nur für ganz bestimmte Zeiten t), und da die Eigenkreisfrequenz ω auch nicht Null sein soll (das wäre die Triviallösung, bei der keine Schwingung auftritt), muß offenbar der „Koeffizient" Null werden, also

$$\sum_{k=1}^{n} A_k J_k = 0.$$

Normieren wir noch auf A_1 und benennen

$$A_k/A_1 = \alpha_k \quad \text{so folgt} \quad \sum_{k=1}^{n} \alpha_k J_k = 0.$$

Die Werte α_k lassen sich wie folgt berechnen:
Wir setzen den Lösungssatz in die Differentialgleichungen ein und dividieren auch noch durch A_1, so geht die erste Gleichung über in:

$$-J_1 \omega^2 \alpha_1 \sin \omega t + c_1(\alpha_1 \cdot \sin \omega t - \alpha_1 \sin \omega t) = 0.$$

$\sin \omega t$ läßt sich ausklammern, und da es nicht Null ist, muß der Rest Null sein, was zusammengefaßt ergibt

$$\alpha_1(J_1\,\omega^2 - c_1) + \alpha_2\,c_1 = 0.$$

Mit $\alpha_1 = 1$ (Definition von α) folgt

$$\alpha_2 = \alpha_1 - \frac{\alpha_1\,J}{c_1}\,\omega^2.$$

Macht man den gleichen Ansatz für die zweite Differentialgleichung, so ergibt sich

$$\alpha_3 = \alpha_2 - \frac{\alpha_1\,J_1 + \alpha_2\,J_2}{c^2}\,\omega^2,$$

und so fort bis

$$\alpha_n = \alpha_{n-1} - \frac{\alpha_1\,J_1 + \alpha_2\,J_2 + \cdots + \alpha_{n-1}\,J_{n-1}}{c_{n-1}}\,\omega^2.$$

Damit ist der von Holzer und Tolle gefundene Weg zur Lösung klar: Man schätzt eine Eigenkreisfrequenz ω, berechnet nach obigen Gleichungen alle Werte α und kontrolliert, ob die Bedingung $\sum \alpha_k J_k = 0$ erfüllt ist. Wie man an der Gleichung für α_n sieht, wird diese Summe bei der Berechnung der α-Werte automatisch mitgebildet. Es ist nur noch erforderlich das Produkt $\alpha_n J_n$ zum Zähler des Bruches in der letzten Gleichung zu addieren und zu prüfen, ob der Zähler Null ist. Sollte das zufällig der Fall sein, so hatte man ω richtig angenommen. In den meisten Fällen wird das nicht zutreffen, man muß so lange mit anderen Annahmen für die Größe von ω weiter probieren, bis man eine hinreichend genaue Lösung gefunden hat. Eine Genauigkeit von 1 Promille des Wertes von ω ist immer ausreichend.

Die Berechnung nach Holzer-Tolle erfolgt am bequemsten mit folgendem Schema:

k	J_k	c_k	α_k	$\alpha_k J_k$	$\sum \alpha_k J_k$	$\dfrac{\omega^2}{c_k} \sum \alpha_k J_k$
1	J_1	c_1	$\alpha_1 = 1$	$\alpha_1 J_1$	$\alpha_1 J_1$	$\dfrac{\alpha_1 J_1}{c_1}\,\omega^2$
2	J_2	c_2	$\alpha_2 = \alpha_1 - \dfrac{\alpha_1 J_1}{c_1}\,\omega^2$	$\alpha_2 J_2$	$\alpha_1 J_1 + \alpha_2 J_2$	$\dfrac{\alpha_1 J_1 + \alpha_2 J_2}{c_2}\,\omega^2$
3	J_3	c_3	$\alpha_3 = \alpha_2 - \dfrac{\alpha_1 J_1 + \alpha_2 J_2}{c_2}\,\omega^2$	$\alpha_3 J_3$	$\displaystyle\sum_{k=1}^{3} \alpha_k J_k$	
$n-1$	J_{n-1}	c_{n-1}				
n	J_n	$-$	$\alpha_n = \alpha_{n-1} - \dfrac{\displaystyle\sum_{1}^{n-1} \alpha_k J_k}{c_{n-1}}$	$\alpha_n J_n$	$\displaystyle\sum_{k=1}^{n} \alpha_k J_k$	

In dem stark umrandeten Feld steht der „Restwert" $R = \sum_{k=1}^{n} \alpha_k J_k$, der gleich Null sein sollte. Beim Aufsuchen der Nullstelle hilft die Restwertkurve, die R als Funktion von ω darstellt. Sie hat immer das Aussehen von Abb. 81 und stets eine Nullstelle weniger als Drehmassen vorhanden sind. Die Zahl der Vorzeichenwechsel von α gibt an, welcher „Grad" der Eigenschwingung (Zahl der Schwingungsknoten) vorliegt.

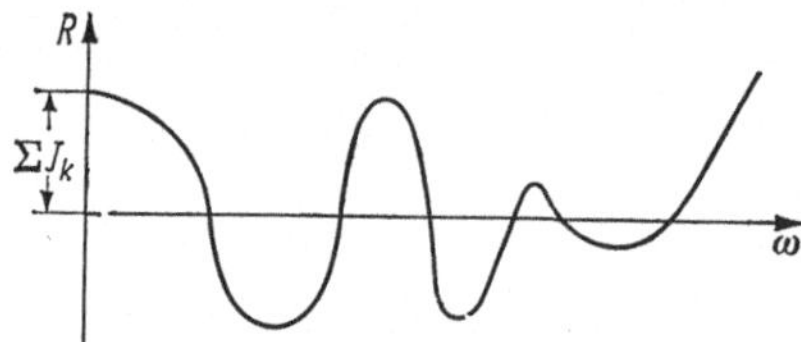

Abb. 81. Restwertkurve des Holzer-Tolle-Verfahrens

Wie ein Blick auf die Tabelle des Holzer-Tolle-Schemas zeigt, eignet es sich hervorragend zur Berechnung mit *programmierbaren Rechnern*, da in jeder Zeile der gleiche Rechenvorgang abläuft. Schon programmierbare Taschenrechner gestatten meistens die Durchrechnung für ein 10-Massen-System, Tischrechner ermöglichen die Kombination mit einem *Nullstellen-Suchverfahren*, das vollautomatisch alle Nullstellen der Restwertkurve und damit alle Eigenschwingungszahlen berechnet. Dadurch sind die sehr geistreich entwickelten früheren Rechenverfahren, die mit Zahlen- und Kurventafeln schneller zur Lösung führen sollten, heute uninteressant geworden. Man kann vielmehr sagen, daß das Holzer-Tolle-Verfahren wenn es noch nicht existierte, umgehend erfunden werden müßte, da es geradezu auf den Computer zugeschnitten ist.

Nachdem die Eigenkreisfrequenz des Schwingungssystems bekannt ist, müssen die Kreisfrequenzen der erregenden Kräfte bestimmt werden. Sie ergeben sich grundsätzlich aus der Fourier-Entwicklung (Harmonische Analyse) der Tangentialkraft eines Zylinders (Abb. 71), da üblicherweise wohl alle Zylinder gleiche Tangentialkraftdiagramme haben. Die Fourier-Koeffizienten der einzelnen Zylinder sind also gleich, sie müssen aber unter Berücksichtigung des Zündabstandes der Zylinder vektoriell zu einer „Ersatzerregerkraft" addiert werden. Bei Motoren mit gleichmäßigen Zündabständen stellt man fest, daß es bestimmte erregende Ordnungen x gibt, bei denen die Vektoren alle in die gleiche Richtung zeigen, sich also zu einer besonders großen Erregerkraft summieren. Es sind dies die Ordnungen, die der Zahl der Zündungen pro Umdrehung der Kurbelwelle entsprechen und ihre ganzzahligen Vielfache. Bei einem Sechszylinder-Viertaktmotor sind also kritische Ordnungen $x = 3$; $x = 6$; $x = 9$; usw., sie werden als „Hauptkritische" bezeichnet. Da die Fourier-Koeffizienten mit wachsender Ordnungszahl abnehmen, sind im allgemeinen nur die beiden untersten Hauptkritischen gefährlich.

Wenn die Zündungen sich in gleichen Abständen folgen, und alle Zylinder gleichmäßig arbeiten und wenn die Kurbelwelle sehr steif ist (kurz und dick!), so kommen tatsächlich nur die auf solche Art errechneten Erregerfrequenzen („Haupterregende") in Frage. Andernfalls machen sich noch zwischenliegende Ordnungen x bemerkbar, und zwar kommen *bei Zweitaktmaschinen* für x streng genommen *alle ganzen Zahlen* in Betracht, *bei Viertaktmaschinen* auch noch die dazwischenliegenden *halben*, also 0,5 1,0 1,5 2,0 2,5 3,0 usw. Davon sind bei Mehrzylinder-Reihenmotoren mit verhältnismäßig fedriger Kurbelwelle besonders jene Ordnungen x von Bedeutung, die sich als ganzzahlige Vielfache der *halben* Anzahl Zündungen/Umdrehung errechnen.

Also bei dem obigen Beispiel des Sechszylinder-Viertaktmotors: Anzahl Zündungen/ Umdrehung = 3, halbe Anzahl = 1,5

Als „nebenkritische" Ordnungen können also noch gefährlich werden $x = 1,5$; $x = 4,5$; $x = 7,5$; usw. Auch hier nehmen die Fourier-Koeffizienten mit steigender Ordnungszahl ab, nur die untersten zwei oder drei „Nebenkritischen" können Gefahr für die Kurbelwelle bedeuten.

Damit sind auch die Erregerkreisfrequenzen bekannt, nämlich $\Omega = x\omega_{\mathrm{KW}}$. *Kritische Drehzahlen* sind nun diejenigen, bei denen die Erregerkreisfrequenz mit der Eigenkreisfrequenz des schwingungsfähigen Kurbelwellensystems übereinstimmt:

$$\omega_e = \Omega = x\omega_{\mathrm{KW}}$$

oder, wenn man die Eigenkreisfrequenz in Schwingungen pro Minute ausdrückt, also

$$n_e = \frac{\omega_e\,60}{2\pi},$$

$$n_{\mathrm{krit}} = \frac{n_e}{x} = \frac{\omega_e\,60}{2\pi x}.$$

Besonders anschaulich stellen sich kritische Drehzahlen in einem Diagramm (Abb. 82) dar, das keiner weiteren Erklärung bedarf.

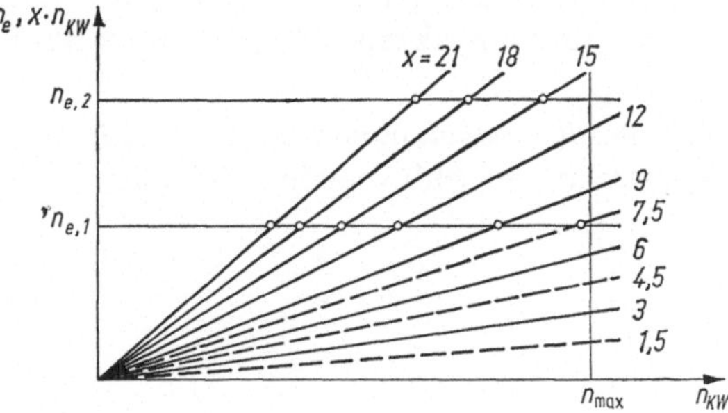

Abb. 82. Eigenschwingungszahlen, erregende Ordnungen und kritische Drehzahlen eines Sechszylindermotors

In kritischen Drehzahlen (und dem nächstumliegenden Drehzahlbereich) kann im Dauerbetrieb nicht ohne Gefahr von Schäden gefahren werden. Rasches Durchfahren kann jedoch ohne Gefahr geschehen, weil das Aufschaukeln der großen Schwingungsausschläge eine gewisse Zeit braucht.

Die *Verhütung großer Resonanzausschläge* muß und kann auf folgende Weise geschehen:

1. *Vermeiden der Resonanz*

a) *Verlegen der Betriebszahl.* Bei Wasserfahrzeugen z. B. durch Änderung der Propellersteigerung. Vermeidung kritischer Drehzahlen im Dauerbetrieb. Kennzeichnung der kritischen Drehzahlbereiche durch auffällig angemarkte Abschnitte auf den Drehzahlanzeigern (Tachometern).

b) *Verlegung der Eigenschwingungszahl* n_e durch Verkleinerung oder Vergrößerung der Schwungmassen, Verstärken oder Schwächen der Wellendurchmesser, Änderung der Wellenlängen oder der Aufkeilstellen der Massen. Künstliche „Verlängerung" der Welle durch hülsenförmig zurückkehrende Wellenstränge, durch federnde Kupplungen usw.

Sehr oft sind Schwungräder zu schwer bemessen und vertragen erhebliche Herabsetzung der Schwungmasse, sehr oft sind sie an ungünstiger Stelle (Schwingungsknoten) angeordnet und vermögen daher nur beim Anfahren oder bei Regelvorgängen Hilfe zu leisten, so daß sie gegebenenfalls mit Vorteil an günstigere Stellen der Wellenanlage (freies Ende!) versetzt werden können.

2. *Beeinflussung der erregenden Kräfte* durch Änderung der Kurbelfolge oder Zündfolge. Ändern der Zündfolge kann die Nebenkritischen beeinflussen, die Hauptkritischen werden aber nicht verändert. Bei V-Motoren ist es möglich, einen „falschen" V-Winkel zu wählen, nämlich nicht 360°/Zahl der Zündungen pro Umdrehung. Bei einem 12-Zylinder-Viertakt-V-Motor wäre der „richtige" V-Winkel 60°. Wählt man statt dessen 90°, so verschwindet die 6. Harmonische, also die niedrigste Hauptkritische, dafür werden aber andere Ordnungen verstärkt. Solche „falschen" V-Winkel sind nicht ungewöhnlich. Will man etwa eine Baureihe von Motoren mit 10, 12 und 16 Zylindern machen, so wären die richtigen V-Winkel 72°, 60° und 45°. Um aber alle Motoren auf den gleichen Bearbeitungsmaschinen zu fertigen, wird man bestrebt sein, sie alle mit dem gleichen Winkel auszuführen. Es bedarf dann sorgfältiger Überlegung und Nachrechnung einer Reihe von Varianten, um einen für alle Motoren akzeptablen Kompromiß zu finden.

3. *Tilgung der Erregung mittels angekoppelter schwingungsfähiger Gebilde,* z. B. einer federnd angetriebenen Schwungmasse am Maschinenende (Abb. 83).

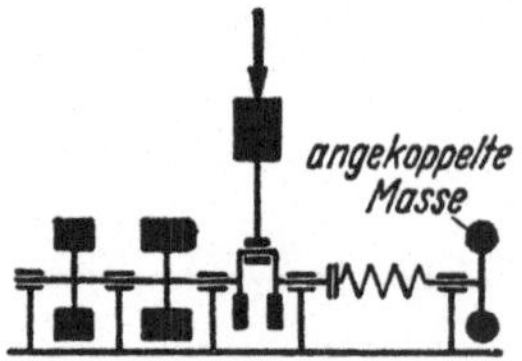

Abb. 83. Schwingungstilgung durch Ankoppeln eines schwingungsfähigen Gebildes (Schema)

Es wird damit erreicht, daß ein ganzer Teil der Wellenlage *bei einer bestimmten Drehzahl ohne Drehschwingungen* gleichförmig umläuft, während nur das angekoppelte Gebilde Schwingungen ausführt. Die Nachteile dieser Anordnung — nämlich: Schwingungsruhe nur bei *einer* Drehzahl und Hinzukommen einer neuen Eigenschwingungszahl — vermeidet das *Fliehkraftpendel.* Dieses schwingungsfähige Gebilde, das vorteilhafterweise in Form eines pendelnd angebauten Gegengewichts (Abb. 84) ausgeführt wird, vermag die Schwingungen einer bestimmten Ordnung x vollkommen *bei allen Drehzahlen* zu tilgen, ohne die Anzahl der kritischen Drehzahlen zu vermehren.

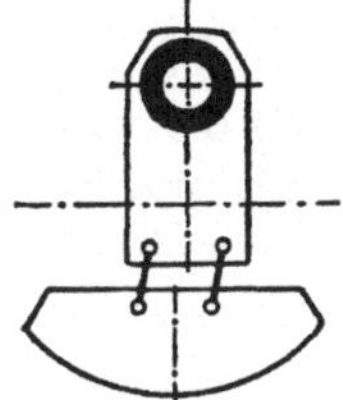

Abb. 84. Fliehkraftpendel (schematisch). (Nach Sarazin)

4. *Anbringen von Dämpfern*, welche die Entwicklung gefährlich großer Schwingungsausschläge durch Bremswirkung verhüten (Reibungsdämpfer, Flüssigkeitsdämpfer, Rutschkupplungen, Flüssigkeitskupplungen).

Reibung oder Wirbelung bedeutet Wärmeentwicklung und dementsprechenden Leistungsverbrauch. Fahrzeugmotoren und Flugzeugmotoren bevorzugen dieses Mittel, da mit *allen* Drehzahlen unbedingt sicher gefahren werden muß.

7 Dreh- und Kreiskolbenmaschinen

Um im Innern eines Motors einen Viertaktprozeß ablaufen zu lassen, benötigt man einen veränderlichen Innenraum, der während eines Arbeitsspiels zweimal groß und zweimal klein wird — und dazu periodisch öffnende Ein- und Auslaßorgane des Ladungswechsels und Einrichtungen zur Gemischbildung (Vergaser oder Einspritzpumpen) und Zündung.

Die übliche Kolbenmaschine, bei der ein zylindrischer Kolben in einem zylindrischen Innenraum zwei Hin- und Hergänge ausführt, ist keineswegs die allein denkbare konstruktive Lösung der Aufgabe. Aus der großen Vielfalt von bekannten Drehkolbenpumpen, Drehkolbengebläsen usw. weiß man, daß man periodisch sich vergrößernde und verkleinernde Räume mit ganz anderen Mitteln und Formen verwirklichen kann. Ihre Eignung als Motor hängt vor allem davon ab, ob die Lösung der *Dichtungs*frage, die über den bekannten und im großen Ganzen bewährten Kolbenring nicht mehr verfügen kann, befriedigend möglich ist, wie auch davon, ob man die nötige *Kühlung* ausreichend und nicht allzu verlustreich verwirklichen kann. Denn die neuartigen Dreh- oder Kreiskolbenmaschinen besitzen meist nicht den entscheidenden Vorteil des normalen Kolbenmotors, daß nämlich alle Wandteile des Arbeitsraumes, die den hohen Temperaturen der Zündung und Verbrennung ausgesetzt sind, in rascher periodischer Abwechslung auch mit den kühlen Temperaturen des Ladungswechsels in Berührung kommen und somit nur eine Durchschnittstemperatur verspüren.

Die Vorteile eines Motors, der *keine hin- und hergehenden Triebwerksmassen* mehr aufweist, sind einleuchtend. Oszillierende Massenkräfte treten nicht auf. Das Problem des Massenausgleichs existiert nur für die rotierenden Massen, wo es durch einfache Gegengewichte exakt lösbar ist. Sind nun auch noch alle hin- und hergehenden Massen und periodischen Federkräfte bei den Ein- und Auslaßorganen vermieden, so ist die bisher von dieser Seite her begrenzte *Höchstdrehzahl*

weit hinaufgeschoben. Sie wird durch das bei Höchstgeschwindigkeiten eintretende
Absinken des Füllungsgrades λ_L beim Ladungswechsel eine Grenze finden, die
nach bisherigen Entwicklungsergebnissen sehr hoch liegt und durch Aufladen noch
weiter hochgeschoben werden kann.

Es ist daher nicht verwunderlich, daß man sich seit dem Beginn der modernen
Maschinentechnik bemüht hat, Kolbenmaschinen zu bauen, bei denen die volu-
menveränderlichen Arbeitsräume durch rotierende Bauteile gebildet werden.
Die erste urkundlich belegte Maschine wurde im Jahre 1588 von dem italienischen
Ingenieur Agostino Ramelli beschrieben, ob er auch der Erfinder war, oder nur
eine schon bekannte Maschine darstellte, ist nicht bekannt. Es handelt sich dabei
um die auch heute noch verwendete Flügelzellen- (oder Vielzellen-) Pumpe. Mit
dem Aufkommen der Dampfmaschine bemühten sich viele Erfinder, Rotations-
dampfmaschinen zu bauen; auch James Watt entwarf eine solche Maschine, ob
je ein Versuchsmuster gebaut wurde, ist nicht bekannt.

Auch als die ersten Hubkolben-Verbrennungsmotoren erschienen, setzten
sehr bald Versuche ein, Rotationskolbenmotoren zu bauen. Sie scheiterten letzten
Endes alle entweder am oben erwähnten Dichtungsproblem oder an ungünstigen
Betriebseigenschaften, wie z. B. der Gnome-Rhone-Umlauf-Sternmotor, der große
Kreiselkräfte hervorrief und dadurch die Flugeigenschaften der mit ihm ausge-
rüsteten Flugzeuge des ersten Weltkrieges ausgesprochen ungünstig beeinflußte.
Der einzige Rotationskolbenmotor, der eine gewisse Bedeutung erlangt hat,
ist der von Felix Wankel erfundene, bei NSU entwickelte und 1960 erstmals der
Öffentlichkeit vorgestellte NSU-Wankelmotor.

Er benutzt als Gehäuse eine zweibogige Trochoide, in der ein Kolben von der
Form eines gleichseitigen Bogendreiecks planetenartig rotiert. Die Trochoide
läßt sich mathematisch sehr einfach beschreiben (Abb. 85).

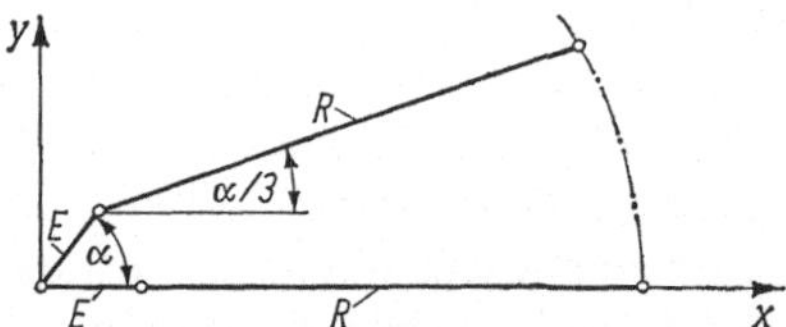

Abb. 85. Zur Entstehung einer Trochoide

Zwei Strecken E und R liegen in Strecklage auf der positiven x-Achse eines
Koordinatensystems. E rotiert mit der Winkelgeschwindigkeit ω um den Koordi-
natenursprung, schließt also nach einer Zeit t den Winkel $\alpha = \omega t$ mit der x-Achse
ein. R rotiert um den Endpunkt von E mit der Winkelgeschwindigkeit $\omega/3$, bildet
also nach der Zeit t den Winkel $\alpha/3$ mit der Richtung der positiven x-Achse. Der
Endpunkt R beschreibt die als Gehäusekontur benutzte Trochoide, deren Gleichung in Parameterform also lautet:

$$x = E \cos \alpha + R \cos \frac{\alpha}{3},$$

$$y = E \sin \alpha + R \sin \frac{\alpha}{3}.$$

Die Form der Trochoide ist vom Verhältnis R/E abhängig, das auch als K-*Faktor* bezeichnet wird, also $K = R/E$. Von dem K-Faktor ist auch das theoretisch mögliche maximale Verdichtungsverhältnis ε_{id} abhängig. Es läßt sich näherungsweise für den Bereich $5 \leq K \leq 10$ aus folgender Gleichung bestimmen: $\varepsilon_{id} = 2{,}6K$. Das sogenannte *ideelle Verdichtungsverhältnis* ε_{id} muß etwa doppelt so hoch gewählt werden wie dasjenige, das man in einem Motor tatsächlich ausführen will, da man im Kolben noch eine Brennraummulde unterbringen muß, die das tatsächliche Verdichtungsverhältnis herabsetzt.

Bei der oben beschriebenen Drehbewegung der Strecken E und R entstehen einige charakteristische Stellungen (Abb. 86). Wenn E einen vollen Umlauf von 360°

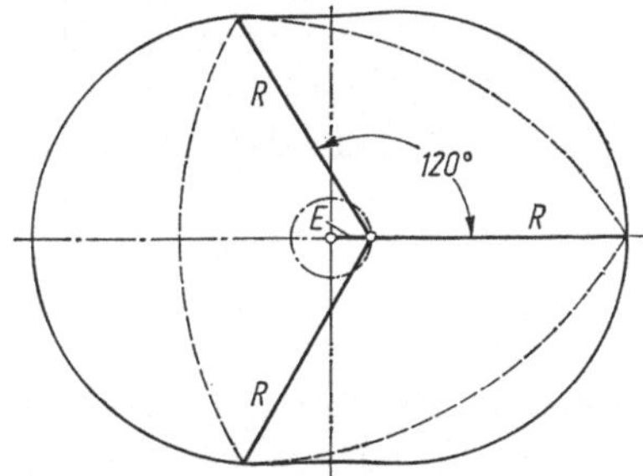

Abb. 86. Zur Entstehung des Wankelmotors

ausgeführt hat, schließt R einen Winkel von $360°/3 = 120°$ mit der positiven x-Achse ein. Offenbar kann man eine zweite Strecke R in Richtung der positiven x-Achse anhängen, die dem gleichen Bewegungsgesetz folgt wie die Erste. Ihr Endpunkt wird sich auf der „vorgezeichneten" Trochoide bewegen. Nach weiterer Drehung von E um 360° schließt die erste Strecke R mit der x-Achse einen Winkel von 240°, die zweite von 120° ein, es ist möglich eine dritte Strecke R anzuhängen. Verbindet man die drei Endpunkte der Strecken R miteinander und wölbt sie noch so weit nach außen, daß sie in keiner Stellung in der Trochoide „klemmen", so hat man bereits das Bild des Wankelmotors vor sich. In ihm bewegt sich also ein *Kolben von der Form eines regelmäßigen Bogendreiecks* mit seinem Mittelpunkt mit der Winkelgeschwindigkeit ω auf einer Kreisbahn, wobei der Kolben gleichzeitig um seinen Mittelpunkt mit der Winkelgeschwindigkeit $\omega/3$ im gleichen Drehsinne rotiert. Dabei sind die drei Ecken des Kolbens in dauerndem Kontakt mit dem trochoidenförmigen Gehäuse, und zwischen den Flanken des Kolbens und der Trochoide entstehen drei Kammern, deren Volumen sich kontinuierlich vergrößert und verkleinert. Die konstruktive Realisierung dieses Bewegungsgesetzes erfolgt durch eine Exzenterwelle, die den Kolbenmittelpunkt auf einer Kreisbahn führt, und durch ein Getriebe, das aus einem raumfest mit dem Gehäuse verbundenen Zahnrad mit dem Teilkreisdurchmesser $4 \cdot E$ und einem am Kolben befestigten Hohlrad (innenverzahntes Zahnrad) mit dem Teilkreisdurchmesser $6 \cdot E$ besteht.

Bei einer Umdrehung des Kolbens (also bei drei Exzenterwellenumdrehungen) ändert sich das Volumen einer Kammer zweimal vom Größtwert über den Kleinstwert zum Größtwert, ermöglicht also die Durchführung eines Viertakt-Arbeitsprozesses. Durch Kanäle im Umfang der Trochoide oder durch Öffnungen in den ebenen Seitenteilen läßt sich ohne Ventile oder sonstige Steuerungsbauteile der Ladungswechsel durchführen.

Das Hubvolumen (bei Wankelmotoren spricht man von „Kammervolumen") wird genauso definiert wie beim Hubkolbenmotor, also als Differenz zwischen Größt- und Kleinstvolumen einer Kammer. Es läßt sich einfach nach der hier ohne Herleitung wiedergegebenen Formel berechnen:

$$V_K = 3\sqrt{3}\,ERB,$$

wobei B die Breite der Trochoide, ihre axiale Erstreckung in Richtung der Exzenterwelle ist. Das Volumen einer Kammer ändert sich übrigens exakt nach einem Kosinus-Gesetz vom Maximum zum Minimum. Setzt man den Exzenterwinkel α (abweichend von Abb. 85) im „oberen Totpunkt", d. h. im Kleinstvolumen einer Kammer gleich Null, so folgt die Änderung des Kammervolumens dem Gesetz:

$$V_\alpha = V_e + \frac{V_K}{2}\left(1 - \cos\frac{2}{3}\,\alpha\right).$$

Auch die Gleichung für die Leistung eines Wankelmotors überlegt man sich leicht: Da bei drei Exzenterwellenumdrehungen alle drei Kammern des Kolbens ein volles Viertakt-Arbeitsspiel ausführen, kommt auf eine Umdrehung der Exzenterwelle ein Arbeitsspiel, wie bei einem Einzylinder-Zweitaktmotor. Man kann daher einfach die Leistungsgleichung des Zweitaktmotors benutzen, wobei das Kammervolumen an die Stelle des Hubvolumens tritt:

$$P_e = V_K\,p_{me}\,n.$$

Soll das Kammervolumen in Liter, die Drehzahl in Umdrehungen pro Minute, der mittlere effektive Druck in bar eingesetzt und die Leistung in Kilowatt erhalten werden, so gilt die Zahlenwertgleichung:

$$P_e = \frac{V_K\,p_{me}\,n}{600}.$$

Hat ein Wankelmotor z Kolben, so ist sinngemäß mit z zu multiplizieren, also

$$P_e = z\,V_K\,p_{me}\,n,$$

oder als Zahlenwertgleichung mit den oben gewählten Einheiten noch mit 600 im Nenner.

Das Kräftespiel im Wankelmotor ist einfach zu erklären (Abb. 87). Auf die Kolbenfläche A_K wirkt der Gasdruck p und erzeugt die Gaskraft $F = pA_K$, die auf den Kolbenmittelpunkt gerichtet ist. Sie hat den Hebelarm r zum Grundlagermittelpunkt, erzeugt also das Drehmoment $M_d = Fr$. Die Kolbenfläche A_K ist aber:

$$A_K = 2BR\sin 60° = \sqrt{3}\,BR.$$

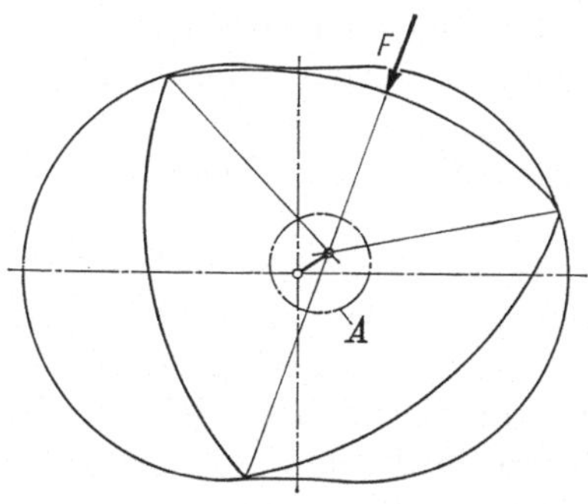 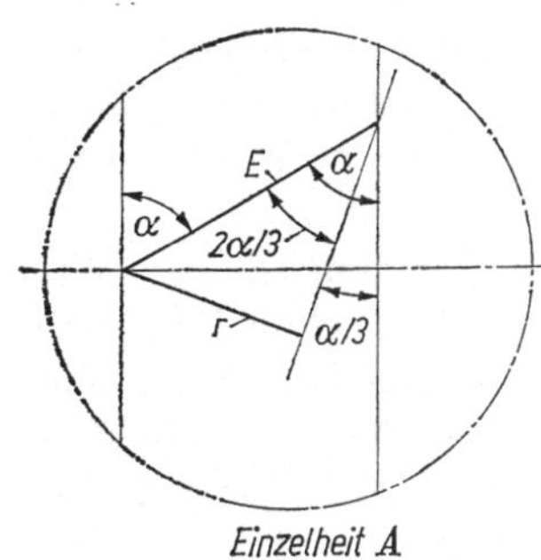

Abb. 87. Drehmoment am Wankelmotor

Aus der Darstellung in Abb. 87 rechts sieht man, daß für r gilt: $r = E \sin (2/3)\alpha$ womit sich die Gleichung für das momentane Drehmoment bei einem Exzenterwinkel α (mit $\alpha = 0$ in OT) ergibt:

$$M_d = p \sqrt{3}\, BRE \sin \frac{2}{3}\alpha$$

und für die Tangentialkraft $F_T = M_d/E$ folgt:

$$F_T = p \sqrt{3}\, BR \sin \frac{2}{3}\alpha.$$

Dies ist die Tangentialkraft einer Kammer. Um die gesamte Tangentialkraft aller drei gleichzeitig wirkenden Kammern zu ermitteln, läßt man zweckmäßigerweise eine Kammer das ganze sich über 1080° Exzenterwinkel erstreckende Viertakt-Arbeitsspiel durchlaufen und setzt dann die Tangentialkraft für einen Winkel α zusammen.

$$F_{T\alpha\text{ges}} = F_{T\alpha} + F_{T\alpha+360} + F_{T\alpha+720}.$$

Da die Wirkungslinie aller Gaskräfte durch den Kolbenmittelpunkt geht, wirkt auf den Kolben selber kein Drehmoment. Das Synchronisiergetriebe ist daher von den Gaskräften nicht durch ein Drehmoment belastet. Nur das kleine Reibmoment der Dichtelemente und Winkelgeschwindigkeitsänderungen der Exzenterwelle führen zu einer geringen Belastung, die mit schwachen Zähnen (kleiner Modul) leicht aufzunehmen sind. Der Kolben wirkt gewissermaßen nur als mechanisches Übertragungsglied, das die Gaskräfte direkt auf die Exzenterwelle überträgt.

Da der Wankelmotor *keine oszillierenden Massen* hat, tritt keine Tangentialkraft aus Massenkräften auf. Die aus der Masse des Exzenters und der Masse des Kolbens — deren Schwerpunkte beide im Abstand E von der Drehachse liegen — entstehende Fliehkraft kann auf einfache Weise mit *Gegengewichten an der Exzenterwelle* ausgeglichen werden. Der Wankel-Motor besitzt damit einen vollständigen Massenausgleich. Er benötigt natürlich wegen des schwankenden Drehmomentes wie jede Kolbenmaschine ein Schwungrad. Da aber bei einem Zweikolben-Wankel-

motor die Drehmomentschwankungen nur noch etwa so groß sind wie bei einem
Sechszylinder-Hubkolbenmotor, kann das Schwungrad relativ klein ausfallen.
Es wird in den meisten Fällen nach dem für die Kupplung erforderlichen Bau-
raum zu dimensionieren sein und nicht mit Rücksicht auf den Ungleichförmigkeitsgrad.

Das Dichtungssystem für den Wankelmotor unterscheidet sich im Aufbau —
nicht in der physikalischen Funktion — grundlegend von dem eines Hubkolben-
motors. Um die drei Kammern eines Kolbens gegeneinander abzudichten, befindet sich in einer Nut in jeder Kolbenecke eine Dichtleiste, auch Scheitelleiste
genannt. Sie wird durch den auf einer Seite höheren Gasdruck an die gegenüber-
liegende Nutflanke angelegt (Abb. 88). Durch den Spalt zwischen Dichtleiste

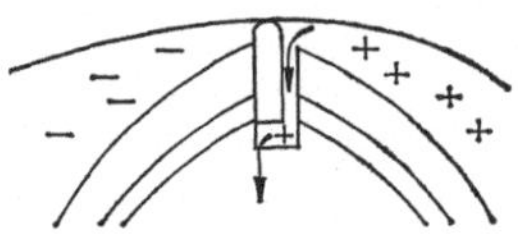

Abb. 88. Dichtsystem ohne Dichtbolzen

und Nutwand auf der Seite höheren Druckes gelangt der Gasdruck auch in den
„Nutgrund" unter der Leiste und drückt sie gegen die Trochoide. Da die Dichtleiste eine Schwenkbewegung gegenüber der Trochoiden-Normalen ausführt,
der maximale „Schwenkwinkel" φ ergibt sich aus

$$\sin \varphi_{\mathrm{max}} = \frac{3E}{R} = \frac{3}{K},$$

muß ihre Kuppe abgerundet sein. Damit wirkt der Gasdruck einer Kammer an der
Kuppe der Dichtleiste auch in dem Sinne, daß er versucht, die Leiste in den Nutgrund zu drücken, sie also von der Trochoide abzuheben. Da die wirksame Fläche
nur etwa halb so groß ist wie die Leistenfläche im Nutgrund, bleibt immer eine
in Richtung auf die Trochoide wirkende Kraft übrig. Allerdings nur, wenn der
Druckaufbau im Nutgrund rasch genug erfolgt, was wegen der Drosselung im
Spalt kritisch werden kann, vor allem bei hohen Drehzahlen, also schneller Druck-
änderung. Die Abstimmung des Dichtleistenspiels muß daher mit großer Sorgfalt
(Fertigungstoleranzen!) erfolgen, evtl. muß man die Drosselwirkung durch Gas-
führungsnuten in einer Flanke der Dichtleiste herabsetzen.

Um Gasleckagen zwischen Kolben und Seitenteil zu verhindern, werden an
den Kolbenseiten in bogenförmigen, im Querschnitt rechteckigen Nuten sogenannte
„Dichtstreifen" oder Seiten- oder Bogendichtungen angebracht. Die in Abb. 88
dargestellt „naive" Lösung ist nicht funktionsfähig! Überraschenderweise versagt dabei nämlich die Scheitelleiste völlig. Das ist nicht etwa auf Reibung zurückzuführen, die die Dichtstreifen auf die Scheitelleiste ausüben und sie in ihrer
freien Beweglichkeit hindert. Vielmehr kann sich bei der dargestellten Ausführung
im Nutgrund der Scheitelleiste kein Druck aufbauen, da das Gas frei in Richtung
Exzenterwelle abfließen kann. Die Scheitelleiste wird daher durch den auf ihrer
Kuppe wirkenden Gasdruck von der Trochoide abgehoben und dichtet nicht
mehr ab.

Um einen Druckaufbau im Nutgrund zu ermöglichen, wird ein Dichtbolzen
vorgesehen (Abb. 89). Er wird durch den Gasdruck, der hinter ihn in seinen Nut-

grund gelangt, axial gegen das Seitenteil gedrückt und dichtet damit den Nutgrund der Dichtleiste ab. Damit ist eine geschlossene Dichtgrenze um jede Kammer gelegt; die aus Fertigungsgründen (Toleranzen) und wegen der Wärmedehnungen notwendigen kleinen Spalte zwischen Dichtbolzen und Bogenleisten
können genau wie der Stoßspalt eines Kolbenringes in Kauf genommen werden.
Die dort auftretende Leckage kann (wie im Hubkolbenmotor durch mehrere
Kolbenringe) im Wankelmotor durch Anbringen mehrerer Bogenleisten weitgehend verringert werden.

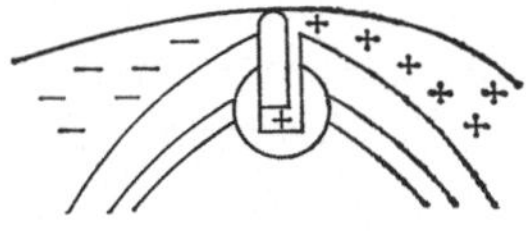

Abb. 89. Funktionsfähiges Dichtsystem
mit Nutgrundverschluß durch Dichtbolzen

Tatsächlich sind unter Dichtleisten, Dichtstreifen und Dichtbolzen Federn
angeordnet, die sie an die zugehörigen Dichtflächen anlegen. Sie sind aber nur
eine Starthilfe. Versuche mit Wankelmotoren ohne Federn ergaben eine einwandfreie Dichtheit, nur wurde zum Starten eines Motors mit 0,5 l Kammervolumen
eine Anlaßdrehzahl von 2000 min^{-1} erforderlich. Nach dem Anspringen des
Motors konnte die normale Leerlaufdrehzahl von 800 min^{-1} einwandfrei gefahren
werden. Dies beweist, daß allein der Gasdruck für die Abdichtung ausreicht
und auch nötig ist.

Der Wankelmotor hat eine flache, langgestreckte Form des Brennraumes,
entspricht also keineswegs den Forderungen, die im Abschn. II.7 an die Gestaltung eines Brennraumes gestellt wurden. Infolge der langen Brennwege erwartet
man eine große Klopfempfindlichkeit. Zum Glück hilft hier die Geometrie der
Maschine: Im Bereich des Zündtotpunktes besteht der Brennraum aus zwei
sichelförmigen Räumen, die durch die Kolbenmulde miteinander verbunden sind.
Im Verlauf der Drehung verkleinert sich die „nacheilende Sichel" während sich
die „voreilende" vergrößert. *Es muß daher eine Gasströmung von der nacheilenden
in die voreilende Sichel erfolgen,* deren Geschwindigkeit von der Drehzahl des
Motors und vom Querschnitt der Kolbenmulde abhängig ist. Bei den heutigen
Wankelmotoren liegt die Geschwindigkeit dieser *Quetschströmung* in der Gegend
von 70 m/s, wenn der Motor mit 6000 min^{-1} läuft. Der Gasströmung überlagert
sich die Flammengeschwindigkeit von rund 30 m/s, so daß in Drehrichtung des
Kolbens eine Flammenfront mit etwa 100 m/s durch den Brennraum läuft.

Das Gemisch brennt also sehr schnell durch und die Klopfneigung ist ausgesprochen gering. Verdichtungsverhältnisse $\varepsilon = 9$, die bei Hubkolbenmotoren
schon den Betrieb mit Superkraftstoff (ROZ = 98) erforderlich machen, lassen
sich im Wankelmotor noch klopffrei mit Normalbenzin betreiben.

Problematischer als beim Hubkolbenmotor ist die Emission von Kohlenwasserstoffen. Bedingt durch das große Oberflächen/Volumen-Verhältnis ist die Kohlenwasserstoffemission gut doppelt so hoch wie bei Hubkolbenmotoren vergleich-
baren Hubvolumens. Dies macht es erforderlich, eher zu außermotorischer Nachbehandlung der Abgase, z. B. mit thermischen Reaktoren, zu greifen. Andererseits ist die NO_x-Emission von Wankelmotoren deutlich niedriger als die ver-
gleichbarer Hubkolbenmotoren. Die Ursachen dafür sind noch nicht eindeutig

geklärt. Eventuell spielen niedrigere Verbrennungstemperaturen eine Rolle (Oberflächen/Volumen-Verhältnis), obwohl dagegen spricht, daß die Wirkungsgrade guter Wankelmotoren gleich denen von Hubkolbenmotoren sind. Vielleicht tritt auch, gerade bei Teillast, eine gewisse innere Abgasrückführung durch die dauernd offenen Auslaßkanäle ein, die bekanntlich ebenfalls die NO_x-Bildung verringert.

Gerade über die thermodynamischen Vorgänge im Wankelmotor ist noch wesentlich weniger bekannt als bei Hubkolbenmotoren. So sind z. B. die Wärmeverluste an das Kühlwasser trotz des großen Oberflächen/Volumen-Verhältnisses nicht größer als in Hubkolbenmotoren. Es konnte festgestellt werden, daß dies auf die gasseitigen Wärmeübergangszahlen zurückzuführen ist, die nur etwa halb so groß sind wie in Hubkolbenmotoren. Was aber eigentlich die Ursachen dafür sind, liegt noch weitgehend im Dunkeln.

IV Gestaltung und Berechnung

1 Grundsätze und Regeln für die Gestaltung

Ausgangspunkt für die Dimensionierung der Bauteile sind die Kräfte, die sich einerseits aus dem Arbeitsprozeß (Gaskräfte, Massenkräfte) ergeben, andererseits aus Schwingungen oder von einem angetriebenen Gerät her auf den Motor zurückwirken. Die Ausführungen S. 73ff. geben einen Überblick über Größe und Veränderlichkeit der Kräfte innerhalb des Triebwerkes während eines Arbeitsspiels. Im ersten Augenblick sieht es so aus, als habe man es überall mit wechselnden Beanspruchungen zu tun. In Wirklichkeit sind jedoch nur wenige Hauptbauteile einer wechselnden oder schwellenden Beanspruchung ausgesetzt, wie Kolbenstange, Kreuzkopfzapfen bzw. Kolbenbolzen, Pleuelstange, Kurbelwelle und Grundlagerdeckel. Dagegen sind fast alle Schrauben, Zuganker und Bolzen des Triebwerkes und das Gestell oder Kurbelgehäuse bei Zugankerkonstruktionen nur mit einer gleichbleibenden Zug- oder Druckvorspannung beansprucht, der sich eine geringe Beanspruchungsschwankung überlagert.

Am Beispiel der Zuganker (vgl. S. 73) sei diese Tatsache erläutert, die zu einer wichtigen Gestaltungsregel hinführt.

Durch das Anziehen der Mutter des Ankers kommen Anker und eingespannter Gußkörper (im folgenden „Hülse" genannt) unter Vorspannung, der Anker erfährt einen Zug, die Hülse einen gleich großen Druck von der Größe V N. Dabei dehnt sich der Anker infolge seiner Federeigenschaft (Elastizität) um die Strecke a, und die Hülse verkürzt sich unter der Druckbelastung um die Strecke b. In Abb. 90 sind diese Größen stark übertrieben angedeutet. Tritt nun durch den Zünddruck beim Arbeiten des Motors eine zusätzliche Kraft F auf, welche den Anker weiter dehnt, so addiert sich F keineswegs zu V, da die Vorspannung sich verringert, wenn die Hülse sich entsprechend der zusätzlichen Ankerlängung wieder ausdehnen kann. Die wirklichen Verhältnisse zeigt anschaulich Abb. 90. Der Anker längt sich zusätzlich um c, die Hülse dehnt sich daher um c aus und ver-

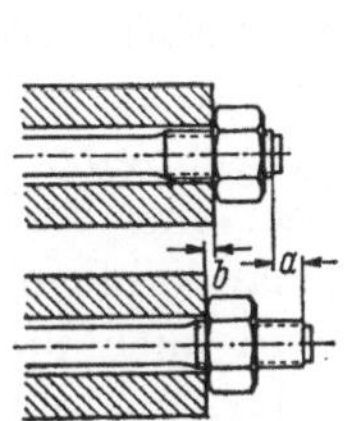

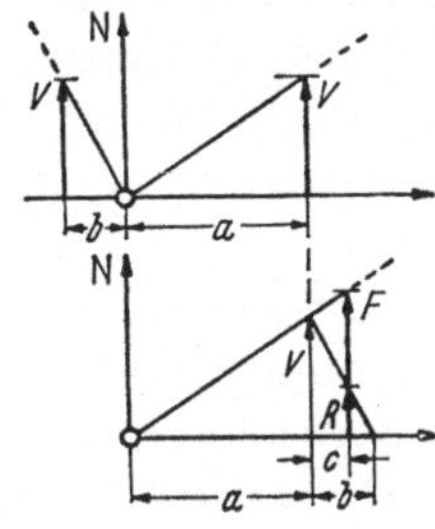

Abb. 90. Längung der Schraube und Zusammendrückung der Hülse beim Anziehen. Vorspannungsabnahme bei zusätzlicher Beanspruchung

liert an Vorspannung. Die Vorspannung V verschwindet geradlinig abnehmend bis auf den Rest R. Obwohl also F etwa die Größe von V hat, ändert sich die Gesamtbeanspruchung des Zugankers durch Hinzutreten von F nur wenig, nämlich von V auf $(F + R)$, ohne Richtungswechsel. Es handelt sich also tatsächlich um eine im wesentlichen stetige Vorspannung V mit einer *kleinen* überlagerten Schwankung. Diese Schwankung $(F + R) - V$ bleibt um so kleiner, je nachgiebiger die Schraube und je steifer die Hülse ist. Es ergibt sich also die wichtige Regel für den Gestalter von Motorenteilen:

Dehnbare Schrauben, steife Hülsen!

Wie fast immer, gibt es keine Regel ohne Ausnahme! Die Schrauben, die zur *Befestigung des Zylinderkopfes* am Kurbelgehäuse dienen, sollten *nicht als Dehnschrauben* ausgeführt werden. Wie Abb. 90 deutlich zeigt, wird die geringe Schwellbelastung in der Schraube mit einer hohen Schwellbelastung in der Hülse erkauft. Wenn im Verband der Hülse wie bei der Zylinderkopfbefestigung eine Dichtung liegt — die Hülse wird in diesem Falle gebildet aus Zylinderkopf, Zylinderkopfdichtung und Kurbelgehäuse oder Zylinderblock —, so wird die Dichtung stark schwellend beansprucht, was zu vorzeitigem Ausfall führen kann. Zylinderkopfschrauben sollten also in diesem Falle nicht als Dehnschrauben ausgeführt werden. Da sie meistens relativ lang sind (Länge größer als $10 \cdot d$) kommen sie — leider — in ihren Eigenschaften Dehnschrauben schon ziemlich nahe, es wäre also völlig falsch, sie auch noch mit einer „Taille" zu versehen.

Eine weitere Gefahr kommt bei langen Schrauben hinzu: Sie neigen zu Biegeschwingungen! Eine Nachrechnung der Biegeeigenfrequenz ist wegen der Unsicherheit der Vorspannung und etwaiger Vorspannungsänderung durch Wärmeverzüge wenig hilfreich. Selbst wenn scheinbar keine erregenden Kräfte entsprechender Frequenz vorhanden sind, die zu einer Resonanz führen können, stellt man immer wieder Biegeschwingungen von Schrauben fest. Abhilfe kann hier ein *Bund in der Mitte des Schraubenschaftes* schaffen, der mit geringem Spiel in die Bohrung paßt. Selbst wenn dann eine Schwingung auftritt, wird sie in ihrer Amplitude begrenzt und durch das Anschlagen des Bundes in der Bohrung gestört, so daß keine Gefahr von Biegedauerbrüchen mehr besteht. Leider sind derartige Schrauben mit Mittelbund teuer. In manchen Fällen genügt es, auf eine Normschraube in der Mitte eine Art Kerbverzahnung aufzuwalzen. Das im Kerbgrund verdrängte Material wächst als Spitze über den Schaftdurchmesser hinaus und bildet dadurch den „Bund". Bei genügend enger Schraubenbohrung können damit Biegeschwingungen wirksam bekämpft werden.

An allen anderen Verbindungsstellen sind kurze Schrauben ungünstig und werden erfahrungsgemäß leicht zerstört. Lange, elastische Schrauben sollten angestrebt und verwirklicht werden (s. Abb. 91).

Dieser Grundsatz gilt um so mehr, als viele Teile gewissen Wärmeverformungen beim Übergang vom Stillstand zum Vollastbetrieb unterworfen sind. Diese Wärmeverformungen bedingen ungeheure Kräfte in solchen Teilen, die zu steif sind, um den Verformungen nachgeben zu können. Kurze steife Schrauben werden abgerissen, Flanschen abgebrochen usw. Hier gilt es also, dehnbare Schrauben, federnde, weiche „Hülsen" anzuwenden, deren Beanspruchung sich bei einer Verformung nur wenig ändert und deren Vorspannung auch bei Formänderungen erhalten bleibt. Das gilt nicht nur für Kraftverbindungen, sondern auch für Dichtungen und Stopfbüchsen, die nicht durch pulsierende Kräfte beansprucht werden, wo nur *nachgiebige* Schrauben den dichthaltenden Kraftschluß auch bei Formänderungen der Einzelteile gewährleisten können.

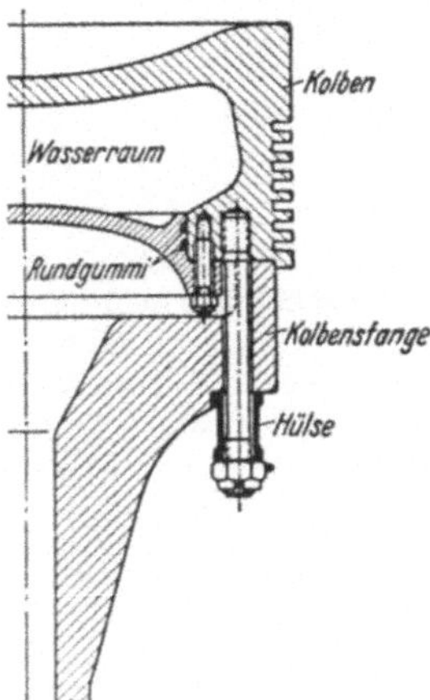

Abb. 91. Lange Schrauben am Arbeitskolben

Die Nachgiebigkeit der verspannten Teile beträgt natürlich nur kleine Bruchteile eines Millimeters, und man erkennt aus dieser Einsicht, daß es falsch ist, allzu viele Einzelteile mit durchgehenden Schrauben zusammenzupacken, wie es z. B. bei manchen Ausführungen von Treibstangenköpfen der Fall zu sein pflegt (vgl. Abb. 92). Durch Ineinanderprägen der nicht mathematisch ebenen, vielfach

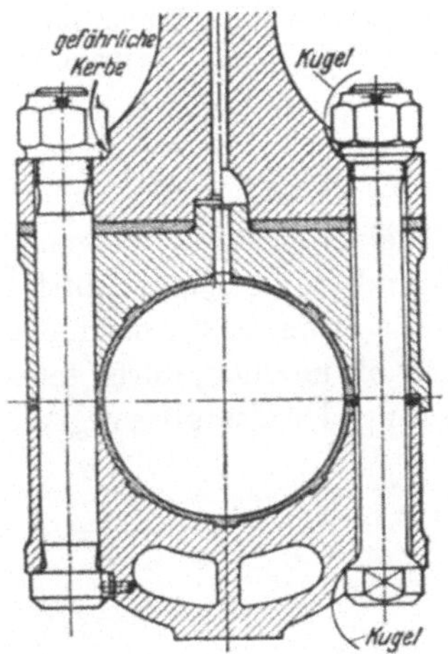

Abb. 92. Treibstangenkopf und Treibstangenschrauben. *Links:* Ausführung mit ausgerundeten Übergängen und Eindrehungen. Trotzdem Anrißgefahr! *Rechts:* Weitestgehende Vermeidung von Kerbwirkung, Verbiegung und einseitiger Auflage. Dehnbarere, biegeweichere Schraube. (Trotzdem viel zu viele Fugenflächen an Kompressionsbeilage und lagerspielkorrigierenden Blechpaketen!)

hohlliegenden Fugenflächen sowie durch „Ausbügeln" beigepackter Bleche verschwindet das kleine Maß $a + b$ (Abb. 90) und damit gleichzeitig die zur Aufrechterhaltung des dauerfesten Verbandes unumgängliche Vorspannung.

Eine weitere selbstverständliche Forderung, deren Nichtbeachtung stets zu Mißerfolgen führt, ist die *klare Kraftweiterleitung* ohne Umwege (Abb. 93), vor allem ohne Biegebeanspruchung in Gußteilen (Abb. 94).

Die modernen Verfahren der Spannungsoptik und die Berechnung von Beanspruchungen mit der Methode der finiten Elemente geben dem Konstrukteur heute

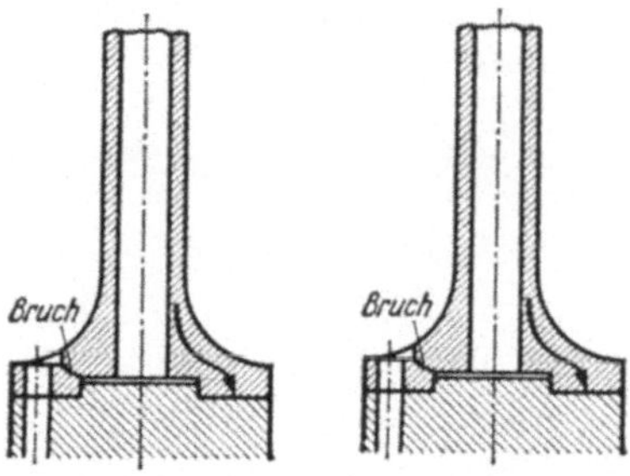

Abb. 93. Flanschbefestigung. Die unzweckmäßige Kraftleitung, die vergrößerte Biegebeanspruchung, die Steigerung der Kerbgefahr werden vermieden, wenn der Zentrierdurchmesser kleiner und ohne scharfe Einsprünge ausgeführt wird

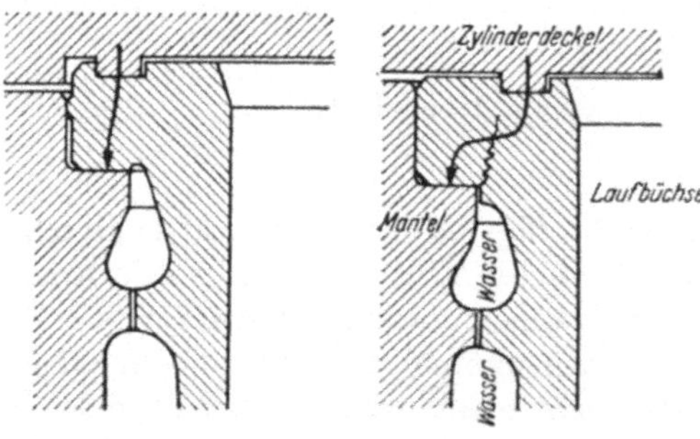

Abb. 94. Oberer Rand einer eingesetzten gußeisernen Laufbüchse. *Links:* Starke Biegebeanspruchung durch die Vorspannung der Zylinderdeckelschrauben, scharfe Einkerbung, Gefahr der Sprengung des Mantels bei Erwärmung des Büchsenrandes. *Rechts:* Verbesserte Ausführung

Hilfsmittel an die Hand, auch kompliziert geformte Teile einer Festigkeitsberechnung zugänglich zu machen. Dies gilt auch für Kerben und starke Querschnittsänderungen, die so weit wie möglich vermieden werden sollten, sich aber nicht immer umgehen lassen. Wie die Abb. 93 bis 96 zeigen, ist es oft möglich, durch relativ geringfügige Änderungen eine wesentliche Verbesserung der Gestaltfestigkeit zu erreichen.

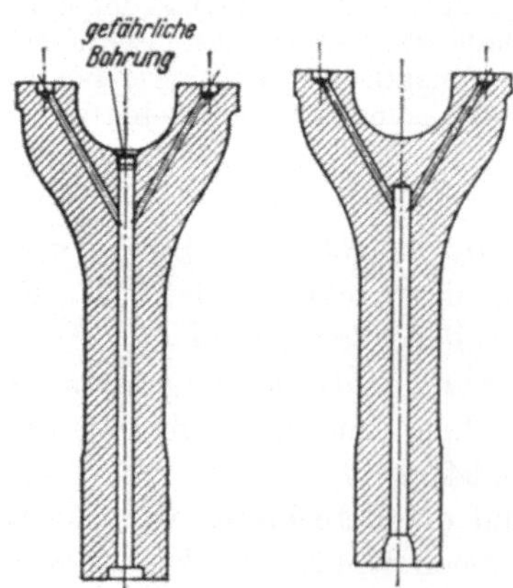

Abb. 95. Treibstangenschaft mit Schmierölbohrungen. *Links:* leichtsinnige Anbohrung der Zugfaser im Gabelgrund infolgedessen von dort ausgehende Anrisse und Brüche. *Rechts:* Unverletzte Außenfaser. Bohrgrund und Übergänge abrunden!

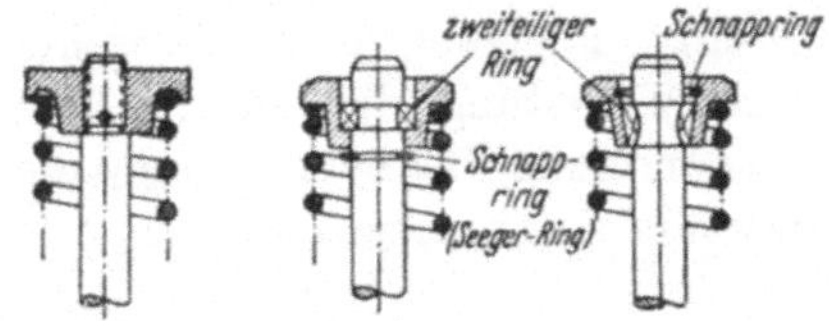

Abb. 96. Befestigung des Federtellers am Ende einer Ventilspindel. *Links:* Scharfe Einkerbungen durch Gewinde, Gewindeansatz und Stift. *Mitte:* Scharfe Einkerbungen für
zweiteiligen Einlagering und für Schnappring. *Rechts:* Keine scharfen Kerben

Eine recht scharfe Kerbe stellt auch jedes Gewinde dar. Hinzu kommt, daß
bei gleichem Elastizitätsmodul von Schraube und Mutter der erste Gewindegang
etwa 50% der Belastung zu tragen hat (Abb. 97). Da nämlich die Schraube auf
Zug, die Mutter dagegen auf Druck beansprucht wird, verhält sich die Verbindung
ähnlich, als ob ein Bolzen mit größerer Schraubensteigung in eine Mutter mit
kleinerer Steigung eingeschraubt wäre.

Erhebliche Besserung dieses Verhaltens erreichen alle Gestaltformen, die
auch das Muttergewinde auf Zug beanspruchen (s. Abb. 98), sie werden aber kaum
noch verwendet.

Besonders ungünstig ist die Norm-Stiftschraube: Beim Einschrauben klemmt
sie im Gewindeauslauf und erzeugt die in Abb. 99 links gezeigte Spannung in

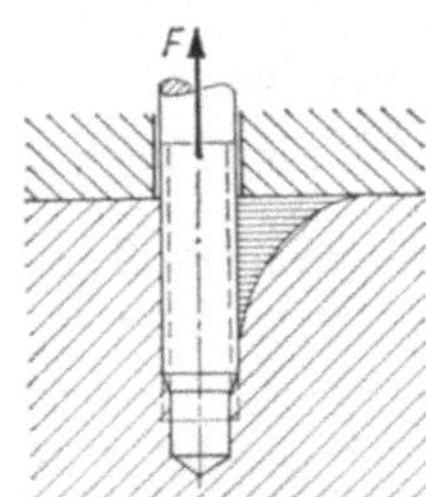

Abb. 97. Spannungen im Gewinde einer Schraube

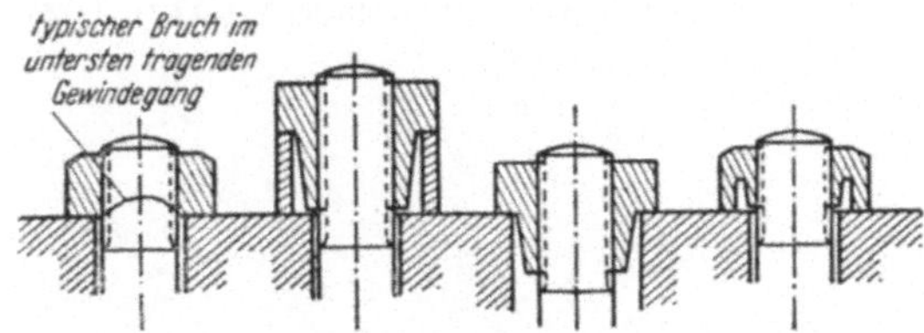

Abb. 98. Gewindeverbindung. *Links:* Gewöhnliche Mutter. *Rechts:* Formen mit erheblich
gesteigerter Dauerfestigkeit

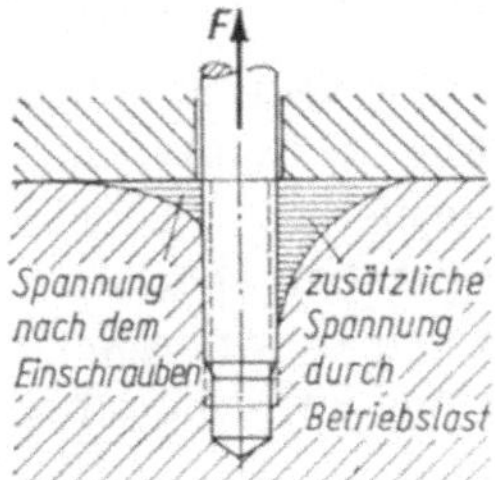

Abb. 99. Einschraubspannung und Betriebsspannung an einer
Stiftschraube

Mutter und Schraube. Kommt die Betriebslast F dazu, so erzeugt diese die rechts angedeutete — eventuell pulsierende — zusätzliche Belastung, die sich der Einschraubspannung überlagert. Dies gibt eine extrem hohe Beanspruchung, die leicht zum Bruch führen kann. Auf einfache Weise läßt sich eine wesentliche Verbesserung erreichen (Abb. 100).

Wird die Schraube mit einem Zapfen versehen, der sich im Gewinde-Sackloch abstützt, so entsteht die Einschraubspannung wie in Abb. 100 links dargestellt. Die Betriebslast F erzeugt die rechts dargestellte Spannung, die sich dann mit der Einschraubspannung zu einer recht gleichmäßigen Beanspruchung überlagert. Wieder ist aber eine Sonderschraube erforderlich. Abbildung 101 zeigt eine einfache Lösung mit einer passenden Kugel im Sackloch, womit die gleiche Wirkung wie mit der Zapfenschraube erreicht wird.

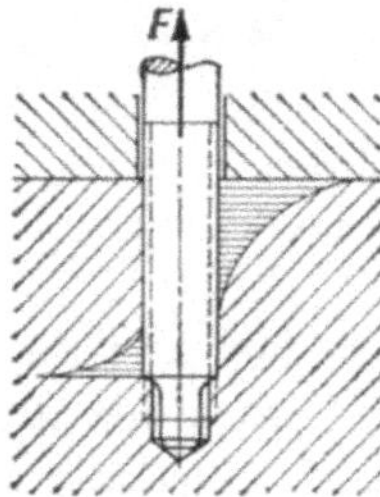

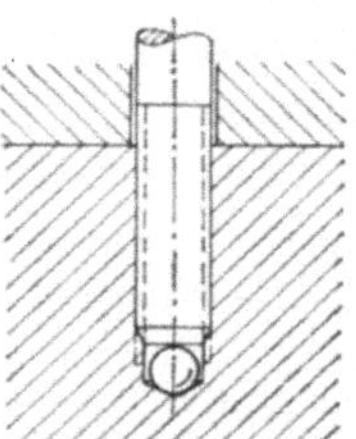

Abb. 100. Spannungen an einer
Stiftschraube mit Zapfen

Abb. 101. Kugel im Gewindegrund
einer Stiftschraube

Und wieder ist es erforderlich, alles vorstehend Gesagte einzuschränken! Die Regel, daß der erste Gewindegang die größte Belastung erfährt, gilt nur, wenn Schraube und Mutter gleichen Elastizitätsmodul haben.

Ist das Verhältnis $E_{\text{Schraube}}/E_{\text{Mutter}} \approx 2$, so trägt das Gewinde etwa gleichmäßig auf seiner ganzen Länge, wird $E_{\text{Schraube}}/E_{\text{Mutter}} > 2$, so wird der *letzte Gewindegang* durch die Betriebslast F am höchsten belastet (Abb. 102).

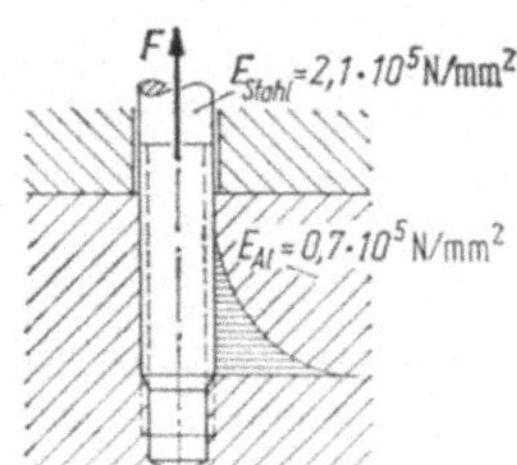

Abb. 102. Betriebsspannung an einer Stahlschraube
in Aluminium

Dieser Fall liegt dann vor, wenn eine Stahlschraube in Leichtmetall (Al) eingeschraubt wird ($E_{\text{Schraube}}/E_{\text{Mutter}} \approx 3$). Die Verwendung einer Schraube mit Zapfen wäre bei dieser Kombination ein grober Konstruktionsfehler. Vielmehr hat es sich in diesem Falle bewährt, die Schraube mit einer parabolischen Ausdrehung am unteren Ende zu versehen (Abb. 103). Die unteren Gewindegänge werden dadurch elastischer, weichen unter der Belastung aus und zwingen daher die oberen Gänge zum Mittragen.

Bei Gußteilen halte man sich vor Augen, daß die *Gußhaut* von der Herstellung her eine *Druck*vorspannung besitzt, die an sich als willkommener Umstand zu werten ist, der in gewissen Grenzen die Biege- und Zugfestigkeit des sonst verhältnismäßig spröden Stoffes steigert. Durch die zuletzt erfolgende Abkühlung und Schrumpfung der *inneren* Teile eines Gußstückes wird die schon früher er-

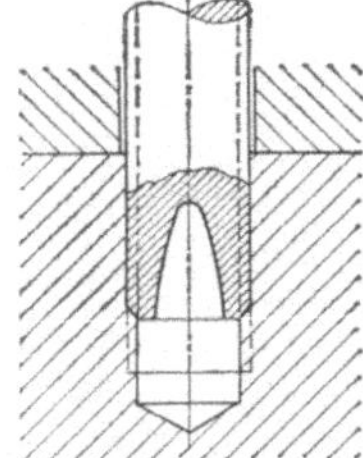

Abb. 103. Parabolische Ausdrehung einer Schraube zum Einschrauben in Leichtmetall

starrte Außenhaut gestaucht und unter Druck gesetzt. (Beim Abhobeln gegossener Gleitbahnen oder beim Ausschneiden von Probestücken aus einem Gußstück beobachtet man fast immer, daß die Stücke krumm werden.)

Verletzungen der Gußhaut führen also zu ungünstigen und unter Umständen gefahrvollen Störungen des Spannungszustandes. Andererseits ist die Gußhaut bekanntlich eine gedrängte Anordnung schlecht zusammenhängender Körner, deren viele feinen Trennungsspalten sich öffnen, wenn bei höherer Beanspruchung doch schließlich *Zug*spannungen in der Außenfaser auftreten. Die damit zusammenhängende geringe Widerstandsfähigkeit gegen höhere Zug- und Wechselbeanspruchung, namentlich an wasserberührten Oberflächen, ist somit erklärlich. Es wird daher empfohlen, die Gußhaut an höher beanspruchten Stellen, die zwanglose Bearbeitungsmöglichkeit bieten (Laufbüchse), wegzudrehen oder wegzuhobeln, an unzugänglichen Stellen (z. B. Inneres des Zylinderdeckels) jedoch auf besonders saubere, durch Kernfugen und andere Verletzungen möglichst ungestörte Gußhaut zu achten, vor allem an den einseitig geheizten Wänden, deren kältere Wandseite heftige Zugbeanspruchungen erfährt, wenn die geheizte Oberfläche sich ausdehnen will.

Die Gefahr der Verrottung durch Wasserangriff ist besonders schlimm bei wechselnd beanspruchten Maschinenteilen. Eine kleine Angriffsstelle wirkt wie jede Oberflächenverletzung als Anriß und Bruchursache. Die stark beanspruchten Kolbenstangen doppeltwirkender Maschinen z. B., in deren Innerem das Kolbenkühlwasser zu- und abgeleitet werden muß, werden gegen Wasserberührung durch eingewalzte Metallrohre geschützt.

Die Bemessung einzelner Bauteile kann nicht immer lediglich nach dem Gesichtspunkt der Haltbarkeit erfolgen, sondern es muß große Formsteifigkeit erzielt werden, wenn diese Bauteile ihren Zweck erfüllen sollen (Abb. 104). Gleitbahnen und Gleitschuhe müssen steif und kräftig ausgeführt werden, wenn sie unter den auftretenden Kräften ihre Form genügend genau beibehalten sollen. Vor allem gilt dies aber von drehbeanspruchten Teilen, Wellen und Achsen, deren Fedrigkeit gewöhnlich unterschätzt wird. Die Steuerwelle, die nur rund $^1/_{100}$ des Kurbelwellendrehmomentes auszuhalten hat, wird unverhältnismäßig dick ausgeführt, um steif genug zu sein und die Öffnungs- und Schließzeiten der Ven-

tile bei allen Zylindern genau einhalten zu können. Dasselbe betrifft die Regelwelle und ähnliche Fernleitungsgestänge, die man tunlichst überhaupt nicht als
Drehwellen, sondern als Zugstangen ausbilden soll.

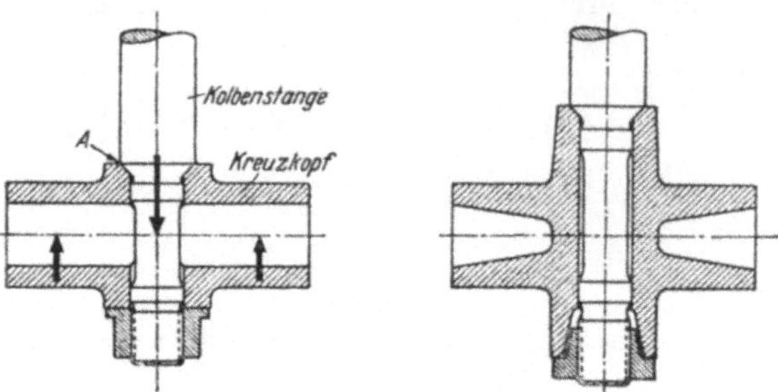

Abb. 104. Befestigung der Kolbenstange im Kreuzkopf eines Großmotors. *Links:* Die Aufsitzstelle *A* wird rasch zerstört, da sie an den wechselnden Verbiegungen des verhältnismäßig weichen Kreuzkopfes teilnimmt. *Rechts:* Kreuzkopf steifer, Aufsitzflächen aus dem
Verformungsbereich herausgehoben, längere Schraube, steifere Hülse, haltbarere Mutterform

Der Grundsatz, *steif* zu bauen, hat hervorragende Bedeutung für die Führungen
von Ventilen, Nadeln, Pumpenstempeln usw., wo jede Formveränderung — sei
es durch Verspannen beim Einschrauben oder beim Arbeiten der Maschine, sei
es durch Wärmeverformung — die Beweglichkeit der mit engster Passung feinstbearbeiteten Stempel gefährdet oder unmöglich macht.

Wesentlich für die Gängigkeit solcher Ventilspindeln und Stempel ist auch der
Grundsatz, nur *axiale Kräfte* auf die Spindel auszuüben, allerhöchstens achsenparallele, keineswegs aber quer- und schrägwirkende Kräfte zuzulassen, welche
die Spindel festklemmen könnten (Abb. 105).

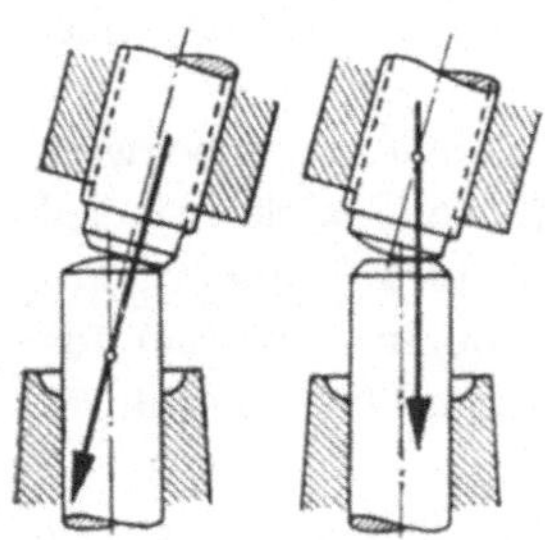

Abb. 105. Kraftrichtung beim Niederdrücken einer
Ventilspindel

Hierzu gehören auch die Seitenkräfte, die beim Umlenken einer Strömung entstehen, so daß z. B. Rückschlagventile stets sauber in der Achse einer symmetrischen Strömung angeordnet werden müssen, wenn sie nicht Gefahr laufen sollen,
seitlich herangeklemmt zu werden (Abb. 106).

Teile, die mit enger Passung führen sollen, müssen selbstverständlich davor
geschützt sein, daß sie durch Stauchung ihre Form verändern und nachher

klemmen. Hubbegrenzende Anschläge dürfen daher nichts mit solchen Führungsprismen zu tun haben.

Erfahrungsgemäß ist die einfache Verbindung einer Nabe mit einer Welle durch Paßfedern oder Scheibenfedern einem dauernden Lastwechsel nicht gewachsen, die Verbindung beginnt auszuschlagen und ist dann bald zerstört. Bei wechselnder Beanspruchung bringt nur die Verbindung durch Kraftschluß (Reibung) die nötige Betriebssicherheit, vorausgesetzt, daß sie richtig dimensioniert ist.

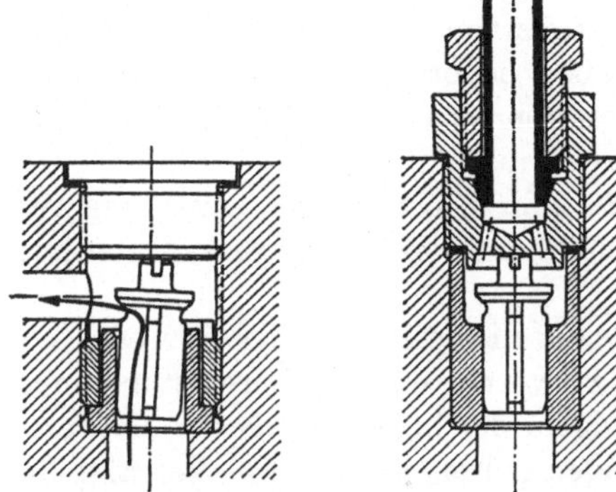

Abb. 106. Rückschlagventile. *Links:* Unverläßliches Arbeiten des Ventils in abknickendem Strömungsweg. *Rechts:* Ventil in symmetrischer Strömung

Ist dies nicht der Fall, so tritt durch *Mikrobewegungen* in der Teilfuge der sogenannte „*Passungsrost*" oder „*Reibrost*" auf, der zu einem Vorspannungsverlust und damit zum Versagen führt. Auch hier sei wieder auf die unbedingt erforderliche Formsteifigkeit hingewiesen, um solche Mikrobewegungen zu verhindern. Wie der Reibschluß erzeugt wird (Schrumpfpassung, Konus, Vorspannung durch Schrauben) ist vom jeweiligen Anwendungsfall abhängig und für die Verbindung im Grunde nebensächlich.

Die Last- und Bewegungswechsel der Kolbenmaschine bringen es mit sich, daß auf die *Sicherung* der Verbindungen, vor allem an bewegten oder unzugänglichen Teilen, besonderer Wert gelegt wird. Während man früher dem Kraftschluß, d. h. der Reibung, nicht recht vertraute und Formschluß vorsah (Kronenmuttern, Sicherungsbleche), findet man solche Sicherungen nur noch bei Großmotoren, wo sie teilweise auf Grund von Vorschriften der Versicherungen (Klasssifikationsgesellschaften) verwendet werden. Bei Klein- und Mittelmotoren hat sich die „Sicherung" durch richtig dimensionierte Vorspannung praktisch völlig durchgesetzt. Durch Anzug von Schrauben mit definiertem Drehmoment oder besser noch mit festgelegtem Verdrehwinkel, sowie durch hydraulisches Vorspannen und „Anlegen" von Muttern ist heute eine Sicherung des Reibschlusses zu erreichen, die anderen formschlüssigen Sicherungen mindestens gleichwertig, eher aber überlegen ist.

Ein wichtiger Gesichtspunkt für die Konstruktion ist die einfache Montierarbeit oder Austauschbarkeit von Bauteilen. Festsitzende Teile müssen mit Abdrückschrauben oder Abziehvorrichtungen auseinandergedrückt werden können, entsprechende Abdrückgewindelöcher oder Ansatzstellen für Abziehvorrichtungen müssen vorgesehen werden.

Bei Preßpassungen, die gelegentlich gelöst werden müssen, hat sich das *Preß-ölverfahren* bewährt, bei dem die „Nabe" durch in die Paßfuge gepreßtes Öl aufgeweitet wird. Entsprechende Bohrungen und Anschlüsse müssen vorgesehen werden.

Ventile und ähnliche Teile müssen eingeschliffen oder nachgeschliffen werden können, sie müssen also die Möglichkeit bieten, eine Drehvorrichtung anzuschließen (Abb. 106).

Gewinde in Gußeisen- und Leichtmetallteilen vertragen kein öfteres Lösen und Wiedereinschrauben. Also Durchgangsschrauben bevorzugen oder fest im Gußkörper verbleibende Stiftschrauben, bei denen aber das auf S. 111 Gesagte über die Beanspruchung im Gewinde beachtet werden muß.

Schwere Teile müssen Ösen oder Gewinde zum Einschrauben von Tragösen erhalten. Man ist in manchen Fällen zur Ausbildung von Sonderwerkzeugen und Ausbauvorrichtungen gezwungen.

Bei Gußteilen mit Innendruck ist besonders auf die nötige Steifigkeit zu achten, ebene Wände sind zu vermeiden oder gut zu verrippen, die Berechnung muß unter Zugrundelegung des *Probe*druckes erfolgen, der höher ist als der Betriebsdruck. Bei einseitig wärmeausgesetzten Wänden gelten jedoch mit Vorrang die auf den S. 122ff. erklärten Gestaltungsregeln.

Luft- oder Dampfsäcke sind schlechte Wärmeleiter und führen zu örtlichen Werkstoffüberhitzungen. Luftsäcke in Hochdruckkraftstoffleitungen verändern ihren Rauminhalt stark bei den wechselnden Förderdrücken und verhindern so eine gleichmäßige Zumessung von Kraftstoff auf die einzelnen Hübe und die einzelnen Zylinder.

Zum Schluß möge noch die Wichtigkeit strömungsgerechter Ausbildung aller Wasser, Öl usw. führenden Kanäle, Leitungen, Hohlräume, Abzweigungen, Absperr- und Regelteile betont sein, deren Vernachlässigung nicht nur zu Drosselverlusten, sondern zu gefährlichen Verrottungserscheinungen, Beschränkung der Literleistung des Motors und ernsten Regel- oder Kühlschwierigkeiten führen kann.

Erst alle diese Einzelheiten, von denen nur eine Auswahl aufgeführt ist, formen eine betriebs- und marktreife Maschine, und die Aufzählung dieser maschinenbaulichen Grundregeln bei einer Einführung in den Kraftmaschinenbau ist daher genau so wichtig und leistet dem Anfänger ebenso großen Dienst wie die vorausgeschickte eingehende Begründung der Kreisprozesse.

2 Dimensionierung des Kurbeltriebes

Die Berechnung einer Kurbelwelle ist heute mit recht guter Genauigkeit möglich, doch setzen alle Berechnungsverfahren voraus, daß die Abmessungen der Welle bereits festgelegt sind. Um zu einem ersten Entwurf zu gelangen, muß man sich zunächst mit Faustformeln behelfen, die nichts mit einer Berechnung zu tun haben, sondern nur ein Hilfsmittel sind, zu einer ersten, nicht zu weit vom Optimum entfernten Dimensionierung zu kommen.

Man kann, wenn D der Zylinderdurchmesse ist, etwa folgende Abmessungen annehmen (Abb. 107):

$$d_K \approx 0{,}7 \cdot D,$$
$$\varrho \approx 0{,}045 \cdot D,$$
$$L_K = l_K + 2 \cdot \varrho \approx 0{,}34 \cdot D \quad \text{bei Reihenmotoren,}$$
$$L_K \approx 0{,}6 \cdot D \quad \text{bei V-Motoren mit zwei nebeneinander liegenden Pleuelstangen,}$$
$$d_W \approx 0{,}8 \cdot D,$$
$$L_W = l_W + 2 \cdot \varrho \approx 0{,}3 \cdot D.$$

L ist der Zylinderabstand, der sich bei wassergekühlten Reihenmotoren aus Zylinderdurchmesser, Wandstärke des Zylinders, Wasserraum zwischen den Zylindern und bei nassen Zylinderlaufbuchsen durch die Dicke der Zwischenwand zwischen den Zylindern ergibt.

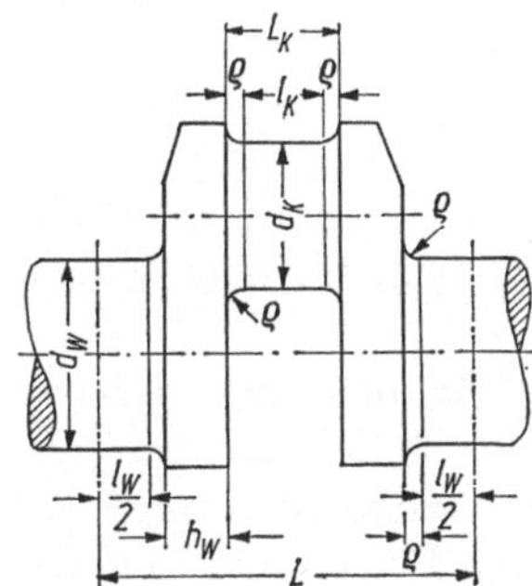

Abb. 107. Hauptabmessungen einer Kurbelkröpfung

Bei luftgekühlten Reihenmotoren wird der Zylinderabstand im wesentlichen durch die Verrippung von Zylinder und Zylinderkopf bestimmt. Bei V-Motoren ergibt sich der Zylinderabstand vom Triebwerk her, wobei auf ausreichende *Wangenstärke* h_W zu achten ist.

Ein weiteres Kriterium für die Grundauslegung sind die Nennspannungen, die unter der Wirkung des Spitzendruckes der Verbrennung auftreten. Mit F_Z als Gaskraft auf den Kolben sollten etwa die folgenden Nennspannungen eingehalten werden:

$$\text{Kurbelzapfen:} \quad \sigma_{bzul} = \frac{F_Z L}{4} \cdot \frac{32}{\pi d_K^3} \approx 40 \text{ bis } 70 \text{ N/mm}^2,$$

$$\text{Kurbelwange:} \quad \sigma_{bzul} = \frac{F_Z}{2} \cdot \left(\frac{l_W}{2} + \varrho + \frac{h_W}{2}\right) \frac{6}{b h_W^2} \approx 80 \text{ N/mm}^2,$$

wobei b die Wangenbreite senkrecht zur Zeichenebene von Abb. 107 ist.

$$\text{Wellenzapfen:} \quad \sigma_{bzul} = \frac{F_Z}{2} \cdot \left(\frac{l_W}{2} + \varrho\right) \cdot \frac{32}{\pi d_W^3} \approx 10 \text{ bis } 15 \text{ N/mm}^2.$$

Aus den niedrigen „zulässigen" Beanspruchungen sieht man sofort, daß obige Gleichungen nicht mehr als eine *Dimensionierungshilfe* sind. Mit den tatsächlichen Beanspruchungen haben sie kaum zu tun, es ist also unbedingt erforderlich, nach den aus der Literatur bekannten Verfahren eine exakte Nachrechnung vorzunehmen.

Bei Schiffsmotoren sind für die Kurbelwellendimensionierung die Vorschriften der Klassifikationsgesellschaften (Germanischer Lloyd, Britischer Lloyd, Bureau Veritas u. a.) zu beachten. Als Beispiel sei die Vorschrift des Germanischen Lloyd für die Zapfendimensionierung angegeben:

$$d_K = \sqrt{D^2 \left(\frac{H p_{mi}}{\alpha} + \frac{L p_Z}{650} \right) C_1 \cdot C_W} \quad \text{in cm}$$

mit
D Zylinderdurchmesser in cm,
H Kolbenhub in cm,
L Grundlagermittenabstand in cm,
p_{mi} mittlerer indizierter Druck in kp/cm²,
p_Z Spitzendruck der Verbrennung in kp/cm²,
α, C_1, C_W Beiwerte.

Man beachte die Druckangaben im *alten Technischen Maßsystem!* Für Einzelheiten muß auf die Bestimmungen der Klassifikationsgesellschaften verwiesen werden, die natürlich auch Vorschriften für die Kurbelwangen, für den Wellenwerkstoff usw. enthalten.

Mit den auf S. 117 angenommenen Abmessungen von Wellen- und Kurbelzapfen ergeben sich mittlere Lagerbelastungen, bezogen auf die projizierte Lagerfläche ld, die nur noch vom Zünddruck p_Z abhängen. Für den Kurbelzapfen gilt $p_m = 4{,}5 \cdot p_Z$ und für die Wellenzapfen wird $p_m = 2{,}35 \cdot p_Z$. Bei 100 bar Spitzendruck sind das für den Kurbelzapfen $p_m = 450$ bar und für den Wellenzapfen $p_m = 235$ bar. Dies sind Werte, die nur mit gehärteten Lagerzapfen und modernen dünnwandigen Dreistofflagern beherrschbar sind. Bei schnellaufenden kleinen Dieselmotoren (Lkw-Motoren) werden heute am Kurbelzapfen mittlere Flächendrücke bis zu $p_m = 600$ bar, am Wellenzapfen bis zu $p_m = 350$ bar und am Kolbenbolzenlager im Pleuel bis zu $p_m = 700$ bar ausgeführt. Muß, wie bei Großmotoren üblich, mit vergüteten Zapfen gefahren werden, so sollten die Flächendrücke am Kurbelzapfen 200 bar, am Wellenzapfen 120 bar nicht überschreiten. Im oberen Pleuellager großer Zweitaktmotoren, das dauernd unter einer zur Kurbelwelle hin gerichteten Kraft steht, sollten die Flächendrücke 150 bar nicht überschreiten.

Wieder muß ausdrücklich darauf hingewiesen werden, daß die Auslegung der Lagerzapfen nach Flächendrücken *nichts mit einer Berechnung* zu tun hat. Diese hat nach der hydrodynamischen Schmiertheorie zu erfolgen, wobei die dauernde Änderung von Größe und Richtung der Kräfte berücksichtigt werden muß. Es ist heute möglich, solche instationär belasteten Gleitlager sehr exakt zu berechnen, worauf hier nicht näher eingegangen werden kann. Eine gute Einführung mit durchgerechneten Beispielen findet sich in Band 8, Teil 1, des Sammelwerkes „Die Verbrennungskraftmaschine", hrsg. von H. List (s. Literaturverzeichnis). Als wesentliches Ergebnis einer solchen Lagerberechnung ergibt sich die Verlagerungsbahn des Lagerzapfenmittelpunktes im Spielkreis. Wesentliches Kriterium für die Beurteilung, ob ein Lager ausreichend dimensioniert wurde, ist der kleinste auftretende Schmierspalt, der größer als die Summe der Oberflächenrauhigkeiten von Zapfen und Lager sein muß, um verschleißfreien Betrieb zu gewährleisten.

In Klein- und Mittelmotoren werden als Grund- und Pleuellager fast ausschließlich sogenannte Dreistofflager verwendet. Sie bestehen aus einer Stahlstützschale (C 10), einem Bleibronzeausguß (SnPbBz 22) und einer galvanisch aufgebrachten Weißmetallschicht (LgSn 80). Bei einem Lager für 60 mm Wellendurchmesser betragen die „Wandstärken" etwa: Stahl 2 mm, Bleibronze 0,3 mm, Weißmetall 0,01 mm. Bei größeren Wellendurchmessern steigen natürlich auch die Lagerwandstärken, doch ist man bemüht, die Bleibronze- und Weißmetallschichten so dünn wie möglich zu machen.

Der Sinn dieser Konstruktion ist folgender: Dicke Weißmetallschichten vertragen nur relativ geringe Flächendrücke (Öldrücke im Schmierspalt) ohne wegzufließen, das gleiche gilt bei höherem Druckniveau auch für Bleibronze. Eine dünne Bleibronzeschicht wird durch den darunterliegenden Stahl abgestützt und erreicht dadurch eine vielfach bessere Tragfähigkeit.

Die dünne galvanische Weißmetallschicht dient als Einlaufschicht, um Fertigungsungenauigkeiten (schiefe Stellung der Lager, Fluchtfehler, Oberflächenrauhigkeiten) auszugleichen. Bei sorgfältig konstruierten und gefertigten Motoren stellt man im allgemeinen fest, daß auch nach langen Laufzeiten die Weißmetallschicht noch nicht abgetragen ist, was ein Beweis für praktisch verschleißfreien Lauf bei einwandfreier hydrodynamischer Schmierung ist. Dreistofflager erfordern immer gehärtete Lagerzapfen.

Bei Großmotoren ist das Härten der Lagerzapfen nicht, oder nur unter nicht tragbarem Aufwand möglich. Dem muß, wie oben schon dargestellt, durch niedrigere Flächendrücke Rechnung getragen werden. Auch das fluchtende Ausbohren der Grundlager und Grundlagerdeckel in einer eventuell 15 m langen Grundplatte ist naturgemäß nicht so exakt möglich, wie in einem nur 0,5 m langen Kurbelgehäuse eines Pkw-Motors. Hier verwendet man notwendigerweise auch heute noch Lagerschalen mit einem vergleichsweise dicken Weißmetallausguß, bemüht sich aber dennoch, diesen so dünn wie möglich auszuführen.

Die wesentliche Beanspruchung für ein Lager ist der Öldruck, der durch den hydrodynamischen Schmierkeil entsteht. Bei einem Lager mit dem Verhältnis Länge/Durchmesser $= 0,5$ und einem engsten Spalt im Betrieb, der 10% des maximal möglichen Spaltes bei zentrischem Lauf beträgt, erreicht der maximale Öldruck Werte von etwa $5 \cdot p_m$. Da bei der Berechnung des instationär belasteten Gleitlagers die Schmierfilmdrücke mit berechnet werden, ist eine Beurteilung möglich, ob die gewählte Lagerkonstruktion, insbesondere die Laufschicht, den Belastungen gewachsen sein wird.

Die Pleuelstange ist ein recht komplexes Gebilde, was die in ihr auftretenden Spannungen angeht. Eine Berechnung ist nach der *Finite-Elemente-Methode* möglich, was aber wiederum voraussetzt, daß zunächst einmal ein Entwurf vorliegt. Am ehesten ist noch der Schaft einer elementaren Berechnung zugänglich, da er im wesentlichen einachsig auf Druck und Zug (Massenkräfte!) beansprucht ist. Bei Verwendung eines Vergütungsstahls (z. B. 41 Cr 4) mit einer Zug-Druck-Wechselfestigkeit von 320 N/mm² und einer Biegewechselfestigkeit von etwa 450 N/mm², kann für den Schaft eine zulässige Beanspruchung σ_{zul} $\approx$ 200 N/mm² angenommen werden. Bei Großmotoren, bei denen größter Wert auf Betriebssicherheit und lange Lebensdauer gelegt werden muß, geht man im allgemeinen auf Werte $\sigma_{zul} \leq$ 80 N/mm² zurück. Der Schaft sollte außerdem sicherheitshalber auf Knickung berechnet werden, obwohl sich bei der üblichen Formgebung meistens zeigt, daß aufgrund des kleinen Schlankheitsgrades die Nachrechnung nicht erforderlich ist. Bei Klein- und Mittelmotoren wird der Pleuelschaft meistens mit Doppel-T-Profil ausgeführt, während bei Großmotoren wegen der einfacheren Herstellung der Kreisquerschnitt bevorzugt wird.

Ebenso wird bei Klein- und Mittelmotoren die einteilige Pleuelstange verwendet, bei der kleines und großes Pleuelauge angeschmiedet sind. Die Berechnung der Pleuelaugen kann für den Entwurf mit brauchbarer Näherung als gekrümmter Balken mit Rechteck-Querschnitt erfolgen, der am Übergang in den Pleuelschaft eingespannt ist. Die einfachen Gleichungen können hier aus Platzgründen nicht angegeben werden, es wird auf die Literatur verwiesen. Die Rechnung liefert auch Normalkraft, Biegemoment und Querkraft in der Trennfuge des großen Pleuelauges, so daß die Ausgangsgrößen für die Berechnung der Pleuelschrauben zur Verfügung stehen. Je nach Größe dieser Kräfte und der möglichen Abmessungen der Pleuelschrauben kann die Trennfuge eben ausgebildet werden (Zentrierung des Pleueldeckels über die Lagerschale oder durch Schrauben mit Paßbund), oder es muß ein Formschluß durch Nut und Feder oder durch eine Verzahnung in der Trennfläche erreicht werden.

Bei letzterer entstehen notwendigerweise Kerbspannungen, die um so kleiner werden, je größer der Spitzenwinkel der Verzahnung ist. Gegenüber dem üblichen Spitzenwinkel von 60° sind Ausführungen mit 90° oder gar 120° Spitzenwinkel eindeutig vorzuziehen.

Schräg geteilte Pleuelstangen (s. Abb. 25) sind vom Standpunkt der Gestaltfestigkeit eindeutig abzulehnen. Sie werden gelegentlich ausgeführt, um einen Ausbau der Pleuelstange nach oben durch den Zylinder hindurch zu ermöglichen, wenn dies wegen eines großen Kurbelzapfendurchmessers bei der üblichen geraden Teilung nicht möglich wäre. Die größeren Querkräfte in der Trennfuge machen praktisch immer einen Formschluß in der Fuge erforderlich. Die obere Pleuelschraube benötigt ein Muttergewinde im Schaft des Pleuels und dies ausgerechnet an einer Stelle, die durch den Übergang vom Schaft zum Pleuelkopf ohnehin mit Biegespannungen und Kerbwirkung hoch belastet ist. Während diese Beanspruchungen bei einem geschmiedeten Stahlpleuel noch zu beherrschen sind, dürften sich bei Leichtmetallpleueln erhebliche Schwierigkeiten ergeben. Die geringere Wechselfestigkeit des Leichtmetalls macht es erforderlich, den Pleuelkopf stärker auszuführen, was natürlich den Wunsch nach der schrägen Pleuelteilung aufkommen läßt. Zusammen mit der ungünstigen Spannungsverteilung am Gewinde von Stahlschraube in Leichtmetallmutter (s. S. 112) ergibt sich eine sehr gefährliche Konzentration von Kerbspannungen im Übergang vom Schaft zum Pleuelkopf.

Bei Großmotoren wird die Pleuelstange immer mit sogenannten „Marineköpfen" versehen (Abb. 92), bei denen der untere Kopf unter Zwischenschalten einer Beilageplatte zur Einstellung des Verdichtungsverhältnisses an die eigentliche Pleuelstange angeschraubt ist. Die Form des oberen Stangenendes wird durch den Kreuzkopf bestimmt, in der Regel ist die Stange gegabelt (Abb. 95), und die beiden Augen werden wieder durch angeschraubte Schmiede- oder Gußteile von ähnlicher Form wie der untere Kopf gebildet.

Da bei Zweitaktmotoren keine Entlastung der unteren Kreuzkopf-Lagerschale eintritt und da die hin- und hergehende Schwenkbewegung keinen kontinuierlichen hydrodynamischen Schmierfilm aufbauen kann, muß die Lagerschale mit einer besonderen Preßpumpe mit hohem Öldruck versorgt werden, man muß sie praktisch als hydrostatisches Lager ausbilden. Die Preßpumpe ist meistens am oberen Ende der Pleuelstange befestigt und wird über ein mit dem Kreuzkopf verbundenes Gestänge durch die Schwenkbewegung der Pleuelstange betätigt. Die Ölzufuhr erfolgt durch eine Bohrung in der Pleuelstange.

Der Kreuzkopf hat die Aufgabe, die Querkraft F_N (Abb. 48) aufzunehmen und damit Kolbenstange und Kolben von dieser Kraft zu entlasten.

Die Querkraft F_N wird von den im Gestell angebrachten Gleitbahnen aufgenommen. Die am Kreuzkopf befestigten Gleitschuhe — und damit auch die Gleitbahnen — können recht verschieden ausgebildet werden (Abb. 108). Die *zylindri-*

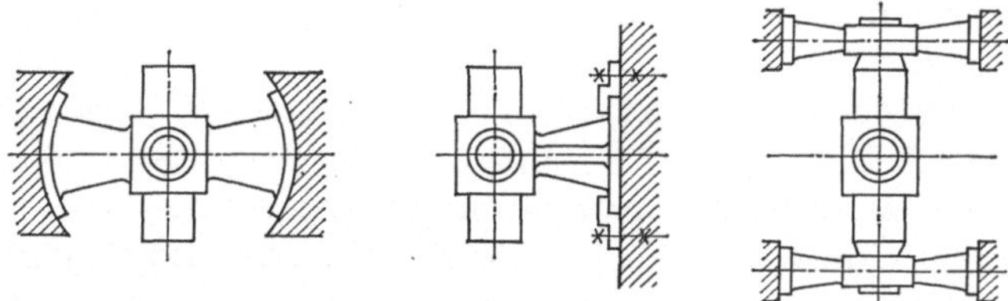

Abb. 108. Verschiedene Möglichkeiten zur Führung des Kreuzkopfes. *Links:* zylindrische Führung. *Mitte:* einseitige Führung. *Rechts:* viergleisige Führung

sche Führung ist am einfachsten herzustellen, hat aber den Nachteil, den Triebwerksraum stark zu verbauen und die Zugänglichkeit zu Kreuzkopf und Pleuelstange sehr zu behindern. Zylindrische Führungen werden daher bei Motoren kaum angewandt, sie sind aber die typische Ausführung bei Kolbenpumpen und Kolbenverdichtern.

Die einseitige — oder *„eingleisige"* — Führung erfordert etwas mehr Bau- und Montageaufwand (Justierung), gibt aber von einer Seite her einen freien Zugang zum Triebwerk. Die Querkraft beim Verdichtungstakt — und bei Rückwärtslauf des Motors beim Expansionstakt — wird von den „Rückwärtsschienen" aufgenommen. Die beste Zugänglichkeit von beiden Seiten bietet die *„viergleisige"* Führung, die allerdings einen noch etwas größeren Herstellungs- und Montageaufwand (Parallelität der Gleitschienen) als die eingleisige Führung erfordert. Ihre Vorteile überwiegen aber so sehr, daß sie sich bei modernen Kreuzkopfmotoren weitgehend durchgesetzt hat.

Der spezifische Flächendruck auf die Gleitbahn wird in der Regel sehr niedrig angesetzt, etwa im Bereich von 4 bis 10 bar, als Lauffläche auf den Schienen wird Weißmetall vorgesehen.

Die Kolbenstange von Zweitakt-Kreuzkopfmotoren ist auf den ersten Blick ein sehr einfaches Bauteil. Sie ist praktisch nur auf Druck beansprucht, zur Sicherheit sollte auch eine Nachrechnung auf Knickung erfolgen. Die Kolbenstange

wird mit relativ großem Durchmesser hohlgebohrt, um das Kolbenkühlwasser
zu- und abzuführen. Bei der früher üblichen Kolbenkühlung mit Seewasser bestand große Korrosionsgefahr, weshalb Schutzrohre aus nicht rostendem Werkstoff eingewalzt wurden. Für den heute üblichen Betrieb mit *Schweröl* sollen aber
die Temperaturen der den Brennraum umgebenden Teile *möglichst hoch* sein,
womit sich die Seewasserkühlung verbietet, da sie wegen Salzablagerungen maximale Wassertemperaturen von höchstens 40 °C verlangt. Bei geschlossenen Süßwasser-Kühlkreisläufen läßt sich durch entsprechende Wasseraufbereitung (Korrosionsschutzöle) die Korrosionsgefahr bannen, doch sollte man an mögliche
Störungen denken: Süßwasser-Seewasser-Wärmetauscher können undicht werden
und Seewasser in den Kühlkreislauf gelangen lassen; in Notfällen, z. B. bei Verlust des Süßwassers, sollte der Motor auch mit Seewasser als Kühlmittel betrieben
werden können.

Deshalb empfiehlt sich auch heute noch der Einbau solcher rostfreien Schutzrohre. Innerhalb der Stangenbohrung bzw. des Schutzrohres wird ein Rohr mit
kleinerem Durchmesser angebracht, das durch angeschweißte Laschen zentriert
und am Schwingen gehindert wird. Damit ist es möglich, den Kühlwasserzufluß
zum Kolben durch den Ringraum zwischen Bohrung und Innenrohr, den Abfluß
durch das Innenrohr zu führen.

Bei den früher weitverbreiteten doppeltwirkenden Zweitaktmotoren ergaben
sich dabei erhebliche Schwierigkeiten. Die Kolbenstange wurde von außen durch
die Verbrennung stark aufgeheizt, auf der Innenseite intensiv gekühlt. Ein Abschnitt der Kolbenstange mußte infolge axialer Dehnung der äußeren erwärmten
Fasern und Verkürzung der inneren gekühlten Fasern trapezförmigen Querschnitt
annehmen (Abb. 109).

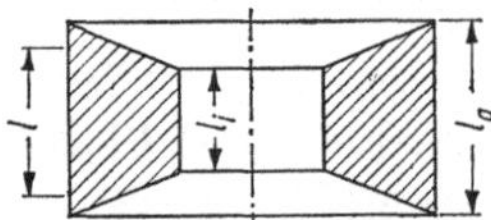

Abb. 109. Verformung eines von außen beheizten, von innen
gekühlten Hohlzylinders

Bei einer Temperaturdifferenz Δt zwischen innerer und äußerer Faser ergibt
sich die Längendifferenz

$$l_a - l_i = l\,\alpha\,\Delta t.$$

Die oben und unten an diesen Ringausschnitt angrenzenden Nachbarteile
verhindern diese Trapezverformung, die heiße Faser wird um $(l_a - l_i)/2$ gestaucht,
die kalte um $(l_a - l_i)/2$ gedehnt, um rechteckigen Querschnitt zu erzwingen.
Dadurch entsteht eine Spannung

$$\sigma = \varepsilon E = \frac{l_a - l_i}{2\,l}\cdot E = \frac{l\,\alpha\,\Delta t}{2\,l}\cdot E = \frac{\alpha E}{2}\,\Delta t.$$

Für Stahl mit $\alpha = 12\cdot 10^{-6}\ \mathrm{K^{-1}}$ und $E = 2{,}1\cdot 10^5\ \mathrm{N/mm^2}$ ergibt sich $\sigma = 1{,}25$
$\times \Delta t\ \mathrm{N/mm^2}$, also bei $\Delta t = 100\ \mathrm{K}$ die überraschend hohe Wärmespannung von
$126\ \mathrm{N/mm^2}$.

Besonders unangenehm ist dabei, daß auf der von Wasser benetzten Seite Zugspannungen entstehen, die bei Auftreten von Korrosion durch die dann einsetzende Kerbwirkung verstärkt werden und zum Anriß führen können. Eine Verbesserung brachte bei den doppeltwirkenden Zweitaktmotoren eine Wasserführung in der Kolbenstange, bei der das kalte eintretende Wasser im Zentralrohr, das erwärmte rücklaufende Wasser im Ringraum geführt wurde. Bei der heute üblichen Süßwasserkühlung mit Wassertemperaturen von 70 bis 80 °C ist es ziemlich gleichgültig, wie das Wasser in der Kolbenstange geführt wird.

Doppeltwirkende Zweitaktmotoren werden heute nicht mehr gebaut, einerseits wegen der Probleme an Kolbenstange und Kolbenstangenstopfbüchse, andererseits wegen der Fortschritte in der Aufladung, die es ermöglicht, Leistungen mit einfachwirkenden Motoren zu erzielen, die höher liegen als in den früheren doppeltwirkenden Maschinen.

Alle Zweitakt-Kreuzkopfmotoren werden heute an der Kolbenstange gegen den Kurbel- und Kreuzkopfraum abgedichtet, und zwar aus zwei Gründen: *Erstens* muß das für die Zylinderschmierung verwendete Öl auf die heute üblichen Schweröle abgestimmt sein, die erhebliche Mengen an Verunreinigungen wie z. B. Schwefel oder Vanadiumpentoxid enthalten. Zylinderschmieröle sind meistens basisch eingestellt und vertragen sich daher nicht mit dem für die Lagerschmierung verwendeten Öl. Entlang des Kolbens durchblasende Brenngase mit den oben genannten aggressiven Verunreinigungen müssen unbedingt vom Kurbelraum ferngehalten werden. *Zweitens* wird die Kolbenunterseite gerne als Spülpumpe verwendet, auch bei Turboaufladung, was einen Abschluß der Zylinder zum Kurbelraum erfordert. Die zur Abdichtung verwendete Stopfbüchse ist meistens in Längsrichtung geteilt, um ein Ausbauen ohne Demontage der Kolbenstange zu ermöglichen. Die in drei oder vier Segmente geteilten Dichtringe und Ölabstreifringe werden durch Schlauchfedern angelegt. *Stopfbüchsen sollten nicht besonders gut gekühlt werden!* Die obengenannten aggressiven Verbrennungsprodukte führen zu starker Korrosion, wenn sie sich in flüssiger Form niederschlagen können. Bei den heutigen einfachwirkenden Motoren wird üblicherweise keine Stopfbüchsenkühlung ausgeführt.

Der Kolben muß die Gaskraft auf die Kolbenstange oder die Pleuelstange übertragen. Im ersteren Falle wird er starr mit der Kolbenstange verschraubt, im zweiten Falle erfolgt die Kraftübertragung durch den Kolbenbolzen auf die Pleuelstange. Der Kolben muß dann auch als Kreuzkopf wirken, also die Querkraft F_N gegen die Zylinderwand abstützen. Am Kolbenboden fällt eine erhebliche Wärmemenge an, die entweder direkt durch eine besondere Kolbenkühlung oder indirekt über die Zylinderwand abgeführt werden muß.

Ungekühlte Kolben führen die Wärme, soweit sie nicht von der Innenfläche des Kolbens nach dem Kurbelraum abgestrahlt wird, von der beheizten Oberfläche nach den Kolbenringen zu ab, und durch diese geht die Wärme dann an die stets gekühlte Laufbüchse über. Damit die Kolben keine unzuträgliche Temperatur annehmen, darf der Wärmeaustausch nicht durch enge und eingeschnürte Querschnitte sowie lange Wege behindert sein. Der ganze wärmedurchströmte Kolbenkopf muß kräftige Querschnitte und Wandstärken sowie kürzesten Weg von der heißen Stellen zu den wärmeabführenden Kolbenringen aufweisen (Abb. 110). Je größer die Abmessungen eines Kolbens sind, um so länger ist der Weg der

Wärme im Kolben, um so größer also das Temperaturgefälle und die Gefahr einer
zu hohen Kolbenbodentemperatur. Deshalb müssen größere Kolben durch Öl
oder Wasser gekühlt werden (vgl. S. 78).

Von besonderer Bedeutung ist dabei die Temperatur in den Ringnuten der
Kolbenringe, die 200 bis 220 °C nicht übersteigen sollte, damit das Schmieröl
dort nicht verkokt und die Kolbenringe klemmen. Ein hoher „Feuersteg" über
dem oberen Kolbenring schützt vor direktem Wärmeeinfall von der Verbrennung
her, verschlechtert aber bei Ottomotoren die Kohlenwasserstoffemission.

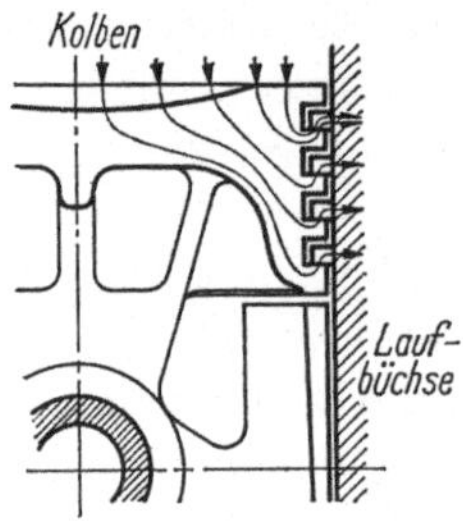

Abb. 110. Wärmefluß in ungekühlten Arbeitskolben. Die vom
Verbrennungsraum einströmende Wärme wird durch die Kolbenringe an die kühlere Laufbüchse abgeführt

Ein Kolben sollte so rotationssymmetrisch wie möglich sein, um die unvermeidlichen Wärmespannungen so klein wie möglich zu halten. Eingegossene Rippen
müssen mit größter Vorsicht und Erfahrung entworfen werden, da sie Wärmedehnungen der beheizten Flächen behindern und zu heftigen Spannungen Anlaß geben. Schon das Vorhandensein der beiden Augen für den Kolbenbolzen von
Tauchkolbenmotoren führt zu einer größeren Wärmedehnung in Bolzenrichtung,
was durch Unrunddrehen des Kolbens bereits bei der Fertigung berücksichtigt
werden muß. Das gleiche gilt für die Durchmesservergrößerung durch die Erwärmung im Betrieb, wie folgendes Beispiel eines Aluminiumkolbens zeigt.

Zylinderdurchmesser $D = 180$ mm,

Temperatur am Kolbenboden $t_K = 250\,°C$,

Temperatur der Zylinderlaufbüchse am unteren Ende $t_B = 100\,°C$,

Temperatur bei der Fertigung $t_F = 20\,°C$,

Durchmesservergrößerung Kolben:

$$\Delta d = \alpha D\,\Delta t = 22 \cdot 10^{-6} \cdot 180 \cdot (250 - 20) = 0{,}91 \text{ mm},$$

Durchmesservergrößerung Büchse:

$$\Delta d = \alpha D\,\Delta t = 12 \cdot 10^{-6} \cdot 180 \cdot (100 - 20) = 0{,}173 \text{ mm}.$$

Kolbenkrone wächst gegen Zylinder um 0,737 mm, d. h., die Kolbenkrone muß bei der
Fertigung einen um ca. 0,8 mm kleineren Durchmesser als der Zylinder erhalten.

Wie man leicht nachrechnen kann, ergeben sich für große Graugußkolben oder
für gebaute Kolben mit Stahlkrone — bei denen Temperaturen bis 350 °C zulässig sind — sehr schnell Wärmedehnungen von einigen Millimetern, die entsprechend zu berücksichtigen sind. Der untere Teil des Kolbens, der Kolben-
schaft oder das Kolbenhemd, bleibt wesentlich kälter, hier erfolgt die Führung
des Kolbens im Zylinder.

Als Kolbenwerkstoff hat sich bei Klein- und Mittelmotoren Leichtmetall völlig
durchgesetzt (Massenkräfte, Wärmeleitfähigkeit), auch bei gebauten, mehr-

teiligen Kolben wird der Schaft aus Aluminiumlegierungen hergestellt und nur die Kolbenkrone mit der Ringpartie aus Stahl. Die Verbindung erfolgt durch Dehnschrauben, bei deren Dimensionierung wieder die Wärmedehnungen und die damit verbundenen Vorspannungsänderungen sorgfältig berücksichtigt werden müssen. Bei den langsamlaufenden Großmotoren ist der Graugußkolben, oft mit einer Stahlkrone versehen, noch immer im Einsatz. Gebaute Kolben haben den Vorteil, daß sich die Kühlräume leicht darstellen lassen und eine gerichtete Kühlmittelbewegung gut verwirklicht werden kann. Das ist besonders bei ölgekühlten Kolben wichtig, da die spezifische Wärmekapazität von Öl nur halb so groß wie die von Wasser ist, und daher die richtige Führung des Ölstromes wichtiger ist, als bei Wasserkühlung. Hinzu kommt, daß Öl zum Verkoken neigt, in Nestern, in denen keine ausreichende Ölbewegung vorhanden ist, können sich Ablagerungen bilden und die Kühlung negativ beeinflussen.

Der Kolbenbolzen verbindet bei Tauchkolbenmotoren Kolben und Kolbenstange. Für den ersten Entwurf kann man seinen Außendurchmesser mit $d \approx 0{,}4 \cdot D$ bei Dieselmotoren, mit $d \approx 0{,}3 \cdot D$ bei Ottomotoren ansetzen. Zur Kontrolle berechnet man die Flächendrücke im Pleuelauge, die bei 500 bis 700 bar (50 bis 50 N/mm²) liegen sollten. In den Bolzenaugen des Kolbens sollten die Flächendrücke 400 bis 600 bar (40 bis 60 N/mm²) nicht übersteigen. Aus Gewichtsgründen wird der Kolbenbolzen als Hohlzylinder ausgeführt, mit einem Innendurchmesser, der etwa 50 bis 60% des Außendurchmessers beträgt. Die Nachrechnung erfolgt als Träger auf zwei Stützen mit einer Streckenlast von der Breite des Pleuelauges. Als Last wird der Spitzendruck der Verbrennung ohne Entlastung durch Massenkräfte angenommen. Die unter diesen Annahmen berechnete Biegespannung sollte $\sigma \leq 200$ N/mm² sein. Außerdem ist eine Nachrechnung auf Ovalverformung erforderlich. Unter dem Zünddruck wird sich der Durchmesser des Kolbenbolzens in Zylinderrichtung verkleinern und quer dazu vergrößern. Wird diese Querdehnung zu groß, so können sogenannte „Spaltbrüche"des Kolbens in den Bolzenaugen auftreten.

3 Dichtung und Schmierung

Wie auf S. 124 ausgeführt, benötigt der Kolben an seinem oberen heißen Kopf ein erhebliches Spiel, welches gegen den Durchtritt des Arbeitsgases abgedichtet werden muß. Schon James Watt verwendete bei seinen zuletzt gebauten Dampfmaschinen das dafür auch heute noch im Verbrennungsmotor verwendete Maschinenelement, den Kolbenring. Er ist als geschlitzter Ring im Herstellungszustand im Durchmesser größer als die Zylinderbohrung, an der er daher im Einbauzustand mit einer gewissen Vorspannung anliegt. Diese reicht jedoch bei weitem nicht zur Abdichtung aus.

Die eigentliche Dichtkraft wird durch den *Gasdruck* aufgebracht (Abb. 111), der den Ring an die untere Flanke der Kolbenringnut anlegt (F_{Ga} in Abb. 111) und ihn gleichzeitig vom Nutgrund aus an die Zylinderwand anpreßt (F_{Gr} in Abb. 111). Die Anpreßkraft ist daher dem Gasdruck etwa proportional, was durchaus erwünscht ist, um keine unnötig hohe Reibung zu erzeugen. Natürlich kann der Kolbenring nur dann wie gewünscht arbeiten, wenn der Gasdruck schnell genug im Nutgrund aufgebaut wird. Dafür ist ein gewisses axiales Spiel des Rings in der Nut erforderlich, um ausreichenden Querschnitt für den Gaszutritt zur Verfügung zu stellen. Zu großes Axialspiel führt aber zum Ausschlagen der Kolbenringnuten, da der Ring im Verlauf eines Arbeitsspiels die Anlage an den Nutflanken wechselt (Ansaugtakt) und bei zu großem Spiel die Nutflanken zerhämmert. Das Nutgrundvolumen sollte so klein wie möglich sein, damit es vom Gas schnell aufgefüllt wird, zu kleines Volumen kann aber bei Ablagerung von Verbrennungsrückständen oder Ölkohle zum Klemmen und Fressen der Kolbenringe führen. Es muß also auch hier ein *Kompromiß zwischen widerstreitenden Forderungen* gefunden werden, was letzten Endes nur im Versuch möglich ist.

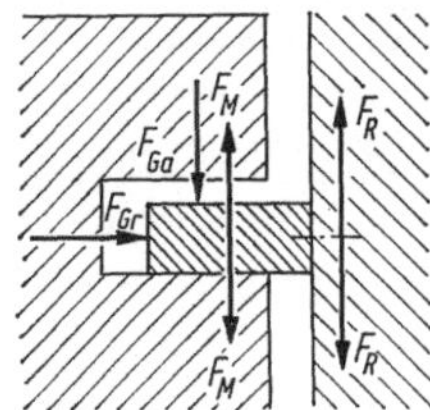

Abb. 111. Gaskräfte, Massenkräfte und Reibungskräfte am Kolbenring

Durch den Gasdruck im Nutgrund, der den Kolbenring an den Zylinder anpreßt, entsteht eine Reibkraft F_R, die je nach Bewegungsrichtung den Ring an die untere oder obere Nutflanke anzulegen bestrebt ist (Abb. 111). Ebenso wirken die Massenkräfte aus der Kolbenbeschleunigung periodisch aufwärts und abwärts. Wenn im Bereich des oberen Totpunktes (nach oben gerichtete Massenkraft) $F_M > F_{Ga} + F_R$ wird, kann der Kolbenring von der unteren Nutflanke abheben. Dadurch bricht der Gasdruck im Nutgrund zusammen, die Anpreßkraft an den Zylinder geht verloren und der Kolbenring bläst durch. Auch der zweite und etwaige weitere Kolbenringe pflegen dann zu versagen, da dem Gas bei der plötzlichen Drucksteigerung nicht genug Zeit bleibt, den Nutgrund des zweiten Ringes schnell genug aufzufüllen.

Dieser Zustand, der als „*Kolbenringflattern*" bezeichnet wird, kann durch *Messung der Gasmenge*, die ins Kurbelgehäuse durchbläst und von dort abgeführt werden muß, leicht festgestellt werden. Während die normale Durchblasemenge etwa 1% vom Gasdurchsatz des Motors beträgt, steigt sie beim Kolbenringflattern auf etwa das Zehnfache an. Das Kolbenringflattern wurde mit der Zunahme der Drehzahlen (Massenkräfte) ein Problem, und wurde dadurch gelöst, daß die Ringe mit immer geringerer axialer Höhe ausgeführt wurden, um ihre Masse und damit die Massenkraft zu reduzieren.

Eine zweite Verbesserung wurde durch das „*Unrunddrehen*" der Kolbenringe erzielt. Besonders gefährdet ist natürlich immer der Bereich des Kolbenringstoßes, da hier infolge der Leckage der Druck im Nutgrund und damit die Anpressung am niedrigsten ist. Durch Unrunddrehen wird gezielt die radiale Anpreßkraft am Stoß vergrößert und damit einem Einfallen des Rings vorgebeugt (Abb. 112).

Diese Form der Radialspannungsverteilung wird als „*Viertakt-Ovalität*" bezeichnet, da sie vorzugsweise bei Viertaktmotoren angewandt wird. Bei schlitzgesteuerten Zweitaktmotoren besteht die Gefahr, daß die Ringenden in die Steuerschlitze hineinfedern, was zum Bruch des Ringes führen würde. Es besteht zwar die Möglichkeit, den Kolbenring durch Stifte in einer solchen Lage zu fixieren, daß der Kolbenringstoß nicht über einen Schlitz läuft. Solche Sicherungsstifte sind aber das Schmerzenskind jedes Maschinenbauers und Anlaß zu vielen Schäden. Man stelle sich vor, wieviel beharrliche Schläge von rechts und links ein solches Stiftchen empfängt, genau solche Schläge, wie man sie einem hart-

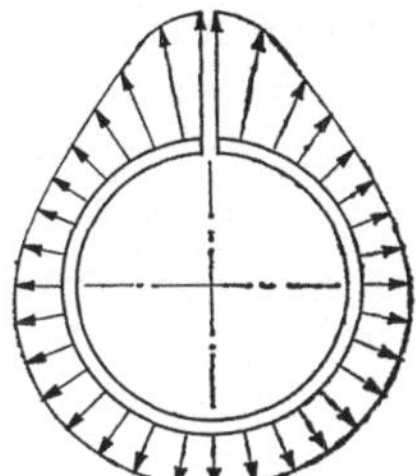

Abb. 112. Radiale Anpreßkraft eines unrund gedrehten Kolbenringes

näckigen Nagel erteilt, um ihn in einem Brett zu lockern. Es ist daher leicht zu begreifen, welche Schwierigkeiten es bereitet, ein solches Konstruktionselement dauerhaltbar zu machen.

Wesentlich günstiger ist es daher, Kolbenringe mit einer „Zweitakt-Ovalität" zu benutzen, bei denen bewußt die Anpressung im Bereich des Stoßes klein gehalten wird. Bei Großmotoren hilft außerdem ein sorgfältiges Ausrunden der Steuerschlitzkanten. *Kolbenringe drehen sich im Betrieb*, wenn sie nicht festgelegt werden. Dieses Drehen ist durchaus erwünscht, da es dazu beiträgt, die Kolbenringnuten von Verbrennungsrückständen frei zu halten.

Da Kolbenringe an der Stoßstelle immer einen Spalt frei lassen, können sie schon theoretisch nicht ganz dicht sein. Man reduziert die Leckage dadurch, daß man mehrere Kolbenringe hintereinander anordnet, bei Großmotoren bis zu sieben, während bei Kleinmotoren etwa bis zur Größe von Lkw-Motoren zwei Ringe genügen.

Man versprach sich früher von Kolbenringen mit schrägem Stoß eine bessere Dichtwirkung, doch zeigte sich bei genaueren Messungen der Leckagemenge, daß sie tatsächlich keine Vorteile bieten. Auch der sogenannte überlappte Stoß ist nicht *nennenswert besser* als der normale gerade Stoß, da vom Nutgrund aus immer noch eine Leckstelle vorhanden ist (Abb. 113). Nur der in der gleichen Abbildung gezeigte Ring mit viertelzylindrischem „*Kolbenringschloß*" ist wenigstens theoretisch gasdicht, wenn nämlich positiver und negativer Viertelzylinder absolut gleich gefertigt sind. In der Praxis sind sie nach einer gewissen Einlaufzeit hervorragend dicht, die Herstellung ist aber so teuer, daß sich der Einsatz in der Serienfertigung von Motoren nicht lohnt.

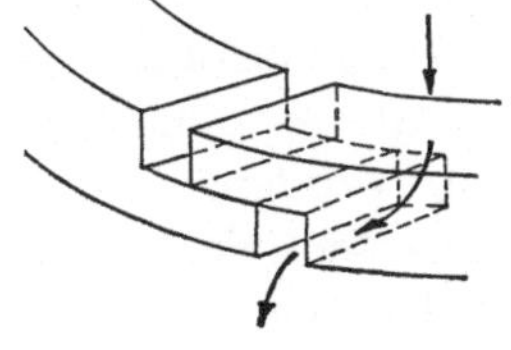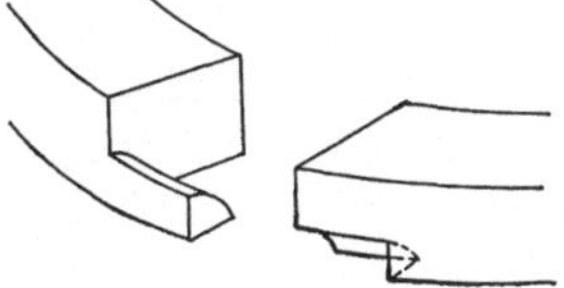

Abb. 113. Überlappter Stoß und gasdichter Stoß eines Kolbenringes

Entscheidend für die Dichtheit der Kolbenringe ist der Querschnitt der Zylinderlaufbahn, der möglichst genau einem Kreis entsprechen sollte. Von der Bearbeitung der Zylinder her ist diese Forderung heute mit hoher Präzision zu erfüllen, aber bereits bei der Montage kann die exakte Kreisform gestört werden. Insbesondere bei Zylinderblöcken mit integrierten, eingegossenen Zylindern, wie sie für Pkw-Motoren ganz überwiegend verwendet werden, besteht die Gefahr, daß sich die Zylinder durch das Anziehen der Zylinderkopfschrauben verformen. Ursache dafür kann eine ungünstige Anordnung der Schraubenpfeifen im Zylinderblock, eine ungleichmäßige Pressungsverteilung in der Trennfuge zwischen Zylinderkopf und Block oder auch ein Verzug der Zylinderköpfe sein. Die Zylinderbohrung kann dadurch vor allem im oberen Bereich oval verzogen werden, man spricht von Ovalität ersten, zweiten, vierten Grades, wenn sich ein, zwei oder vier Einbeulungen der Kreisform nach innen (oder außen) ausbilden (Abb. 114). Es leuchtet direkt ein, daß ein Kolbenring sich einer Ovalität ersten

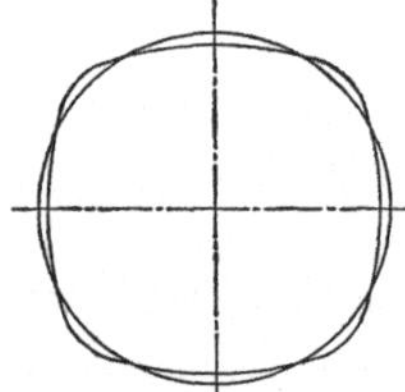

Abb. 114. Ovalität vierten Grades bei einem Zylinder

Grades besser anpassen kann, als einer gleich großen Ovalität vierten Grades, da sich im letzteren Falle der Krümmungsradius des Zylinders über den Umfang schneller ändert.

Schlecht abdichtende Kolbenringe, vor allem aber schlecht wirkende Ölabstreifringe (s. S. 130) sind in den seltensten Fällen auf die Ringe selber zurückzuführen, sondern haben meistens ihre Ursache in einem oft unerkannten Zylinderverzug. Soweit dieser durch die oben erwähnte ungleichmäßige Pressungsverteilung in der Trennfuge Zylinderkopf — Block verursacht wird, kann unter Umständen durch eine entsprechende Gestaltung der Zylinderkopfdichtung eine Besserung erreicht werden. *Das bedeutet aber letzten Endes, daß der Konstrukteur für die Zylinderkopfdichtung die Fehler recht und schlecht korrigieren muß, die sein Kollege von der Motorenkonstruktion begangen hat.*

Neben Kolbenringen mit zylindrischer Lauffläche (Rechteckringe) werden auch solche mit schwach kegeliger Lauffläche verwendet, die sogenannten *Minutenringe*. Sie haben ihren Namen von der um 30 Winkelminuten (0,5°) kegeligen Mantelfläche. Sie haben eine leicht ölabstreifende Wirkung, werden daher gelegentlich zur Regelung des Ölhaushaltes eingesetzt. Vor allem aber wird die Einlaufzeit der Ringe stark verkürzt, da sie zunächst — wenigstens theoretisch — nur eine Linienberührung mit dem Zylinder haben. Das ist besonders wichtig, wenn zur Beherrschung des Verschleißes an der Lauffläche verchromte Ringe erforderlich werden, die wegen des — erwünschten — geringen Verschleißes eine extrem lange Einlaufzeit hätten, wenn sie als normale Rechteckringe ausgeführt würden.

Neben den Kolbenringen weist auch der Zylinder einen gewissen Verschleiß auf (Abb. 115), der immer an der Stelle am höchsten ist, an der sich der obere

Kolbenring in der OT-Stellung des Kolbens befindet. Da der Kolbenring an dieser Stelle kurzzeitig zum Stillstand kommt, kann sich zwischen Kolbenring und Zylinder kein hydrodynamischer Schmierfilm bilden. Gleichzeitig wird der Kolbenring vom Spitzendruck der Verbrennung an die Zylinderwand angepreßt, wobei etwa noch vorhandene Reste von Schmieröl verdrängt werden. Der Beginn der

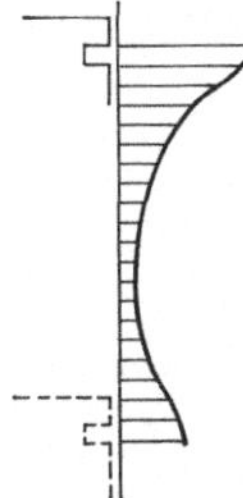

Abb. 115. Typisches Verschleißbild an einem Zylinder

Abwärtsbewegung wird also immer unter schlechten Schmierbedingungen ablaufen, mit zunehmender Kolbengeschwindigkeit bildet sich dann schnell wieder ein tragfähiger Schmierfilm aus, der einen praktisch verschleißfreien Lauf ergibt. Der Verschleiß im OT-Bereich ist aber nicht nur auf abrasiven Abtrag von Zylindermaterial zurückzuführen, von größerem Einfluß dürfte *korrosiver Angriff* sein.

Jeder Kraftstoff enthält z. B. gewisse kleinere oder größere Mengen Schwefel, der bei der Verbrennung zu SO_2 oxidiert wird. Mit dem ebenfalls bei der Verbrennung entstehenden Wasserdampf kann er sich zu H_2SO_3 (schweflige Säure) verbinden, vor allem, wenn der Wasserdampf an einer zu kalten Zylinderwand kondensieren kann. Da, wie oben dargestellt, in der OT-Stellung des oberen Kolbenringes der schützende Ölfilm weitgehend verdrängt wurde, ist das Zylindermaterial beim Abwärtsgang des Kolbens schutzlos dem korrosiven Angriff ausgesetzt. Die *gasseitige Wandtemperatur* des Zylinders muß also *wärmer als 100 °C* gehalten werden, um eine Kondensation des Verbrennungswassers zu vermeiden. Beim *Kaltstart* eines Motors ist diese Bedingung nicht erfüllt, die Folge ist ein erhöhter Verschleiß in der Warmlaufzeit. *Als „Kaltstart" ist in diesem Sinne jeder Start bei einer Kühlwassertemperatur unter etwa 50 °C zu verstehen.* Jedes Anlassen eines Motors, auch im Hochsommer, ist vom Verschleiß her gesehen ein „Kaltstart"!

Andererseits soll die gasseitige Zylinderwandtemperatur nicht über 200 °C ansteigen, um ein Verkoken des Schmieröls an der Lauffläche zu vermeiden. Die Regelung der Wandtemperatur erfolgt über die Kühlwassertemperatur bzw. die Kühlluftaustrittstemperatur. Die Verhältnisse bei Wasserkühlung sind in Abb. 40 schematisch dargestellt. Bei einer Zylinderwanddicke von 8 bis 10 mm kann man mit einem Temperaturgefälle $\vartheta_1 - \vartheta_2 \approx 20$ K in der Zylinderwand rechnen. Die Temperaturdifferenz zwischen wasserseitiger Wand und Kühlwasser $\vartheta_2 - t_2$ liegt bei etwa 40 K. Mit der üblichen Kühlwassertemperatur von 80 °C ist damit sichergestellt, daß die gasseitige Zylindertemperatur etwa 140 °C beträgt, also die nötige Sicherheit gegen Kondensatbildung vorhanden ist. Da bei größeren Wandstärken des Zylinders auch das Temperaturgefälle in der Wand größer wird, kann bei Großmotoren auch mit entsprechend niedrigeren Kühlwassertemperaturen gefahren werden.

Kolben und Kolbenringe benötigen eine ausreichende Schmierung, letztere auch für ihre radiale Bewegung in den Nuten. Bei schnellaufenden Kleinmotoren wird von den Lagern der Kurbelwelle soviel Öl an die Zylinderwände geschleudert, daß man zur Vermeidung von Überschmierung Ölabstreifringe unterhalb der Kompressionsringe anbringen muß (Abb. 116). Zu intensive Schmierung ver-

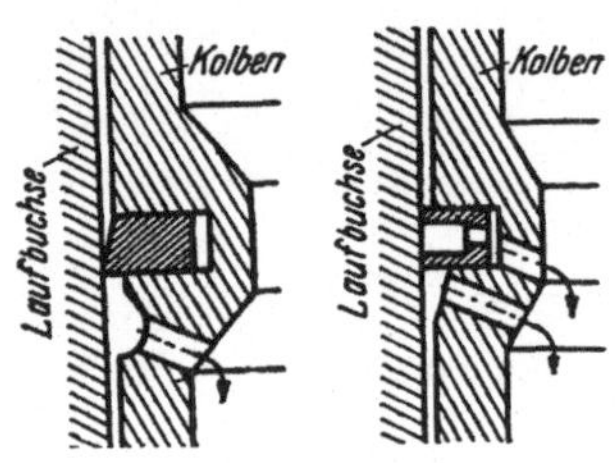

Abb. 116. Ölabstreifringe in Kolbenringnuten. Beim Abwärtsgang des Kolbens schabt der Ring das Schmieröl von der Laufbuchsenwand ab. Es muß durch zweckmäßig anzubringende Nuten und Löcher abfließen

ursacht nicht nur Ölverbrauch (Geruchsbelästigung, Kohlenwasserstoffemission), sondern führt zur Bildung von Ablagerungen in Form von „Öllack" und Ölkohle an Kolben, Ventilen und in den Kolbenringnuten. Folgen sind schlechte Wärmeabfuhr, Überhitzung, Glühzündungen oder klopfende Verbrennung. Bei größeren, langsamlaufenden Motoren muß eine besondere *Zylinderschmierung* vorgesehen werden. Mit einer Dosierpumpe wird gezielt durch Bohrungen in den Zylindern Schmieröl an die Lauffläche gebracht. Es ist damit möglich, *spezielle Zylinderschmieröle* einzusetzen, die durch entsprechende Additive auf die Betriebsbedingungen, vor allem auf den verwendeten Kraftstoff, abgestimmt sind. Sie können z. B. alkalisch eingestellt sein, um Säuren zu neutralisieren und Rückstände aufzulösen beziehungsweise gar nicht erst entstehen zu lassen. Daß heute in Großmotoren Schweröle verbrannt werden können, ist zu einem erheblichen Teil der Entwicklung geeigneter Zylinderschmieröle zu verdanken.

Bei kleinen Zweitakt-Ottomotoren mit Kurbelkastenpumpe wird häufig das Schmieröl dem Kraftstoff zugemischt (Verhältnis Öl/Kraftstoff im Bereich von 1:25 bis 1:100). Das Öl, das mit dem Kraftstoff-Luft-Gemisch in das Kurbelgehäuse gelangt, kann auch die Lagerschmierung übernehmen, sofern man Wälzlager für Grund- und Pleuellager verwendet.

Jeder Motor verbraucht notwendigerweise Öl (Zylinderschmierung); bei sorgfältiger Auslegung läßt sich der Ölverbrauch auf Werte von 1 g/kWh bis höchstens 2 g/kWh beschränken.

Höhere Ölverbräuche sind immer ein Zeichen für Verschleiß, sei es an Zylindern und Ölabstreifringen oder an den Führungen der Einlaßventile bei Viertaktmotoren.

Bei weitaus den meisten Motoren befindet sich im Verbrennungsraum selber eine Teilfuge zwischen Zylinderkopf und Laufbüchse und zwar aus Gründen der Fertigung, der Montage und der Zugänglichkeit bei Wartungsarbeiten. Sie muß durch die *Zylinderkopfdichtung* abgedichtet werden und zwar nicht nur gegen die Verbrennungsgase, sondern auch gegen Kühlwasser (Übertritt vom Zylinderblock zum Zylinderkopf) und gegen Öl, das zur Schmierung von Ventilen, Kipphebeln und evtl. Nockenwellen in den Zylinderkopf und zurück ins Kurbelgehäuse geführt werden muß. Bei Kleinmotoren bis zur Größe von Lastwagenmotoren werden mehr oder weniger elastische Dichtungen verwendet, die aus einer Metalleinlage bestehen, die mit Asbest beschichtet ist. Die Öffnungen für die Zylinderbohrungen sind mit Metalleinfassungen versehen, die eine doppelte Aufgabe haben: Sie sollen einerseits die Dichtung gegen die Verbrennungsgase schützen, andererseits an dieser besonders gefährdeten Stelle die *Dichtpressung erhöhen* um Durchblasen zu verhindern. Gelegentlich finden sich auch Ausnehmungen in der Zylinderkopfdichtung an Stellen, wo keinerlei Durchtritte für Wasser, Öl oder Ventil-Stoßstangen vorhanden sind. Solche Ausnehmungen dienen dazu, die Pressung der benachbarten Dichtungsflächen zu erhöhen. Auf diese Weise ist es gelegentlich möglich, den Zylinderverzug (s. S. 128) zu verringern, aus dem gleichen Grund findet man manchmal Verstärkungen oder Einfassungen an Stellen der Dichtung, wo ihre Funktion zunächst nicht erkennbar ist.

Die Zylinderkopfdichtung stellt, besonders bei aufgeladenen Dieselmotoren, eines der unsichersten Bauelemente des ganzen Motors dar. Insbesondere ist das Nachziehen der Zylinderkopfschrauben nach einer „Einlaufzeit" lästig und kann bei unsachgemäßer Ausführung zu Störungen bis hin zum Ausfall des Motors führen.

Die Tendenz geht daher heute zu *steifen Dichtungen,* die sich nicht „setzen" (Vorspannungsverlust der Zylinderkopfschrauben), bis zu reinen Metalldichtungen. Bei Motoren etwa ab 150 mm Zylinderdurchmesser, die praktisch ausschließlich mit „nassen" Zylinderlaufbüchsen ausgeführt werden, kommen Kupfer- oder Weicheisen-Ringe als Gasdichtung zum Einsatz. Dabei ist wieder auf einen möglichst direkten Kraftfluß vom Zylinderkopf über den Dichtungsring zum „Balkon" des Zylindergehäuses zu achten (Abb. 94), um Biegemomente auf den Flansch der Laufbuchse zu vermeiden.

Abbildung 117 zeigt alle Fehler, die man an dieser Stelle machen kann: Der Laufbüchsenbund wird durch ein starkes Biegemoment beansprucht, der Dichtring ist ungeschützt den Verbrennungsgasen ausgesetzt, der Rundgummi-Dicht-

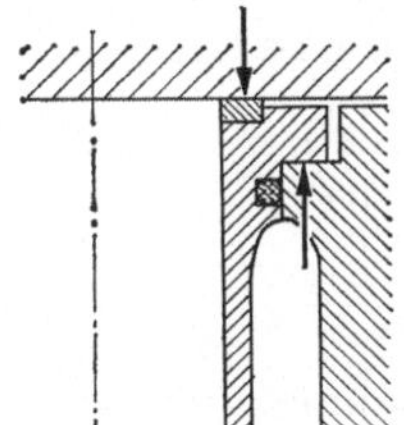

Abb. 117. Nasse Zylinderlaufbuchse mit „Weicheisenring" zur Gasabdichtung. Die Wasserabdichtung mit einem Rundgummiring ist äußerst fragwürdig, die Biegebeanspruchung des Buchsenflansches grob fehlerhaft

ring im oberen Ende der Büchse ist fragwürdig. Er wird von der Büchse her stark aufgeheizt, wird zum Nachvulkanisieren und Verspröden neigen. Das beste, was noch geschehen kann, ist, daß er an Büchse und Gehäuse anklebt und damit wenigstens noch dichtet. Bei einer Demontage der Büchse wird er ohnehin auszuwechseln sein. Man sollte sich bei der Wasserabdichtung des oberen Büchsenbundes lieber auf eine einwandfreie Bearbeitung des Balkons und der unteren Flanschfläche der Büchse verlassen, also rein metallisch dichten. Die untere Abdichtung einer nassen Zylinderlaufbüches kann problemlos mit Rundgummiringen vorgenommen werden, da die Temperaturbeanspruchung gering ist (Abb. 118). Eine Kontrollbohrung, die zwischen den Gummiringen endet, zeigt durch Austritt von Wasser bzw. Öl an, wenn einer der Ringe undicht wird.

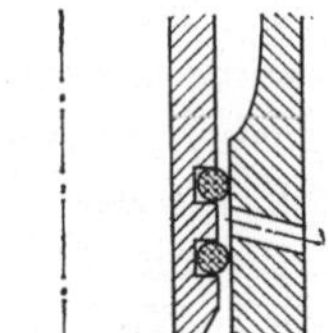

Abb. 118. Untere Abdichtung einer nassen Zylinderlaufbuchse

Was die Schmierung der Lager anbelangt, so hat sich — außer bei Motoren mit Wälzlagerung der Kurbelwelle — die Druckumlaufschmierung durchgesetzt. Durch eine meistens als Zahnradpumpe ausgebildete Ölpumpe wird durch Kanäle im Kurbelgehäuse den Grundlagern Öl unter einigen Bar Druck zugeführt. Durch Bohrungen in der Kurbelwelle und evtl. in den Pleuelstangen werden Kurbelzapfen und Kolbenbolzen bzw. Kreuzkopf mit Öl versorgt.

Eine Bemerkung sei an dieser Stelle eingefügt: Beim Versagen eines Gleitlagers (Verschleiß, Auslaufen, Fressen) hört man gelegentlich immer noch die irrige Auffassung, es müsse durch Erhöhen des Öldruckes möglich sein, die Schäden zu vermeiden. Bei einem Gleitlager entsteht der zur Aufnahme der Lagerlast erforderliche Öldruck im keilförmigen Schmierspalt des Lagers. Er erreicht bei Verbrennungsmotoren Werte von 1000 bar und mehr. Es ist sofort einzusehen, daß eine Erhöhung des Zulaufdruckes zum Lager von vielleicht 6 bar auf 10 bar praktisch bedeutungslos für die Tragfähigkeit des Lagers ist. Der Zulaufdruck zum Lager muß nur so hoch sein, daß das Öl auf die Umfangsgeschwindigkeit des Wellenzapfens beschleunigt werden kann. Der dabei auftretende Druckabfall um $\Delta p = c^2 \varrho / 2$ muß durch entsprechenden Zulaufdruck kompensiert werden. Bei einem Zapfendurchmesser von 60 mm und einer Drehzahl von 6000 min^{-1}, ergibt sich bei einer Dichte des Öles von 850 kg/m^3 ein erforderlicher Zulaufüberdruck von 1,4 bar. Wird der Druck kleiner, so reißt der Schmierfilm ab, da das Lager auf der entlasteten Seite von den Stirnseiten her Luft ansaugt.

4 Ventile und Nocken

Zur Steuerung des Gaswechsels bei Viertaktmotoren und in Ausnahmefällen auch bei Zweitaktmotoren werden heute ausschließlich Pilzventile verwendet. Schiebersteuerungen der verschiedensten Bauarten wurden gelegentlich bis zum Ende des Zweiten Weltkrieges, vor allem bei Flugmotoren, verwendet. Ein großer Teil der englischen Flugmotoren dieser Zeit waren z. B. Schiebermotoren der Bauart Burt-Mac Collum, mit denen für die damalige Zeit ungewöhnlich große Steuerquerschnitte verwirklicht wurden. Da es heute durch bessere Beherrschung der Bewegungsgeometrie und Kinetik möglich ist, gleich gute Zeitquerschnitte mit normalen Ventilen zu verwirklichen, wird die aufwendige, teure und schwieriger abzudichtende Schiebersteuerung nicht mehr angewendet.

Das gesamte konstruktive Konzept eines Motors wird entscheidend durch die Ventilanordnung und den Antrieb der Ventile bestimmt. Bis in die 50er Jahre hinein waren viele Ottomotoren mit einer „*Seitensteuerung*" (Abb. 119) ausgerüstet. Sie war konstruktiv und fertigungstechnisch sehr einfach und billig herstellbar, ergab eine *hervorragende Steifigkeit* des Ventiltriebes, die ihn für sehr

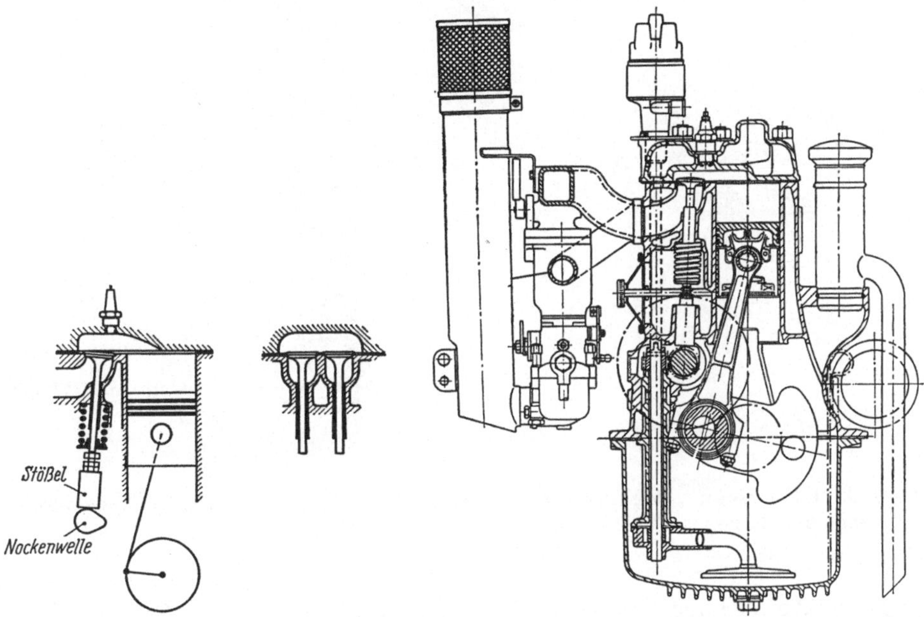

Abb. 119. „Seitengesteuerter" Motor (Daimler-Benz 170 V)

hohe Drehzahlen geeignet gemacht hätte, wenn nicht durch die ausgesprochen ungünstige Gasführung im Einlaßkanal bereits bei mittleren Drehzahlen der *Liefergrad ziemlich schlecht* geworden wäre. Außerdem zwingt die Seitensteuerung zu einer Brennraumform, die für die heute üblichen Verdichtungsverhältnisse wegen ihrer Klopfempfindlichkeit ungeeignet ist. Für Dieselmotoren mit ihrem höheren Verdichtungsverhältnis war diese Bauart nie anwendbar.

Für Dieselmotoren ist heute die Ventilsteuerung mit im Zylinderkopf hängenden Ventilen und einer im Kurbelgehäuse gelagerten Nockenwelle fast zur Standard-Bauart geworden. Die Bewegungsübertragung vom Nocken zum Ventil erfolgt über Ventilstößel, Stoßstangen und Kipphebel (Abb. 120).

Der Antrieb der Nockenwelle kann wie bei der Seitensteuerung über ein Zahnradpaar von der Kurbelwelle aus erfolgen. Die Bewegungsübertragung über Stoßstangen und Kipphebel bringt leider eine *große Elastizität* in den Ventiltrieb und auch die Masse der zu bewegenden Steuerungsteile ist ziemlich groß. Die *Eigenfrequenz* des Ventiltriebes liegt daher ziemlich *niedrig*, so daß die Gefahr von Schwingungsresonanzen mit den von der Nockenwelle her aufgeprägten erregenden Kräften besteht. Aber selbst wenn bei langsamlaufenden Motoren solche Resonanzen nicht auftreten, so wird wegen der Elastizität des Triebes eine mehr oder weni-

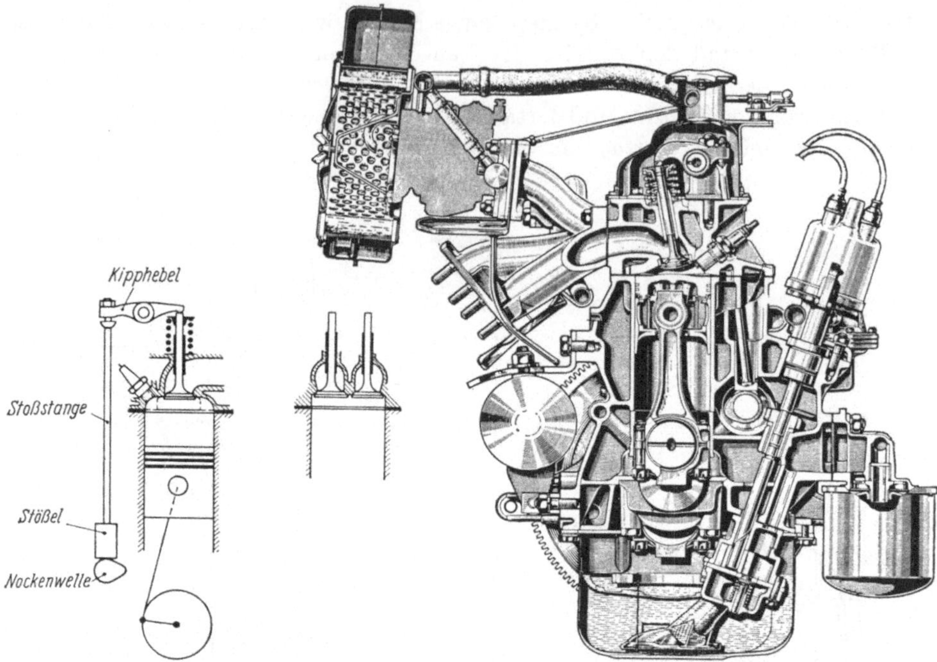

Abb. 120. „OHV-Motor", Ventilsteuerung mit im Kurbelgehäuse liegender Nockenwelle, Stoßstange und Kipphebel (Fiat 124)

ger große Abweichung des tatsächlichen Ventilhubes von der Soll-Hubkurve auftreten. Man kann die Übertragungsglieder zwischen Nocken und Ventil als Feder auffassen. Beim Hubbeginn werden dem System vom Nocken her Beschleunigungen aufgezwungen, die Massenkräfte hervorrufen. Unter diesen Massenkräften verkürzt sich das Übertragungssystem — die Feder — und das Ventil bleibt hinter seiner Soll-Hubkurve zurück (Abb. 121).

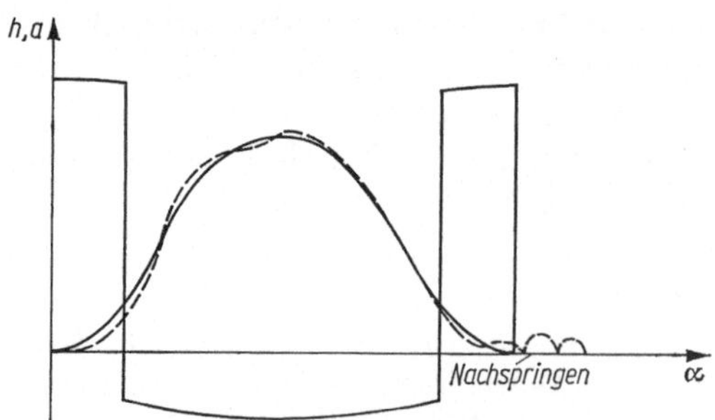

Abb. 121. Abweichung der Ventilhubkurve vom theoretischen Hubgesetz infolge der Elastizitäten im Ventiltrieb

Im weiteren Hubverlauf führt das Ventil Schwingungen mit der Eigenfrequenz des Systems um seine Soll-Hubkurve aus. Im günstigsten Falle sind diese Schwingungen durch Dämpfung (Materialdämpfung, Reibung) kurz nach dem Überschreiten des Maximalhubes abgeklungen. Eine zweite Verspannung des Feder-

Masse-Systems findet aber statt, wenn das Ventil gegen Ende der Schließbewegung vom Nocken abgefangen wird. Seine tatsächliche Hubkurve unterschneidet die Soll-Hubkurve und die nun einsetzende Schwingung hat nicht mehr die nötige Zeit zum Abklingen. Das Ventil kann unter Umständen mit einem harten Stoß auf den Sitz aufschlagen und nachspringen. Dabei besteht natürlich höchste Gefahr, daß der Ventilsitz eingeschlagen wird und möglicherweise sogar das Ventil bricht. Offenbar ist es günstig, die Beschleunigung, mit der das Ventil beim Schließen abgefangen wird, so klein wie möglich zu halten, was eine unsymmetrische Hubkurve erforderlich macht, bei der der Maximalhub nicht in der Mitte zwischen Hubbeginn und Hubende liegt, sondern zum Hubbeginn verschoben ist.

Außerdem muß der Ventiltrieb so steif wie möglich ausgeführt werden, um die Schwingungsausschläge klein zu halten.

Diese Forderung läßt sich mit der heute bei Pkw-Ottomotoren weitgehend verwendeten Ventilsteuerung mit *„obenliegender"* Nockenwelle ausgezeichnet erfüllen (Abb. 122). Die Ventile können dabei über einen Tassenstößel, der Querkräfte vom Ventil fernhält, oder unter Zwischenschaltung eines Kipphebels oder eines Schwinghebels betätigt werden (Abb. 123). Die *größte Steifigkeit* und die kleinsten zu bewegenden Massen hat dabei die Bauart mit *Tassenstößel*, relativ

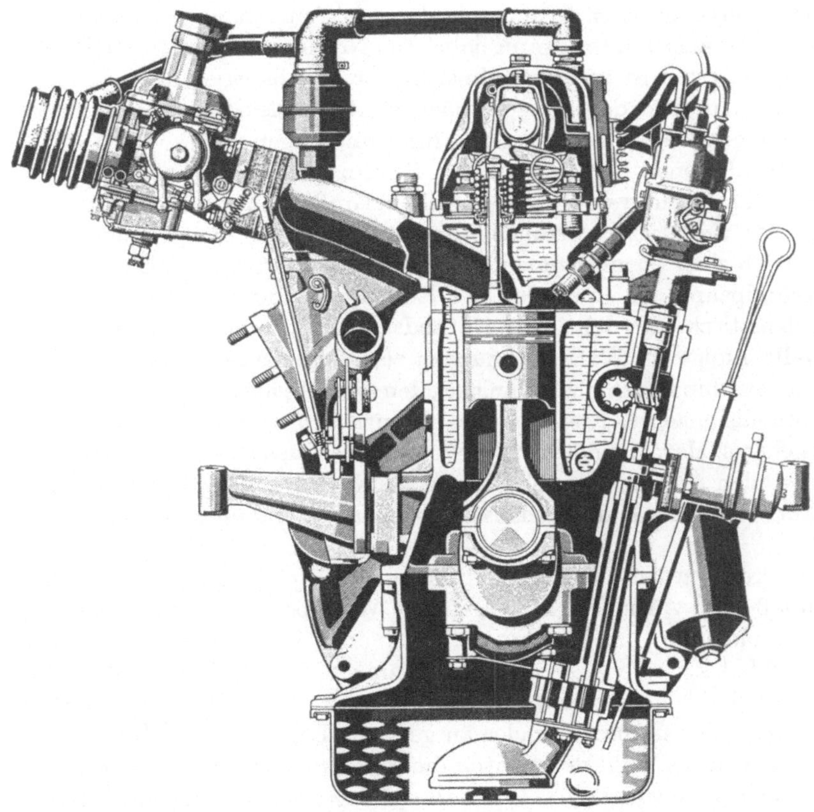

Abb. 122. „OHC"-Motor, Nockenwelle im Zylinderkopf, Ventilbetätigung über Schwing- oder Schlepphebel

am elastischsten ist die Kipphebel-Bauart. Letztere hat aber den Vorteil, daß die
Nockenwelle am tiefsten liegt und damit die geringste *Bauhöhe* des Motors ergibt. Man muß ja daran denken, daß das Nockenwellenantriebsrad einen relativ
großen Durchmesser haben muß, um die Übersetzung 1:2 zwischen Nockenwelle und Kurbelwelle zu verwirklichen. Es bestimmt daher bei obenliegenden
Nockenwellen die *Bauhöhe des Motors.* Da man bei Personenwagen aus ästheti-

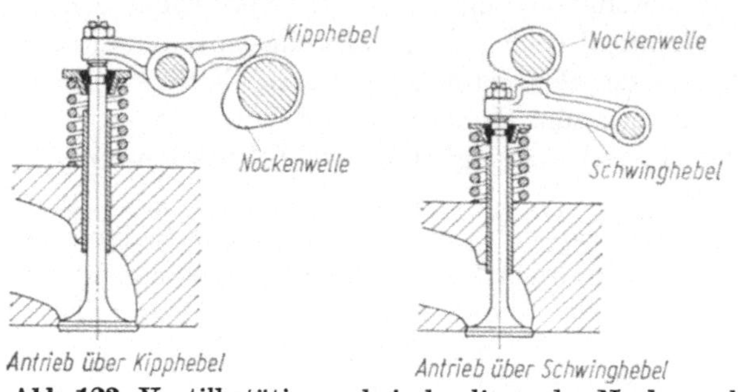
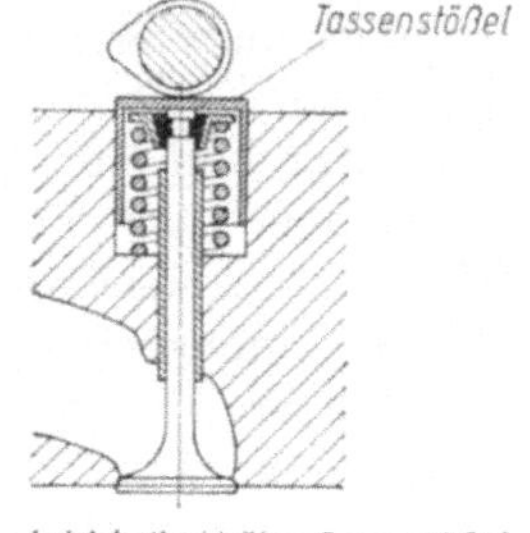

Abb. 123. Ventilbetätigung bei obenliegender Nockenwelle

schen und aus aerodynamischen Gründen bestrebt ist, eine möglichst flache und
niedrige Motorhaube auszuführen, kann dabei das Nockenwellenantriebsrad sehr
stören. Am ungünstigsten ist in dieser Hinsicht der Ventilantrieb über Schlepphebel, der in der Steifigkeit dem Tassenstößel praktisch gleichwertig und in der
Größe der zu bewegenden Massen nur geringfügig unterlegen ist.

Obwohl die obenliegende Nockenwelle seit Beginn der Entwicklung von Verbrennungsmotoren bekannt war, konnte sie sich im Großserienbau erst spät durchsetzen. Bevor der *Zahnriemen* erfunden und zur Betriebsreife gebracht war,
konnte der Antrieb einer obenliegenden Nockenwelle nur durch eine Königswelle
mit zwei Kegelradpaaren oder mittels einer Rollenkette und zwei Kettenrädern
erfolgen. Problematisch war dabei die Abstandsänderung zwischen Kurbelwelle
und Nockenwelle infolge der Wärmedehnungen von Kurbelgehäuse und Zylinderkopf, die Schiebeverbindungen bei Königswellen oder Spannrollen bei Ketten-
antrieben notwendig machte. Erst mit dem Zahnriemen wurde ein preiswertes
und betriebssicheres Maschinenelement erfunden, das heute — zumindest bei
Kleinmotoren — den Antrieb einer obenliegenden Nockenwelle billiger macht als
den Zahnradantrieb der im Kurbelgehäuse angeordneten untenliegenden Nockenwelle.

Bei Kleinmotoren werden aus Kostengründen pro Zylinder im allgemeinen
nur je ein Einlaß- und Auslaßventil ausgeführt. Wie aber leicht einzusehen ist,
erzielt man mit mehreren, im Durchmesser kleineren Ventilen größere Ventil-
querschnitte und hat kleinere Massen zu beschleunigen. Bei mittleren und großen
Viertaktmotoren sind daher Vierventil-Anordnungen üblich und gelegentlich
werden sogar sechs Ventile pro Zylinder ausgeführt. Für den möglichen *Ventil-
durchmesser* ist neben der Zahl der Ventile die Form *des Brennraumes* von Einfluß. In dach- oder keilförmigen im Zylinderkopf liegenden Brennräumen lassen
sich größere Ventile unterbringen als bei einem ebenen Zylinderkopf, bei dem der
Brennraum dann im Kolben liegt. Man wird natürlich bestrebt sein, möglichst

große Ventile auszuführen, um gute Liefergrade zu erreichen, woraus ersichtlich ist, in welch starkem Maße sich Ventilgröße, Ventilanordnung und Brennraumgestaltung gegenseitig beeinflussen.

Bei mittelschnellaufenden Motoren strebt man Gasgeschwindigkeiten im Einlaßkanal von etwa 70 bis 80 m/s an, bezogen auf die mittlere Kolbengeschwindigkeit, d. h., das Verhältnis von Einlaßkanalquerschnitt zur Kolbenfläche soll gleich $c_m/70$ bis $c_m/80$ sein. Da bei einem Pleuelverhältnis $\lambda = 0{,}25$ die maximale Kolbengeschwindigkeit um den Faktor 1,63 größer als die mittlere Kolbengeschwindigkeit ist, wird auch die maximale Strömungsgeschwindigkeit entsprechend größer, nimmt also Werte bis zu 130 m/s an.

Bei aufgeladenen Dieselmotoren und bei schnellaufenden Ottomotoren wird der Einlaßkanal so dimensioniert, daß die Strömungsgeschwindigkeit (wieder bezogen auf die mittlere Kolbengeschwindigkeit) etwa 100 bis 110 m/s beträgt. Die obere Grenze stellt einen guten Kompromiß zwischen den mit der Strömungsgeschwindigkeit ansteigenden Reibungsverlusten an der Kanalwand und der zunehmenden kinetischen Energie des Gases dar, die eine Nachladewirkung bei spätem Einlaßschluß ergibt (s. S. 34).

Der Einlaßkanal sollte sich vom Flansch am Zylinderkopf bis zum Ventilsitz um etwa 20% verengen, um eine stabile, beschleunigte Strömung zu erreichen, die am Ventilsitz die oben genannten Werte der Geschwindigkeit erreicht. Damit ist der Durchmesser des oder der Einlaßventile festgelegt und es ist zu untersuchen, wie er sich mit einer für das Arbeitsverfahren günstigen Brennraumform vereinbaren läßt.

Der sinnvolle maximale Ventilhub läßt sich sehr einfach mit folgender Überlegung herleiten (Abb. 124). Offenbar ist es unsinnig, den Querschnitt im Ventil-

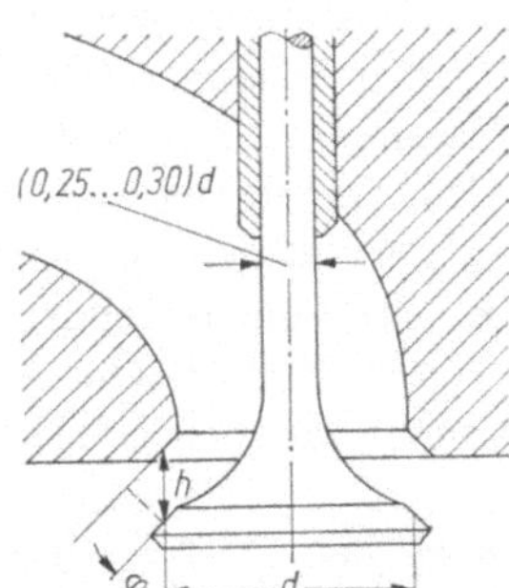

Abb. 124. Zur Auslegung des Ventilhubes

spalt größer zu machen als den Kanalquerschnitt, weil dabei die Drosselstelle in den Kanal verlegt wird und kein Gewinn an nutzbarem Querschnitt erzielt wird. Setzt man also den Spaltquerschnitt dem Kanalquerschnitt gleich, so ergibt sich der sinnvolle Maximalhub. Aus

$$A_{V\mathrm{max}} = d\pi h_{\mathrm{max}} \sin \varphi = \frac{d^2\pi}{4}$$

folgt

$$H = h_{\mathrm{max}} = \frac{d}{4 \cdot \sin \varphi}.$$

Dabei ist die durch den Ventilschaft verursachte Querschnittsverminderung im Einlaßkanal außer acht gelassen. Bei dem üblichen Sitzwinkel von $\varphi = 45°$ ergibt sich $H = d/2{,}84 \approx d/3$. Nach der Gleichung für H sieht es so aus, als ob ein größerer Sitzwinkel kleinere Hübe verlangt bzw. bei gleichem Hub größere Querschnitte freimacht. Das ist aber tatsächlich nicht der Fall, da bei größeren Sitzwinkeln stärkere Strömungsablösungen am Ventil auftreten, die den Durchflußbeiwert (s. unten) verschlechtern. Meistens wird sogar der Maximalhub H etwas kleiner als $d/3$ ausgeführt, etwa in dem Bereich $d/4 \leq H \leq d/3$. Dafür gibt es verschiedene Gründe:

1. Der *effektive* oder wirksame Ventilquerschnitt ist infolge von *Ablösungserscheinungen* und *Strahleinschnürung* kleiner als der geometriche Querschnitt $A_{V\text{eff}} = \zeta \cdot A_{V\text{geo}}$. Dabei ist ζ ein Durchflußbeiwert, der seinerseits eine Funktion des Ventilhubes ist (Abb. 125). Er wird auf einem Durchflußprüfstand ermittelt,

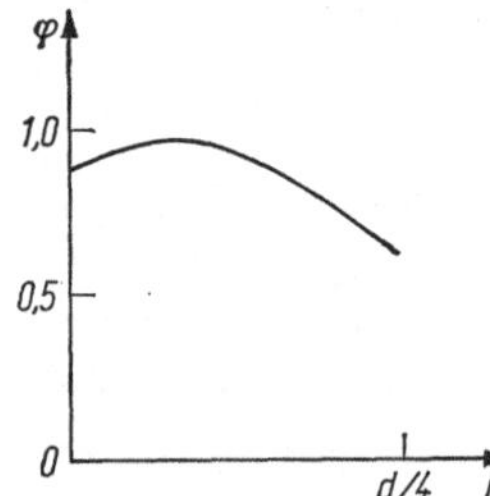

Abb. 125. Durchflußbeiwert eines Ventils als Funktion des Ventilhubes

auf dem der Zylinderkopf und ein Zylinder aufgebaut werden. Bei einem bestimmten Ventilhub wird durch ein Gebläse die Luft aus dem Zylinder abgesaugt (oder für ein Auslaßventil hineingeblasen) und dabei eine Druckdifferenz zwischen Umgebungsdruck und Zylinder eingestellt, die dem Zustand beim Ansaugen (Ausschieben) entspricht. Die pro Zeiteinheit durchgesetzte Luftmenge wird gemessen und mit jener verglichen, die bei dem gleichen Druckgefälle theoretisch durch den geometrischen Querschnitt fließen müßte. Das Verhältnis von gemessenem zu theoretischem Mengenstrom ist dann die Durchflußziffer ζ des Ventils bei dem vorgegebenen Hub. Man sieht aus Abb. 125, daß ab einem gewissen Hub die Durchflußziffer abnimmt, ein Hub von $d/3$ bringt daher praktisch nicht wesentlich mehr wirksamen Ventilquerschnitt als $d/4$.

2. Kleinere Ventilhübe erfordern kleinere *Beschleunigungen* beim Öffnen und Schließen und setzen daher die *Massenkräfte* herab, die, wie oben beschrieben, den Ablauf der Ventilbewegung nachteilig beeinflussen.

3. Die *Eigenschwingungszahl* der *Ventilfeder* (s. unten) nimmt mit zunehmendem Federhub (Ventilhub) ab. Man ist aber an hohen Eigenschwingungszahlen der Feder interessiert, um Resonanzen mit niedrigen Ordnungen der Erregenden (Hubgesetz) zu vermeiden. Diesem Wunsch kommt der kleinere Ventilhub entgegen.

Nach der Festlegung des Maximalhubes muß ein sinnvoller Hubverlauf gefunden werden. Einen Hinweis dafür liefert die Kontinuitätsgleichung, die man wie folgt ansetzen kann: Geschwindigkeit im Ventilspalt mal Ventilquerschnitt muß gleich sein der Kolbengeschwindigkeit mal der Kolbenfläche, also:

$$A_V\,c_V = A_K\,c_K$$

mit A_V Ventilquerschnitt,
         c_V Gasgeschwindigkeit im Ventilspalt,
         A_K Kolbenfläche,
         c_K Kolbengeschwindigkeit.

Setzt man für A_V die oben abgeleitete Beziehung an, so folgt:

$$c_V \, d\pi h \sin \varphi = c_K \, A_K,$$

und aufgelöst nach c_V

$$c_V = \frac{c_K \, A_K}{h \pi d \sin \varphi} = \frac{c_K}{h} K.$$

Daraus sieht man sofort: Macht man den Ventilhub h proportional zur Kolbengeschwindigkeit c_K, so wird die Geschwindigkeit c_V im Ventilspalt konstant. Das ist aber sicher von Vorteil, da es einen optimalen Liefergrad verspricht, weil die Strömung nicht unnötig beschleunigt oder verzögert werden muß. Daß sich die Geschwindigkeit im Einlaßkanal notwendigerweise von Null über einen Maximalwert wieder auf Null ändert, ist leider unvermeidlich und über die Ventilhubkurve nicht zu beeinflussen. Aber dort, wo man es in der Hand hat, im Ventilspalt, sollten unnötige Beschleunigungen dafür um so mehr vermieden werden.

Nun tritt die maximale Kolbengeschwindigkeit nicht 90° Kurbelwinkel vor oder nach dem oberen Totpunkt auf, sondern, bedingt durch das Pleuelverhältnis, näher zum oberen Totpunkt hin. Bei einem Pleuelverhältnis $\lambda = 0{,}25$ erreicht die Kolbengeschwindigkeit ihr Maximum bei 77° Kurbelwinkel vor und nach OT. Demnach sollte auch das Einlaßventil bei diesem Kurbelwinkel seinen größten Hub erreichen, die Hubkurve sollte unsymmetrisch sein, der Maximalhub sollte näher zum Öffnungsbeginn hin liegen. Genau die gleiche Forderung wurde auch schon auf S. 135 gestellt, um kleinere Beschleunigungen beim Ventilschluß zu erhalten. Es ist ein glücklicher und in der Technik seltener Zufall, daß hier einmal nicht ein Kompromiß zwischen widerstreitenden Forderungen gefunden werden muß.

Wenn das Auslaßventil öffnet, beträgt der Druck im Zylinder je nach Arbeitsverfahren (Otto, Diesel, Aufladung) zwischen 5 und 10 bar. Im Auspuffrohr herrscht ein wesentlich geringerer Druck; bei Saugmotoren und bei Stoßaufladung liegt er wenig über dem Umgebungsdruck, bei Stauaufladung ist er etwas niedriger als der Ladedruck.

Auf jeden Fall ist im Augenblick des Auslaß-Öffnens ein *überkritisches Druckgefälle* zwischen Zylinder und Auspuffrohr vorhanden. Das Ausströmen erfolgt also zunächst mit *Schallgeschwindigkeit*, die z. B. bei einer Gastemperatur von 600 °C etwa 590 m/s, beträgt. Es ist also zumindest bei Beginn des Auslaßvorganges gar nicht möglich, die Strömungsgeschwindigkeit im Ventilspalt über den Ventilhub zu beeinflussen. Daher sollte man bestrebt sein, das Ventil möglichst schnell zu öffnen, um den Druck im Zylinder rasch abzubauen und damit unnötige Ausschiebearbeit zu vermeiden. Das bedeutet aber, daß die Hubkurve des Auslaßventils im Prinzip genauso aussehen sollte wie die des Einlaßventils, also mit dem Maximalhub näher beim Öffnungs- als beim Schließpunkt. Damit hat man auch beim Auslaßventil den Vorteil, das Ventil beim Schließen mit geringerer Beschleunigung abfangen zu können.

Bei der Bestimmung der Durchflußziffer von Auslaßventilen nach dem oben geschilderten Verfahren kann es vorkommen, daß man Werte über 1 erhält. Das tritt dann auf, wenn der Auslaßkanal als Diffusor ausgebildet ist. Dadurch wird das tatsächlich am Ventil vorhandene Druckgefälle größer als das der Rechnung zugrunde gelegte zwischen Zylinder und Umgebung, was sich in der „zu großen" Durchflußziffer ausdrückt. Der Motor macht aber gewissermaßen den gleichen „Fehler", mit anderen Worten: Durch die Ausbildung des *Auslaßkanals als Diffusor* wird das Druckgefälle am Auslaßventil erhöht und damit ein schnelleres Ausströmen erreicht. Wegen des — auch ohne Diffusorkanal — größeren Druckgefälles am Auslaßkanal kann das Auslaßventil im Durchmesser kleiner als das Einlaßventil ausgeführt werden, $d_{Ausl} \approx 0{,}85$ bis $0{,}9 \cdot d_{Einl}$.

Die praktische Erhebungskurve der Ventile muß naturlich *sanfte Übergänge* beim Öffnen und Schließen haben (Abb. 126), da andernfalls ein Sprung in der

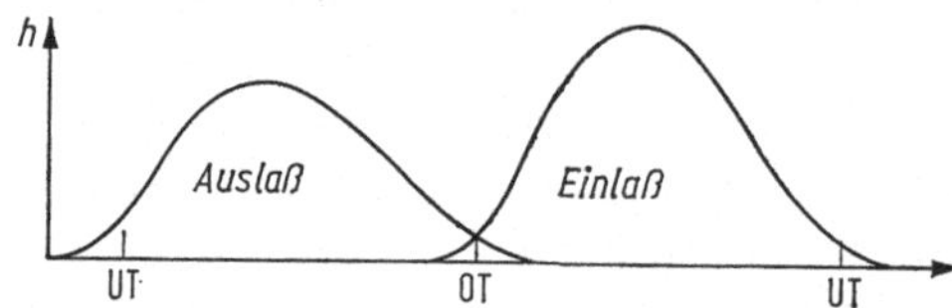

Abb. 126. Hubkurven von Auslaß- und Einlaßventil

Geschwindigkeit, also eine unendlich große Beschleunigung auftreten würde. Der sanfte Übergang macht es erforderlich, die Ventile bereits vor den jeweiligen Totpunkten öffnen und entsprechend nach den Totpunkten schließen zu lassen.

Das ist aber auch vom Gaswechsel her wünschenswert. Würde das Auslaßventil erst im unteren Totpunkt öffnen, so erfolgte der Druckabbau im Zylinder zu langsam, was eine unnötige hohe Ausschiebearbeit zur Folge hätte. Der optimale Punkt für den Auslaßbeginn liegt so weit vor dem unteren Totpunkt, daß in diesem der Druck auf die Mitte zwischen Expansionsenddruck und Ausschiebedruck abgefallen ist. Dann ist nämlich die Summe der Verluste aus Expansionsarbeit und Ausschiebearbeit ein Minimum. Da bei höheren Drehzahlen der Auslaß früher, bei niedrigen Drehzahlen später öffnen müßte, um optimal zu liegen, muß wieder einmal ein brauchbarer Kompromiß gefunden werden.

Auch der Auslaßschluß darf natürlich nicht im oberen Totpunkt liegen, da dann die Drosselverluste am Ende des Ausschiebens zu groß würden, er liegt nach dem oberen Totpunkt. Sinngemäß das gleiche gilt für den Einlaßbeginn, der im Interesse geringer Drosselung beim Ansaugen bereits vor dem oberen Totpunkt liegen muß. Dadurch entsteht eine *Steuerzeitüberschneidung* oder *Ventilüberschneidung*, die für das Betriebsverhalten eines Motors von erheblicher Bedeutung ist. Große Steuerzeitüberschneidung verbessert den Liefergrad bei hohen Drehzahlen, da die Gassäule in der Ansaugleitung durch die Saugwirkung des ausströmenden Abgases schon in Bewegung gesetzt wird, wenn der Kolben sich noch in Richtung zum oberen Totpunkt bewegt. Bei niedriger Drehzahl muß man dann aber damit rechnen, daß eine gewisse Menge Abgas in die Ansaugleitung geschoben wird und beim anschließenden Saugtakt eine *Ladungsverdünnung* verursacht. Besonders unangenehm wird diese Erscheinung bei Ottomotoren im Teillastbereich bei ziemlich weit geschlossener Drosselklappe. Dann herrscht im

                                                                141

Saugrohr ein sehr niedriger Druck, so daß erhebliche Mengen Abgas in das Ansaugsystem gelangen. Das kann so weit führen, daß infolge starker Ladungsverdünnung *periodische Folgen von Zündungen und Zündaussetzern* auftreten, die bei einem Personenwagen zu dem sogenannten „Teillastruckeln" oder „Schieberuckeln" führen können, die aber vor allem einen extrem starken Anstieg der Kohlenwasserstoffemission mit dem Abgas zur Folge haben. Wenn ein gutes Teillastverhalten, vor allem bei Ottomotoren, verlangt wird, darf die Steuerzeitüberschneidung nur wenige Grad Kurbelwinkel betragen.

Bei aufgeladenen Dieselmotoren werden oft sehr große Steuerzeitüberschneidungen gewählt, Werte von 100° Kurbelwinkel sind nicht ungewöhnlich. Man erreicht damit eine hervorragende *Durchspülung* des Brennraumes, also geringste Mengen an Restgasen. Es tritt auch eine gewisse *Innenkühlung* des Brennraumes ein, deren Wirksamkeit man aber nicht überschätzen sollte. Bei Betrieb mit Schwerölen ist außerdem die Absenkung der Abgastemperatur durch die beigemischte Spülluft erwünscht, weil dadurch einem vorzeitigen Verschmutzen des Abgasturboladers vorgebeugt wird.

Die *wichtigste Steuerzeit*, um den Charakter eines Motors zu beeinflussen, ist der *Einlaßschluß*. Schon bei der Besprechung des Liefergrades (s. Abschn. II.3) wurde auf diesen Punkt hingewiesen. Ein später Einlaßschluß ergibt hohen Liefergrad bei hohen Drehzahlen, vorausgesetzt, man hat auch durch entsprechende

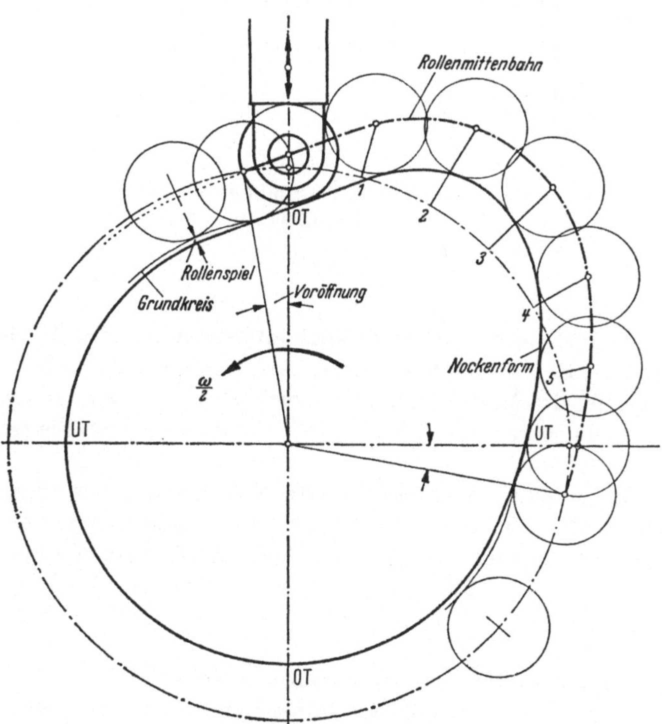

Abb. 127. Relative Rollenmittenbahn und Nockenform. Kinematische Ableitungen dürfen nicht die Nockenform, sondern müssen die Rollenmittenbahn, d. h. die Ventilhubkurve als Grundlage benutzen

Dimensionierung des Einlaßkanals für die nötige kinetische Energie der Luft
gesorgt. Bei niedrigen Drehzahlen muß man dann aber einen Liefergradverlust
gegenüber dem früher schließenden Ventil in Kauf nehmen, da Ladung in den
Einlaßkanal zurückgeschoben wird.

Die gewünschte Hubkurve des Ventils muß nun unter Berücksichtigung der
zwischengeschalteten Übertragungsglieder auf den Nocken übertragen werden.
Dies wurde früher oft graphisch durchgeführt (Abb. 127, 128), wobei sich die Nok-

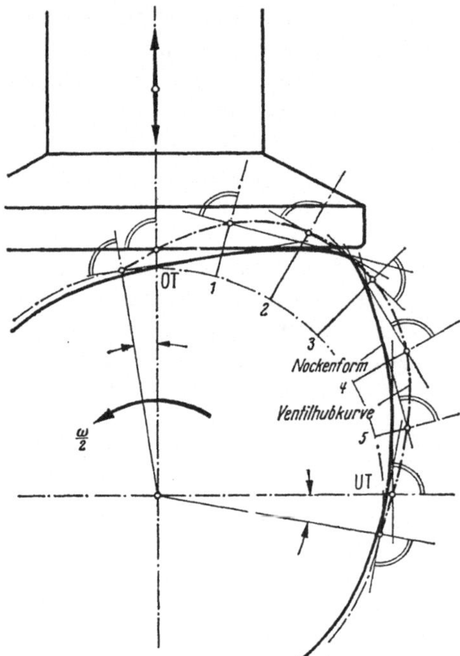

Abb. 128. Ventilhubkurve und Nockenform
bei ebener Stößel-Stirnfläche

kenkontur als Hüllkurve der Rollenkreise bzw. Stößelkonturen ergibt. Die Hüllkurve wurde dann durch eine Reihe von Kreisbögen und Geraden angenähert,
um eine einfachere Bearbeitung des Meisternockens zu ermöglichen, von dem aus
auf Kopierschleifmaschinen die einzelnen Nocken der Nockenwelle bearbeitet
werden.

Der aus Kreisbögen und Geraden zusammengesetzte Nocken hat aber einen
schwerwiegenden Nachteil. An den Übergangsstellen von einem Radius zum anderen entstehen notwendigerweise Sprünge im Verlauf der Ventilbeschleunigung,
der Nocken ist „*ruckbehaftet*". In Abb. 129 ist der Verlauf von Hub, Geschwindigkeit und Beschleunigung dargestellt, wie er sich bei einem solchen Nocken ergibt.

Wie man sieht, ergeben sich an den Radiusübergängen schroffe *Beschleunigungs-
sprünge*, die den ganzen Ventiltrieb zu Schwingungen anregen können. Solche Hubgesetze sind daher für schnellaufende Motoren nicht geeignet.

Man geht daher heute so vor, daß man den *Ventilhub* selber als *mathematische
Funktion* vorgibt, wobei die Gleichungen so aufgebaut sind, daß auch an den Über-

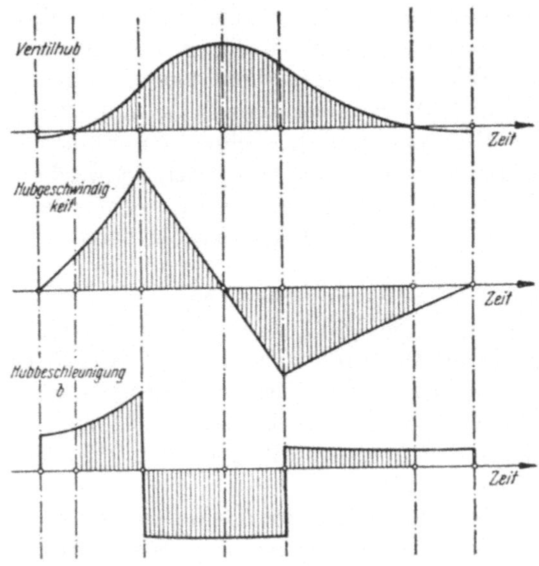

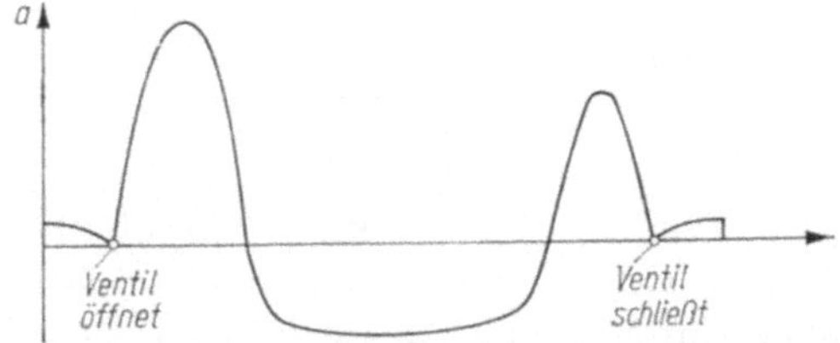

Abb. 129. Hub, Hubgeschwindigkeit und Hubbeschleunigung eines gesteuerten Ventils

gängen der einzelnen Abschnitte keine Sprünge in der Beschleunigung auftreten (Abb. 130). Ein Beispiel für ein solches Gleichungssystem ist der „Kurzsche Nokken", besser eigentlich das Kurzsche Hubgesetz, da es den Ventilhub selber beschreibt. Bei solchen *„ruckfreien Nocken"* wird immer ein sogenannter *„Vor-*

Abb. 130. Beschleunigungsverlauf bei einem „ruckfreien" Nocken

nocken" verwendet, der zum Überbrücken des *Ventilspiels* dient. Vornocken werden so ausgelegt, daß nach Durchlaufen des Ventilspiels die Auftreffgeschwindigkeit der Steuerungsteile auf das Ventil unter 0,3 m/s (bei Höchstdrehzahl) liegt, um den unvermeidlichen Stoß so klein wie möglich zu halten. Der erste und der letzte Beschleunigungsabschnitt in Abb. 130 gehört zu einem solchen Vornocken, die Beschleunigungen treten nur am Stößel (Kipphebel, Schwinghebel) auf, nicht am Ventil, das ja erst in den gekennzeichneten Punkten öffnet bzw. schließt.

Bei derartigen ruckfreien Hubgesetzen dürfen die maximalen Beschleunigungen wesentlich höher sein, als bei ruckbehafteten Ventilbetrieben. Während man bei diesen, die nur noch bei langsamlaufenden Motoren verwendet werden, die maximalen Beschleunigungen unter 1500 m/s^2 (~ 150 g) halten sollte, lassen ruckfreie Hubgesetze in kleinen schnellaufenden Motoren Beschleunigungen bis zu 7500 m/s^2 (~ 750 g) zu.

Die Auslegung ruckfreier Ventilhubkurven war früher eine sehr zeitaufwendige Arbeit, da eine umfangreiche Zahlenrechnung mit hoher Genauigkeit erforderlich

ist. Heute läßt sich auf jedem programmierbaren Tischrechner in kurzer Zeit
ein ruckfreies Hubgesetz entwickeln. Vorteilhaft ist ein Rechner mit leicht zu
handhabender Bildschirmgrafik, der Beschleunigungsverlauf und Hubkurve
anschaulich darstellen kann. Nachdem die Hubkurve festgelegt ist, wird die Nok-
kenform unter Berücksichtigung der Übertragungsteile rechnerisch ermittelt.
Dabei kann auch die Form des Bearbeitungswerkzeuges berücksichtigt werden,
so daß man direkt die Einstelldaten für die Bearbeitungsmaschine — meistens
eine Schleifmaschine — ermitteln kann, auf der der Meisternocken hergestellt
werden soll.

Die Nockenwelle wird nicht mit Rücksicht auf die Festigkeit bemessen, sondern
in erster Linie auf *Steifigkeit* dimensioniert. Dies gilt sowohl für die Torsions-
steifigkeit, die für die exakte Einhaltung der Hubkurve auch der weit vom Nok-
kenwellenantrieb entfernten Ventile wesentlich ist, als auch für die Biegesteifig-
keit, die das Schwingungsverhalten des Ventiltriebes mit bestimmt. Die höchste
Beanspruchung liegt meistens vor, wenn das Auslaßventil gegen den Zylinderdruck mit hoher Beschleunigung geöffnet wird.

Weitere für den störungsfreien Betrieb wichtige Kennwerte sind die *Hertzsche
Pressung* zwischen Nocken und Stößel, sowie die sogenannte „*Schmierzahl*".
Die Hertzsche Pressung zwischen Nocken und Stößel (Kipphebel, Schwinghebel)
sollte bei Flachstößel und bei gewölbtem Stößel (Gleitfläche eines Kipphebels)
kleiner als 700 N/mm² sein, während bei einem Rollenstößel Werte bis zu 1400 N/
mm² möglich sind. Zu hohe Werte lassen sich durch eine Vergrößerung des
Nockengrundkreises reduzieren. Die Schmierzahl ist definiert als

$$S = 2 \cdot \varrho - (R_0 h)$$

mit ϱ Krümmungsradius des Nockens am Berührungspunkt mit dem Stößel,
         R_0 Grundkreisradius,
         h momentaner Hub.

Wird $S = 0$, so bricht der Schmierfilm zusammen. Die Schmierzahl muß über
dem Nockenhub ermittelt werden und einen ausreichenden Abstand von Null
haben. Die unvermeidlichen Nulldurchgänge im Auf- und Ablauf müssen „steil"
sein, ausreichend hohe Werte der Schmierzahl erfordern einen möglichst kleinen
Radius an der Nockenspitze. Hier wird man wieder einmal zu einem Kompromiß
gezwungen, denn ein kleiner Spitzenradius erzeugt andererseits hohe Hertzsche
Pressungen. Die Erfahrung hat meistens gezeigt, daß eine ausreichend hohe
Schmierzahl wichtiger ist als eine niedrige Hertzsche Pressung, im Zweifelsfalle
sollte man also lieber eine etwas höhere Hertzsche Pressung als eine zu niedrige
Schmierzahl in Kauf nehmen.

In dem Bereich des Ventilhubes, in dem das Ventil verzögert werden muß —
besser gesagt, in dem es in Richtung auf den Ventilsitz hin beschleunigt wird
— muß die zur Beschleunigung erforderliche Kraft von der Ventilfeder aufgebracht werden. Zur Berechnung müssen alle bewegten Massen auf die Ventilseite reduziert werden. Mit den in Abb. 131 verwendeten Bezeichnungen wird die
reduzierte Masse des Ventiltriebes

$$m_{\text{red}} = m_V + \frac{m_F}{2} + \frac{J_D}{x_V^2} + m_N \cdot \frac{x_N^2}{x_V^2}.$$

Die Masse der Ventilfeder m_F wird nur zur Hälfte eingesetzt, da ihr eines Ende keine Bewegung macht, das andere Ende aber den vollen Ventilbeschleunigungen ausgesetzt ist. Die Massenkraft auf der Ventilseite ist dann mit der Ventilbeschleunigung a_V

$$F_m = m_{\text{red}}\, a_V.$$

Bei ruckfreien Ventilhubgesetzen ist die beim maximalen Ventilhub auftretende maximale Beschleunigung (Verzögerung) direkt bekannt.

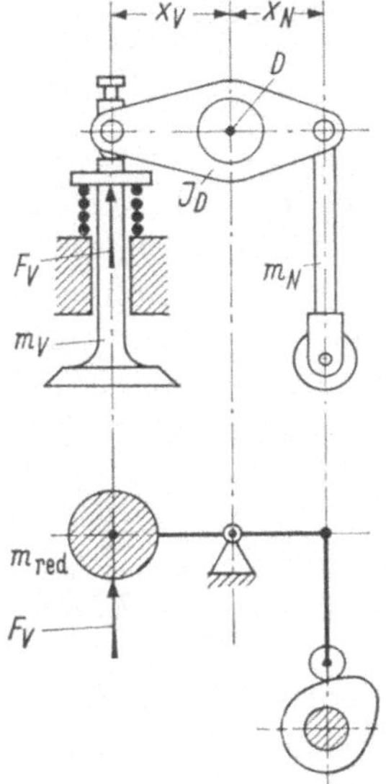

Abb. 131. Auf Ventilseite reduzierte Masse m_{red} des Ventilgestänges

Sind Hub, Geschwindigkeit und Beschleunigung auf die Nockenseite bezogen, so ergibt sich die Beschleunigung am Ventil aus

$$a_V = a_N\, \frac{x_V}{x_N}.$$

Die Federkraft F_V muß immer größer sein als die Massenkraft F_m, in der Regel macht man einen Sicherheitszuschlag von 30%:

$$F_V \approx 1{,}3 \cdot F_m.$$

Damit hat man die nicht genau erfaßbare *Reibung* im Ventiltrieb berücksichtigt, vor allem aber eine Sicherheit gegen „*Überdrehen*" des Motors, also Drehzahlen, die höher liegen als die beim Entwurf vorgesehene Höchstdrehzahl. Besonders bei Fahrzeugmotoren muß mit solchen Überdrehzahlen gerechnet werden, z. B. wenn der Fahrer sich „verschaltet".

Ventilfedern müssen immer auf Schwingungssicherheit nachgerechnet werden. Die *Eigenkreisfrequenz* einer Schraubenfeder ist

$$\omega_e = \pi\, \frac{\tau'_W}{H}\, \sqrt{\frac{1}{2G\varrho}}$$

mit $\qquad \tau'_W = \dfrac{\tau_W}{\psi}$,

$$\psi = 1 + \frac{5}{4}\cdot\frac{d}{D} + \frac{7}{8}\left(\frac{d}{D}\right)^2,$$

d Drahtdurchmesser,
D mittlerer Windungsdurchmesser,
H maximaler Federhub,
G Schubmodul des Federwerkstoffes,
ϱ Dichte des Federwerkstoffes.

Faßt man die Konstanten unter der Wurzel und π zusammen, so ergibt sich für die technisch allein wichtigen Stahlfedern die Zahlenwertgleichung:

$$\omega_e = 86 \cdot \frac{\tau'_W}{H} \quad \text{mit} \quad \tau'_W \text{ in N/mm}^2, \ (H \text{ in mm}).$$

Die Eigenkreisfrequenz einer Ventilfeder sollte so hoch wie möglich sein, da besonders bei nichtruckfreien Ventiltrieben die Harmonischen Ordnungen der Erregung (Hubgesetz) bis etwa zur 12. Ordnung noch nennenswerte Amplituden haben. Daher sollte etwa $\omega_e \geq 15 \cdot \omega_{\mathrm{NW}}$ angestrebt werden. Bei ruckfreien Ventiltrieben genügt in der Regel $\omega_e \geq 12 \cdot \omega_{\mathrm{NW}}$ .Wie man besonders gut aus obiger Zahlenwertgleichung für ω_e sieht, ist ein kleiner maximaler Ventilhub vorteilhaft für die Eigenschwingungszahl der Feder. Ein Maximalhub von $d/4$ ist also günstiger als $d/3$ (s. oben), nicht nur weil er eine höhere Eigenkreisfrequenz der Ventilfeder ergibt, sondern zusätzlich die Beschleunigungen und damit die Amplituden der erregenden Ordnungen herabsetzt. *Besonders bemerkenswert ist der Einfluß der Torsionswechselspannung τ'_W!*

Es kommt auch heute noch vor, daß ein Konstrukteur glaubt, für die Ventilfeder etwas Gutes zu tun, wenn er sie so dimensioniert, daß kleine Wechselspannungen auftreten. Die dann auftretenden Federbrüche sind auf Schwingungsresonanzen zurückzuführen. Die Wechselspannung in der Feder muß so hoch wie irgend zulässig gemacht werden, moderne im Ölbad gehärtete und kugelgestrahlte Ventilfedern lassen sich bis zu $\tau_W = 400$ N/mm² bei $\tau_{\max} \leq 800$ N/mm² belasten,

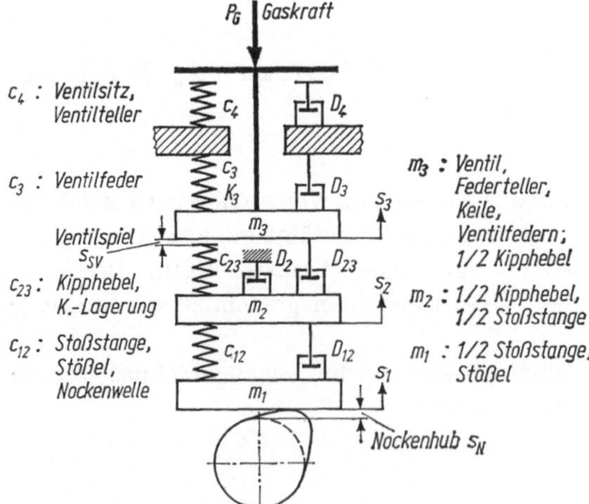

Abb. 132. Ersatzsystem für einen Ventiltrieb

wenn die Temperatur in der Feder 130 °C nicht übersteigt. Bei luftgekühlten Motoren treten gelegentlich höhere Temperaturen auf, hier müssen Wechselspannung und Maximalspannung entsprechend herabgesetzt werden, um auf längere Sicht ein Setzen der Federn zu vermeiden. Sind bei schnellaufenden Motoren Resonanzen nicht zu vermeiden, können eventuell progressiv gewickelte Federn mit *nichtlinearer Federkennlinie* eine Verbesserung bringen.

Wie bereits gesagt, stellt das gesamte Übertragungssystem von der Nockenwelle bis zum Zylinderkopf ein schwingungsfähiges System dar. Es läßt sich auf ein Mehrmassensystem zurückführen (Abb. 132), dessen Eigenschwingungszahlen sich nach dem im Abschn. III.6 beschriebenen Holzer-Tolle-Verfahren bestimmen lassen, wenn man anstelle der Massenträgheitsmomente und Drehfederzahlen die Massen und Federzahlen des Ventiltriebes einsetzt.

Die Berechnung des tatsächlichen Hubverlaufes unter Berücksichtigung der Massenverteilung und der Elastizitäten ist recht aufwendig und „von Hand" nicht durchzuführen. Analogrechner sind ein besonders geeignetes Hilfsmittel, um schnell ausreichend genaue Ergebnisse zu erhalten, aber auch die numerische Lösung der nichtlinearen Differentialgleichungen (Ventilspiel, Reibung) auf Digitalrechnern ist heute in kurzer Zeit möglich, wenn geeignete Programme vorhanden sind.

5 Spül- und Auspuffschlitze

Bei Zweitaktmotoren vollzieht sich der Ladungswechsel in der Umgebung des unteren Totpunktes. Die Luft strömt entweder durch „Spülventile" oder durch vom Arbeitskolben selbst freigegebene „Spülschlitze" ein. In kurzer Zeit muß also ein Luftvolumen von der Größe des Hubvolumens $(D^2\pi/4)s$ einströmen. Meist ist sogar der Spülluftaufwand noch größer — bis etwa $1{,}30(D^2\pi/4)s$ —, um die Spül- und Kühlwirkung zu verbessern. Es ist dann

$$1{,}30 \cdot D^2 \frac{\pi}{4} s = w \cdot A_s \cdot z \ \mathrm{m}^3,$$

s ist der Gesamthub des Arbeitszylinders, w ist die Luftgeschwindigkeit (in m/s) in den Schlitzen, die bei schnellaufenden Maschinen recht hoch (über 120 m/s) sein muß, A_s (in m²) ist der Gesamtquerschnitt der Spülschlitze, senkrecht zum eintretenden Luftstrom gemessen, und z (in s) ist die zum Einströmen zur Verfügung stehende Zeit. Da die Spülschlitze *allmählich* öffnen und schließen, darf das Produkt $A_s z$ („Zeitquerschnitt") nicht mit dem *vollen* Querschnitt und der *ganzen* Zeitspanne des Spülvorganges gebildet werden, sondern — wie aus Abb. 133 leicht einzusehen ist — mit einer „mittleren" Zeit z.

Zur Erzielung der Einblasegeschwindigkeit w und zur Deckung der mannigfachen Drossel-, Wirbel- und Umlenkverluste muß die Spülluft mit einigen Zehntel bar Überdruck eingeblasen werden. Hierzu ist ein entsprechend bemessenes einfaches Gebläse erforderlich (vgl. S. 23).

Richtung und Weg der Spülluft im Zylinderinnern muß so gestaltet werden, daß der beabsichtigte Zweck: Austreibung der verbrannten Gase ohne Zurückbleiben von Abgasnestern und -walzen möglichst vollkommen erreicht wird.

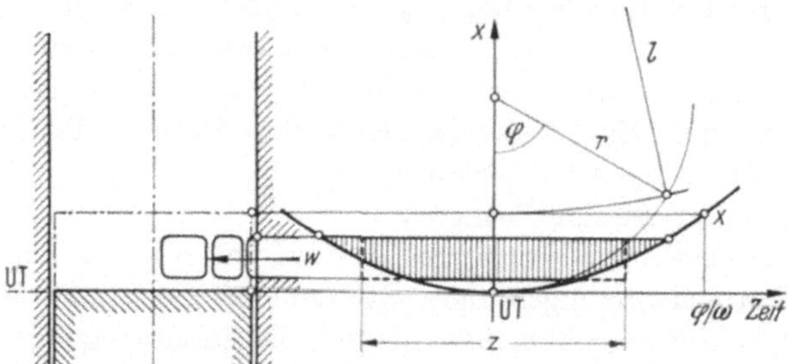

Abb. 133. Zeitquerschnitt der Spülschlitze. In dem Schaubild — Kolbenweg x abhängig von der Zeit — erscheint der Zeitquerschnitt als schraffierte Fläche. x Stellung der Kolbenkante über u. T.

Die hauptsächlichen Verfahren sind:

1. Gleichstromspülung,
2. Querspülung,
3. Umkehrspülung.

Deckel und Kolbenform wird der Spülluftströmung angepaßt.

Im Laufe der Entwicklung der Zweitaktmotoren hat sich gezeigt, daß jene Spülverfahren eine bessere Gewähr für beständige Aufrechterhaltung des beabsichtigten Weges der Luftströmung beim Spülvorgang bieten, welche den *Spülluftstrom stets an den Wänden* entlangleiten und niemals Gelegenheit bieten, daß der Spülluftstrom sich von den Wänden ablöst.

Die Umkehrspülung (Abb. 137) erfüllt diese Bedingung ohne weiteres.

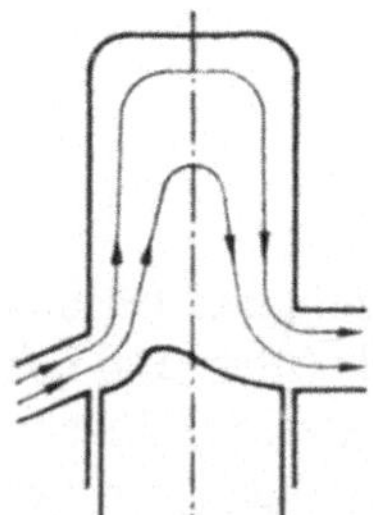

Abb. 134. Querspülung

Bei der Gleichstromspülung (Abb. 135a und b) können sich die nach der Mitte zusammenströmenden Luftbänder von der Laufbüchsenwand ablösen und bilden einen frei durch die Mitte blasenden Strom, dessen Lage sich bei den geringsten Unregelmäßigkeiten und Störungen weitestgehend verändert. Man erzielt durch *tangentiale* Einströmrichtung einen schraubenartig fortschreitenden Strom, der sich den Wänden entlang abspielt. Zugleich erreicht man durch die kreisende Bewegung eine wesentliche Verbesserung der Gemischbildung und dadurch Herabsetzung des benötigten Luftüberschusses, also Vorbedingungen für höchste Literleistung (Abb. 136).

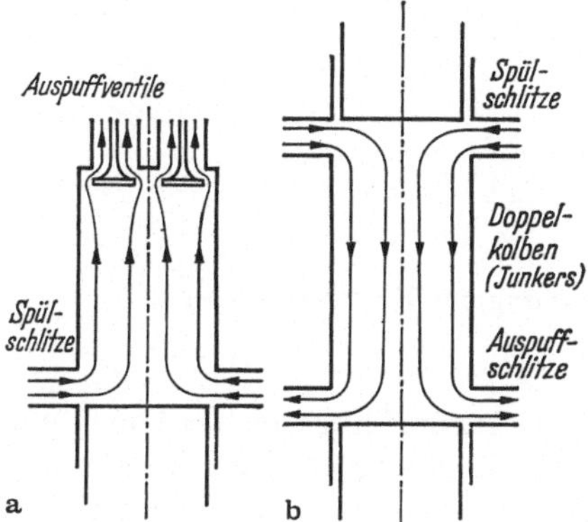

Abb. 135a, b. Gleichstromspülung

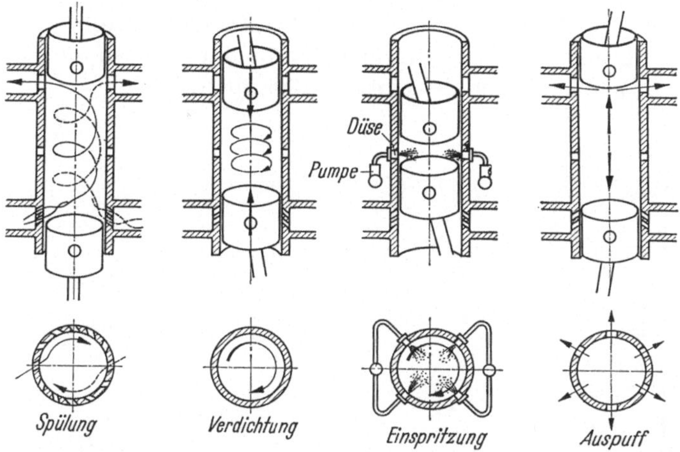

Abb. 136. Doppelkolben-Zweitakt-Dieselmotor mit Drall-Gleichstromspülung

Bei der Querspülung Abb. 134 wird der schräg hoch einblasende Strahl nicht von der Wand gestützt und geleitet. Ein freiblasender Strahl ist aber durch geringfügige Umstände weitgehend ablenkbar. Beobachtungen zeigen, daß der im Öffnungsaugenblick vielleicht wunschgemäß steil hochschießende Eintrittsstrahl im Verlauf der Spülzeit durch Wandwirbelzonen immer mehr von der Wand abgedrängt und schließlich so weit heruntergebogen werden kann, daß die Strömung

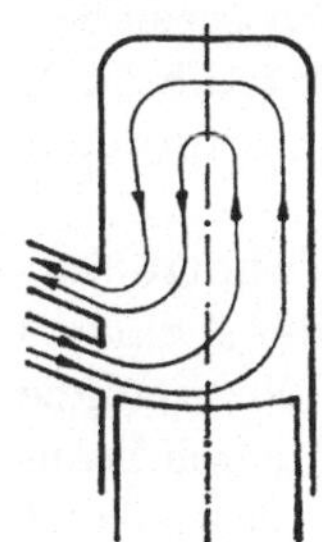

Abb. 137. Umkehrspülung (vgl. auch Abb. 29)

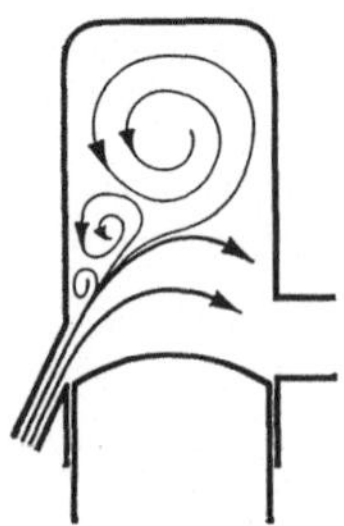

Abb. 138. Unwillkommene Ablenkung des Eintrittsstrahles
durch Wirbelzonen

auf dem kürzesten Weg über den Kolben hin zum Auspuff hinstreicht (Abb. 138).
Maschinen mit höherem mittlerem indiziertem Druck müssen aber auf sichere und
stete Spül- und Ladeverhältnisse bedacht sein. Auch beim Querspülverfahren gibt es
Abarten mit tangentialen Luftströmungen, welche den Anschluß des Luftstromes
an die Wand bewirken. Bemerkenswert ist auch das *Heransaugen des aufsteigenden
Spülluftstromes* durch schmale Saugschlitze über den Spülschlitzen (Abb. 139).
(Diese Schlitze können z. B. mit dem Auspuffrohr in Verbindung stehen, dessen
Innendruck ja niedriger ist als der Druck der eintretenden Spülluft.)

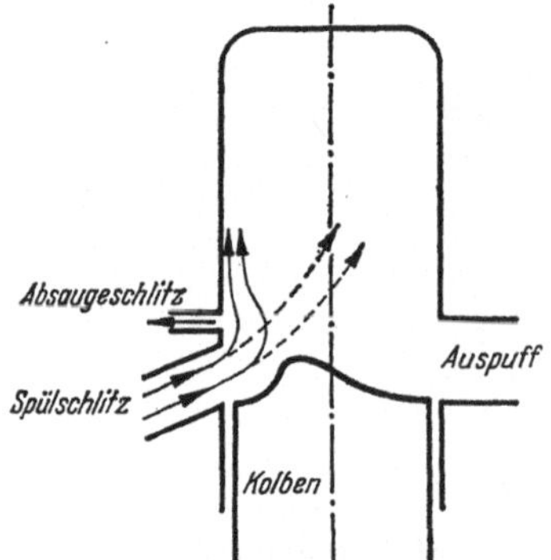

Abb. 139. Heransaugen des Spülstromes an die Wand

Als besonderer Vorteil eines Spülverfahrens ist es zu werten, wenn der Kolbenboden durch die eintretende kalte Ladung kühl geblasen wird. Die Umkehrspülung
(Abb. 137) besitzt diesen Vorteil von vornherein, ebenso die im Grundsatz sehr
ähnliche Dreistromspülung (Abb. 29).

Bei Gleichstromspülung (Abb. 135a) genießt der Kolben an der Eintrittsseite
der kalten Ladung diesen Vorteil, während der auspuffseitige Kolben eines Gegen-
kolbenmotors (Abb. 135b und 136) temperaturmäßig deutlich benachteiligt ist.
Konstruktionen, die einen zylindrische Auslaßschieber, also gewissermaßen
einen im *Durchmesser verkleinerten* auspuffseitigen Kolben verwenden (Abb. 140),
erleichtern hierdurch das Wärmeabfuhrproblem dieses temperaturgefährdeten
Bauelements.

Die *Auspuffschlitze* müssen mindestens den Querschnitt der Spülschlitze aufweisen. Sie müssen so ausreichend bemessen sein, daß der Gasinhalt des Zylinders
sich mindestens bis auf Spülluftdruck entspannen kann, ehe die Spülschlitze
öffnen. Die Schlitzhöhen sollen möglichst wenig von der Hublänge für sich beanspruchen, da dies Verlust an Diagrammfläche bedeutet. Die Schlitze müssen daher

breit ausgebildet werden und den größten Teil des Zylinderumfanges für sich ein-
nehmen. Der Kolbenringe wegen werden in nicht zu großen Abständen Stege angeordnet und die Schlitzkanten abgeschrägt oder abgerundet. Die *Gesamtschlitz-
breite B* ergibt sich beim zeichnerischen Entwurf (Abb. 141) als $b_1 + b_2 + b_3 + \cdots$

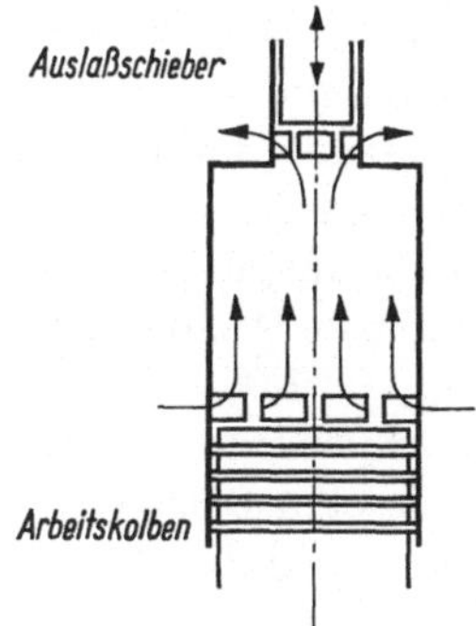

Abb. 140. Gleichstromspülung mit Auslaßschieber

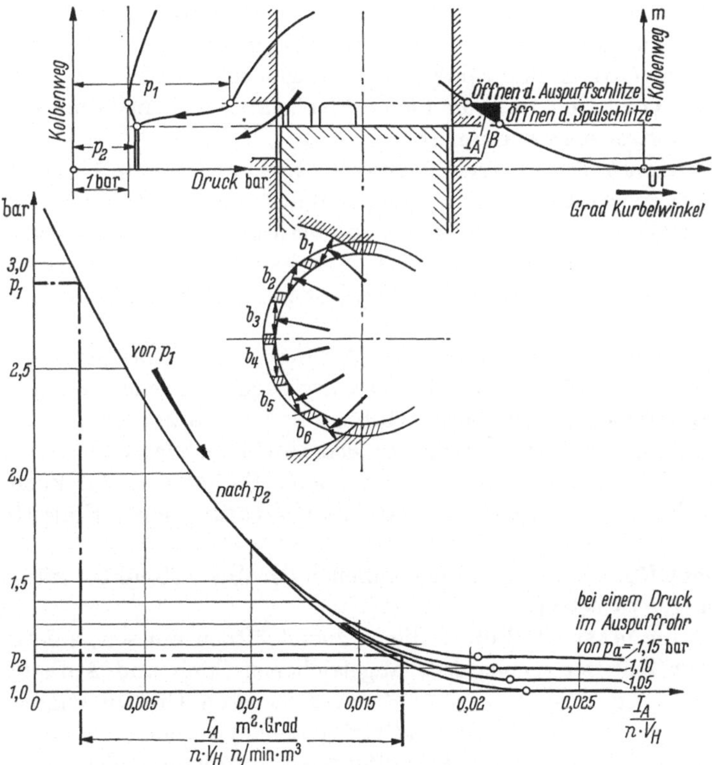

Abb. 141. Zeitquerschnitt der Auspuffschlitze. *Oben Mitte:* Schema der Laufbüchse;
links Auspuffschlitze, *rechts* Spülschlitze; Kolben gezeichnet in der Stellung, bei der die
Spülschlitze gerade öffnen. *Darunter:* Querschnitt durch die Auspuffschlitze. *Oben links:*
Druckwegschaubild (Indikatordiagramm), unteres Totpunktende. *Oben rechts:* Kolbenweg über Kurbelwinkel mit schwarz hervorgehobenem Zeitquerschnitt für das Entspannen
der Auspuffgase. *Unten:* Druckabfall über dem Zeitquerschnitt

m. Die Schlitz*höhe* muß wiederum nach dem Gesichtspunkt des nötigen Zeitquerschnittes bestimmt werden.

Die aus weitläufigen Gleichungen der Wärmelehre abgeleitete Kurve (Druckabfall über Zeitquerschnitt) der Abb. 141 gestattet, den benötigten *Zeitquerschnitt zum Auspuffen* abzulesen. Man muß zunächst ungefähr wissen, welcher Druck p_1 im Zylinderinnern beim Öffnen der Auspuffschlitze herrschen wird. Darüber gibt das Druckwegschaubild (Indikatordiagramm) Auskunft, dessen Auspuffende ebenfalls in Abb. 141 links oben gezeichnet ist. Man sieht dort das schnelle Abfallen des Druckes von p_1 auf den Druck p_2, welcher gleich oder kleiner als der Spülluftdruck sein muß, wenn kein Zurückdrücken der Spülluft durch Auspuffgase erfolgen soll. Ist z. B. $p_1 = 2{,}9$ bar, $p_2 = 1{,}15$ bar und der Druck im Auspuffrohr (der natürlich die Ausströmungsgeschwindigkeit beeinflußt) $p_a = 1{,}05$, so zeigt die auf der Grundlinie abgeschnittene Strecke das hier zu konstruierende I_A/nV_H. (Man verfolge die strichpunktierten Linien!) Bei dem eingezeichneten Beispiel ergibt sich $I_A/nV_H = 0{,}0148$. Darin bedeutet n die minutliche Drehzahl des Motors und V_H das volle geometrische Hubvolumen $(D^2\pi/4)s$ eines Arbeitszylinders in m³. Der „Zeitquerschnitt" I_A (der in diesem Falle als Querschnitt $\times$ Kurbelwinkel zu messen ist) erscheint in dem oben rechts sichtbaren Schaubild als Fläche. Ihr Inhalt gibt an, wieviel Meter Höhe $\times$ Grad Kurbelwinkel vom Öffnen der Auspuffschlitze bis zum Öffnen der Spülschlitze freigelegt worden sind. Um wirklich I_A m² $\times$ Grad darzustellen, muß die kleine Fläche allerdings noch mit der Breite B der Schlitze multipliziert werden. $B = b_1 + b_2 + b_3 + b_4 + \cdots$.

Dieses B ist bei der Konstruktion eines Zweitaktmotors zunächst durch einen zeichnerischen Entwurf zu ermitteln. Dann suche man in der Kurve den Wert für I_A, der verwirklicht werden muß. Dann verschiebe man die obere waagerechte Linie in dem (rechts oben gezeichneten) Kolbenweg-Schaubild so lange auf und ab, bis der Inhalt der kleinen (schwarz hervorgehobenen) Fläche gleich I_A/B wird.

Bei manchen raschlaufenden Kleinmotoren sind die Schlitze niedriger ausgeführt, als es nach dieser Regel sein müßte. Man hat also zugunsten eines größeren für die Arbeitsdiagrammfläche ausnutzbaren Hubanteils auf die Forderung verzichtet, daß der Zylinderinhalt beim Öffnen der Einlaßschlitze schon *unter* den Eintrittsdruck der frischen Ladung entspannt sein solle. So hat man für kurze Augenblicke ein Zurückdrücken der Ladung und eine Verspätung ihres Eintritts in Kauf zu nehmen.

Der Kurbelweg vom Öffnen bis zum Wiederschließen der Auspuffschlitze pflegt rd. $^1/_3$ des Kreisumfanges zu betragen.

Die Tatsache, daß die Auspuffschlitze, die ja zuerst öffnen müssen, zuletzt schließen, bereitete zur Zeit der mechanisch angetriebenen Spül- und Aufladegebläse Schwierigkeiten bei der Aufladung von Zweitaktmotoren. Um „unsymmetrische" Steuerzeiten zu erreichen (Auslaßschluß vor Spülende) wurden umlaufende oder oszillierende Steuerschieber in den Auspuffstutzen verwendet, oder durch Nachladeventile ein Aufladen nach dem Schließen der Auspuffschlitze ermöglicht. Diese zusätzlichen Steuerorgane stellten nicht nur einen zusätzlichen Bauaufwand dar, sie trugen darüber hinaus keineswegs zur Zuverlässigkeit des Motors bei. Heute wird bei Zweitakt-Dieselmotoren allgemein die Stauaufladung angewandt. Da die Abgase in der Auspuffleitung vor der Turbine auf einen Druck von bis zu 2 bar aufgestaut werden, kann auch der Druck im Zylinder nicht unter diesen Wert fallen. Damit ist aber auch ein Aufladen des Zylinders mit Frischluft bis zu diesem Druck möglich, da die Ladung nach Schließen der Spülschlitze nicht aus den Auspuffschlitzen entweichen kann. Das Abgas im Auspuffrohr wirkt gewissermaßen als Auslaßventil, bis die Schlitze geschlossen sind.

6 Mischventile und Vergaser

Ottomotoren für *gasförmige* Brennstoffe führen das brennbare Gas und die zur Verbrennung nötige Luft erst kurz vor dem Einlaßventil zusammen. Der Arbeitskolben saugt beim Ansaugehub durch das offene Einsaugeventil aus beiden Leitungen Gas und Luft gleichzeitig an. Das Verhältnis von Gas und Luft wird dabei durch das Verhältnis der Querschnitte an der Vereinigungsstelle, dem „Mischventil", eingestellt. Das Mischventil muß, solange kein Gemisch angesaugt wird, Luft und Gas absperren und muß beim Ansaugen beide Zutrittsquerschnitte im richtigen Verhältnis öffnen.

Die Abb. 142 und 143 zeigen zwei grundsätzliche Bauarten.

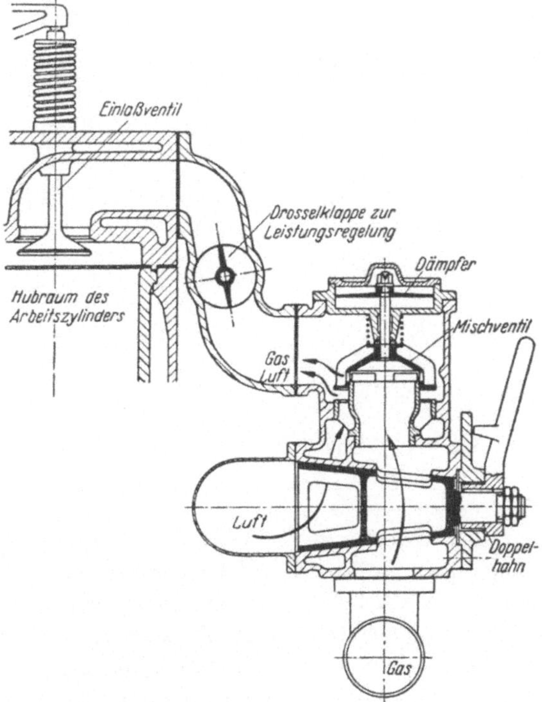

Abb. 142. Selbsttätiges Mischventil. Beim Saughub des Arbeitskolbens hebt sich das selbsttätige Ventil in der Ansaugeleitung und läßt durch zwei gleichzeitig sich öffnende verschiedene Eintrittsquerschnitte Luft und Gas einströmen. Das Mischventil schließt beim Absetzen Luft und Gas und Mischraum gegenseitig dicht ab. Die Drosselklappe in der Ansaugeleitung dient zur Leistungsregelung. Das normale, zwangsläufig gesteuerte Einlaßventil im Zylinderdeckel schützt dabei das Mischventil vor den hohen Temperaturen des Verbrennungsraumes

Abbildung 143 zeigt ein mit dem Einlaßventil festverbundenes und gleichzeitig mit diesem zwangsläufig gesteuertes Mischventil. Das Mischventil ist als eine Art Kolbenschieber mit übereinanderliegenden Gas- und Luftschlitzen ausgebildet. Die Füllungsregelung geschieht durch Verstellen der Drosselklappen in den Luft- und Gaszuleitungen.

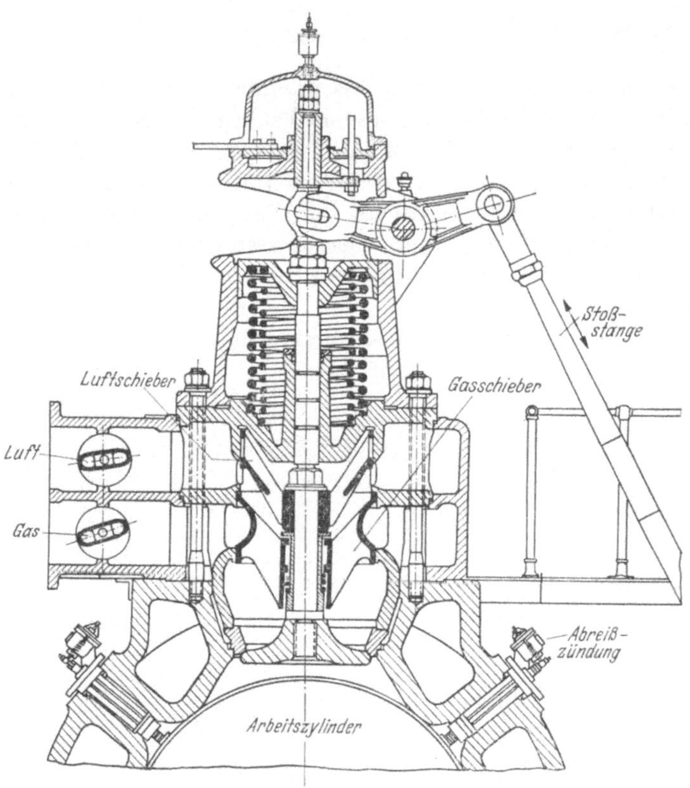

Abb. 143. Einlaß- und Mischventil einer liegenden Großgasmaschine

Bei dieser Ausführung wird die *Luft* zum Zwecke des Spülens und Aufladens mit *Überdruck* (durch ein Gebläse) zugeführt, während das Gas unter Atmosphärendruck steht und beim Einsaugehub vom Arbeitskolben angesaugt wird.

Beim Öffnen des Ventils bläst zunächst nur Druckluft ein, während die Gaseinlaßschlitze noch abgesperrt bleiben. Bei größer werdendem Ventilhub öffnen sich die Gaseinlaßschlitze, und die Lufteinblaseschlitze werden gedrosselt. Der Motor saugt nun Gasluftgemisch an. Gegen Ende der Schließbewegung des Ventils strömt nochmals ungedrosselte Druckluft ein.

So wird vor Beginn des Saugehubes ein fast vollkommenes *Ausspülen* der Abgasreste aus Hubraum *und Verdichtungsraum* erzielt und am Ende ein kräftiges *Aufladen* mit Frischluft sowie reinigendes Durchblasen des Gemischraums oberhalb des Einlaßventiltellers.

Bei anderen Bauarten solcher Einlaß- und Mischventile wird die Füllungsregelung durch Veränderung des Ventil*hubes* bewirkt.

Werden die Luft- oder Gasschlitze im Kolbenschieber und seiner Führungsbuchse ungleich lang ausgebildet, so kann man durch einfache Drehung des Ventils um seine Achse während des Betriebes das Verhältnis der Einlaßquerschnitte und damit den Luftüberschuß verändern. (Vgl. Handhebel oben links in Abb. 143.)

Bei Ottomotoren für flüssige Kraftstoffe wird das Kraftstoff-Luft-Gemisch durch einen Vergaser oder durch Kraftstoffeinspritzung im Ansaugrohr (in seltenen Ausnahmefällen auch im Zylinder) gebildet. Da Kraftstoff-Luft-Gemische nur in einem engen Bereich des Luftverhältnisses zündfähig sind (etwa $0,8 \leq \lambda \leq 1,2$), müssen Kraftstoffmenge und Luftmenge geregelt werden. Beim Vergaser (Abb. 144) geschieht dies durch das System aus Kraftstoffdüse und Luftdüse, letztere wird oft auch „Lufttrichter" oder „Venturi" genannt. Im Lufttrichter steigt die Luftgeschwindigkeit gegenüber dem Vergasereintritt, der Druck sinkt damit von p_1 auf p_2 ab. Mit einer Durchflußzahl α_L und einem Querschnitt A_L des Lufttrichters gilt für den Massenstrom der Luft

$$\dot{m}_L = \alpha_L A_L \sqrt{2\varrho_L(p_1 - p_2)}.$$

Durch eine Belüftung der Schwimmerkammer liegt die gleiche Druckdifferenz $(p_1 - p_2)$ auch an der Kraftstoffdüse mit dem Querschnitt A_K und der Durchflußzahl α_K. Für den Massenstrom des Kraftstoffes gilt dann

$$\dot{m}_K = \alpha_K A_K \sqrt{2\varrho_K(p_1 - p_2)}.$$

Es sieht zunächst so aus, als könne man ein bestimmtes Kraftstoff-Luft-Verhältnis einfach dadurch einstellen, daß man die Querschnitte von Lufttrichter und Kraftstoffdüse entsprechend aufeinander abstimmt. Leider ist aber die Durchflußzahl α keine Konstante, sondern von der Reynolds-Zahl Re abhängig. Während im Lufttrichter die Reynolds-Zahl so groß ist, daß α_L tatsächlich als konstant angenommen werden kann, befindet man sich bei der Kraftstoffdüse in einem Bereich von Reynolds-Zahlen, bei dem die Durchflußzahl α mit zunehmendem Re, also zunehmender Strömungsgeschwindigkeit, steigt (Abb. 145). Der einfache Vergaser nach Abb. 144 würde also mit steigendem Luftdurchsatz das Kraftstoff-Luft-Gemisch anfetten, d. h., das Luftverhältnis λ verkleinern. Zur Korrektur dieses Fehlverhaltens sind konstruktive Veränderungen nötig.

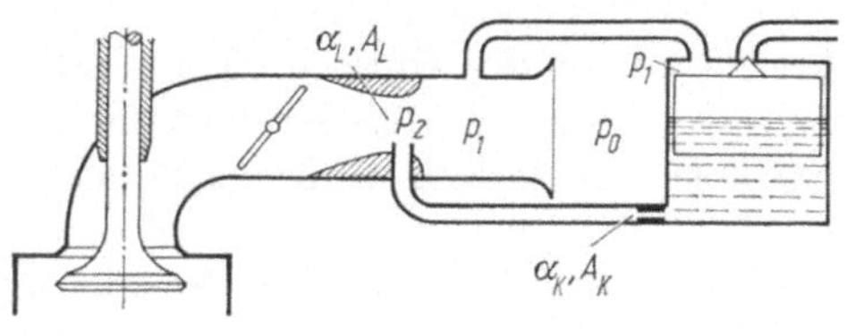

Abb. 144. Prinzipbild eines einfachen Vergasers

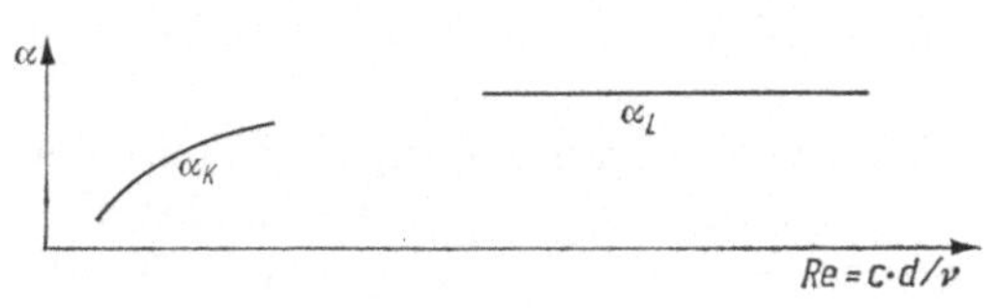

Abb. 145. Durchflußziffern von Kraftstoffdüse und Luftdüse

Die Abb. 146 zeigt den prinzipiellen Aufbau eines normalen Vergasers. Durch den Schwimmer *1* mit der Schwimmernadeldüse *2* wird ein konstantes Kraftstoffniveau im Vergaser gehalten. Der Druck p_1 im Vergasereintritt wird durch die Schwimmerkammerbelüftung *3* in die Schwimmerkammer übertragen. An der Kraftstoffdüse (Hauptdüse) *4* liegt damit die Druckdifferenz $p_1 - p_2$. Mit zuneh-

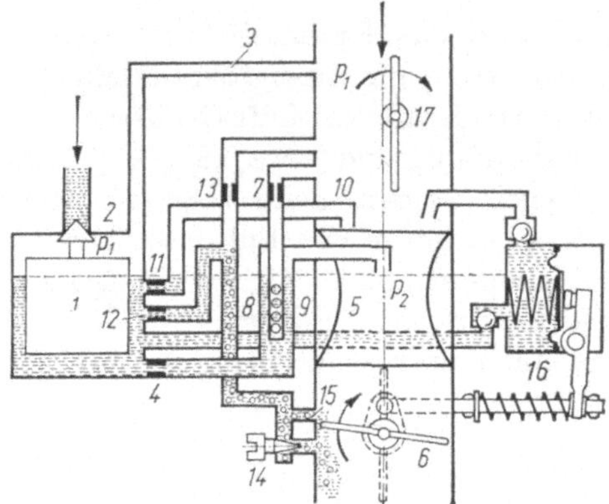

Abb. 146. Prinzipbild eines Vergasers

mender Luftgeschwindigkeit im Lufttrichter *5* sinkt der Druck p_2. Dieser Druckabfall überträgt sich auch in das Steigrohr *8*, in das das Mischrohr *9* eintaucht. Dieses ist über die Korrekturluftdüse *7* an den Druck p_1 angeschlossen, und es steht über Bohrungen mit dem Steigrohr in Verbindung. Mit sinkendem Druck p_2 sinkt daher der Kraftstoffspiegel im Mischrohr ab, bis eine der Bohrungen freigegeben wird. Die durch die Korrekturluftdüse eintretende Luft bewirkt eine Absenkung der Druckdifferenz an der Kraftstoffdüse und damit einen verringerten Kraftstoff-Fluß. Durch Zahl, Größe und Anordnung der Bohrungen im Mischrohr läßt sich über einen weiten Bereich von Luftgeschwindigkeiten ein konstantes Kraftstoff-Luft-Gemisch erreichen.

Bei *Vollast* (Drosselklappe *6* ganz geöffnet) ist eine Anreicherung des Gemisches auf etwa $\lambda = 0{,}9$ erwünscht, um die maximale Leistung zu erreichen. Ein Anreicherungsrohr *10* mit Kraftstoffdüse *11* mündet vor dem Lufttrichter in einem Bereich, in dem erst bei hohen Luftgeschwindigkeiten der Unterdruck ausreicht, um Kraftstoff zu fördern.

Bei *Leerlauf* (Drosselklappe fast geschlossen) reicht der Unterdruck im Lufttrichter nicht zur Kraftstofförderung aus. Durch eine mit Regulierdüse *14* versehene Bohrung unterhalb der Drosselklappe, also im Bereich niedrigen Druckes, wird der für den Leerlauf benötigte Kraftstoff angesaugt. Die Menge wird durch die Leerlaufdüse *12* bestimmt, eine Zusatzluftdüse *13* mischt dem Kraftstoff Luft bei, so daß er an der Austrittsstelle besser zerstäubt. Die Hauptluftmenge gelangt durch den Spalt an der Drosselklappe, mit dem auch die Leerlaufdrehzahl eingestellt wird.

Um den *Übergang* vom Leerlauf zur Teillast zu gewährleisten, sind eine oder mehrere „Übergangsbohrungen" oder „Bypaß-Bohrungen" *15* vorhanden, die beim Öffnen der Drosselklappe in den Bereich des Spaltes gelangen und die Kraftstoffversorgung übernehmen, bis das Hauptsystem anspricht. Beim Motor eines Personenwagens erfolgt bei Geschwindigkeiten bis zu 60 km/h der größte Teil der Kraftstoffversorgung über diese Bypaß-Bohrungen. Sie beeinflussen daher entscheidend die Abgasemission im niedrigen Teillastbereich.

Beim schnellen Übergang von Teillast auf Vollast steigt der Druck im Ansaugrohr stark an. Kraftstoff kann ausfallen und sich an den Wänden des Saugrohres niederschlagen. Dadurch tritt eine vorübergehende Abmagerung des Kraftstoff-Luft-Gemisches ein, die gerade beim Beschleunigen unerwünscht ist und zu einem „Loch im Übergang" führen kann. Um dies zu vermeiden, haben fast alle Vergaser eine sogenannte *„Beschleunigerpumpe" 16*. Es handelt sich um eine Membranpumpe, die über ein Gestänge mit der Drosselklappenwelle in Verbindung steht und beim Öffnen der Drosselklappe eine zusätzliche Kraftstoffmenge einspritzt. Sehr oft ist die Beschleunigerpumpe so ausgebildet, daß sie auch die Vollastanreicherung übernehmen kann, das Anreicherungssystem *10, 11* ist dann nicht erforderlich.

Beim Starten des kalten Motors ist die Anlasserdrehzahl und damit die Luftgeschwindigkeit im Vergaser sehr niedrig, es wird wenig Kraftstoff gefördert. Dieser schlägt sich außerdem an den kalten Wänden des Ansaugrohres nieder, so daß das Kraftstoff-Luft-Gemisch zu mager und damit nicht zündfähig ist. Durch Schließen der *Starterklappe 17* wird der Druck im Lufttrichter so stark abgesenkt, daß das Hauptsystem Kraftstoff abgibt und damit die erforderliche Anfettung des Gemisches bewirkt. Nach dem Anspringen des Motors muß die Starterklappe sofort etwas geöffnet werden, damit der Motor nicht wegen zu fetten Gemisches „ersäuft". Bei außermittiger Anordnung der Starterklappenwelle kann die Starterklappe durch den Unterdruck selbsttätig etwas geöffnet werden, wenn die Starterklappe nicht über ein starres Gestänge, sondern unter Zwischenschalten einer Feder geschlossen wird. Eine andere Möglichkeit ist das Anbringen eines Plattenventils in der Starterklappe, das sich durch den Unterdruck öffnet und damit die nötige Luftmenge liefert.

Solange die Anforderungen an die Abgasemission von Ottomotoren nicht sehr hoch waren, genügte der einfache Vergaser mit den beschriebenen Zusatzeinrichtungen allen Ansprüchen, die an ein Gemischbildungssystem gestellt werden. Die strenger werdenden Vorschriften, vor allem für den Teillastbetrieb (CVS-Test, Europa-Test u. a.), sind mit dem oben beschriebenen System nicht mehr sicher zu erfüllen. Ein Problem stellt z. B. die Einstellung von Drehzahl und Luftverhältnis bei Leerlauf dar. Da die Leerlaufdrehzahl durch leichtes Öffnen der Drosselklappe eingestellt werden muß, ist das Luftverhältnis λ kaum konstant zu halten, da je nach Klappenstellung die Bypaß-Bohrungen wirksam werden oder nicht. Außerdem wird dadurch das Übergangsverhalten beeinflußt, und durch fehlerhafte Einstellung der Leerlaufgemischschraube *14* kann die CO- und CH-Emission unzulässig hoch werden. Man verwendet daher heute zunehmend Systeme, bei denen die Leerlaufstellung der Drosselklappe fixiert ist, also nicht mehr ohne besondere Hilfsmittel verstellt werden kann.

Ein *„Zusatzgemischsystem"* mit eigenen Düsen für Kraftstoff und Luft umgeht die Drosselklappe; mit einer Stellschraube kann nur noch die Menge des Leerlaufgemisches (Leerlaufdrehzahl), nicht aber das Luftverhältnis eingestellt werden. Die natürlich trotzdem noch zur Einstellung des Luftverhältnisses erforder-

lichen Nadeldüsen werden vom Vergaserhersteller auf „Fließbänken" exakt eingestellt und dann gegen Verstellung durch eine Werkstatt oder den Kunden ge-
sichert.

Ein Nachteil des normalen Vergasers ist der feste Lufttrichter. Er muß so
dimensioniert werden, daß bei Teillast ausreichende Luftgeschwindigkeit vorhanden ist, um eine einwandfreie Zerstäubung des Kraftstoffes zu erzielen, soll
aber andererseits bei Vollast eine möglichst geringe Drosselung bewirken, um
guten Liefergrad zu erreichen. Eine Verbesserung kann durch Registervergaser
erreicht werden, mit zwei Lufttrichtern, die nacheinander zur Wirkung kommen.
Die Drosselklappe der zweiten Stufe kann dabei mechanisch vom Gaspedal betätigt werden oder über den Unterdruck im Ansaugrohr gesteuert sein. Letzteres
verbessert das Übergangsverhalten von Teillast auf Vollast, ist aber mit etwas
größerem Bauaufwand verbunden.

Der Gleichdruckvergaser (Abb. 147) vermeidet den Nachteil des festen Lufttrichters. Der im engsten Querschnitt des Vergasers wirksame Druck p_2 wird durch

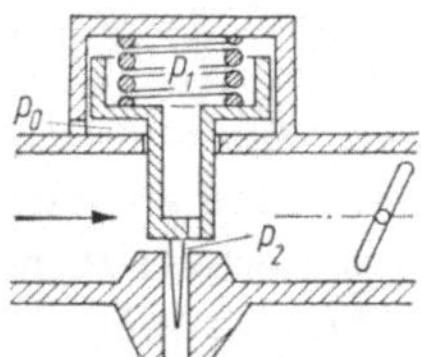

Abb. 147. Prinzip des Gleichdruckvergasers

eine Bohrung des Kolbens auf die Kolbenoberseite übertragen. Auf der Unterseite des Stufenkolbens wirkt der Druck p_0. Mit zunehmender Luftgeschwindigkeit sinkt zunächst der Druck p_2, wodurch der Kolben gegen die Kraft einer Feder
angehoben wird und damit den Lufttrichterquerschnitt vergrößert. Bei sorgfältiger Abstimmung läßt sich errreichen, daß der Druck p_2 unabhängig vom Luftdurchsatz etwa konstant ist, also auf optimale Zerstäubung eingestellt werden
kann.

Da der konstante Druck p_2 zu einer konstanten Kraftstoff-Förderung führen
würde, muß die Anpassung der Kraftstoffmenge über eine Kraftstoffdüse mit
veränderlichem Querschnitt erfolgen: Eine mit dem Kolben verbundene konische
Nadel taucht in die Kraftstoffdüse ein und verändert den Düsenquerschnitt
proportional zur Luftmenge. Die Bewegung des Kolbens wird bewußt gedämpft,
dadurch erreicht man eine Anfettung beim Beschleunigen, man benötigt also keine
Beschleunigerpumpe. Sinngemäß erfolgt beim Verzögern eine Abmagerung des
Gemisches, was mit Hinblick auf die Abgasemission erwünscht ist.

Ein kaum lösbares Problem ist es, mehrere Zylinder aus einem Vergaser mit
gleichmäßigem Kraftstoff-Luft-Gemisch zu versorgen. Am Beispiel eines Vier-
zylinder-Viertaktmotors ist dies leicht zu erkennen (Abb. 148). Die Zündfolge ist

Abb. 148. Ungünstige Saugrohrausbildung eines Vierzylindermotors

1—3—4—2, das bedeutet, daß in der Zeit, in der die Zylinder *2* und *1* ansaugen (360° Kurbelwinkel), im Abschnitt *3—4* der Ansaugleitung Kraftstoff verdampfen kann, der an der Saugrohrwand angelagert ist. Der zuerst aus diesem Abschnitt saugende Zylinder *3* wird daher ein relativ fettes Gemisch erhalten, der kurz danach (180° KW) saugende Zylinder *4* ein entsprechend magereres Gemisch. Ebenso wird Zylinder *2* fetteres, Zylinder *1* magereres Gemisch erhalten. Auch die Zylinderfüllung wird nicht gleichmäßig sein. Der Zylinder *3* muß die ruhende Luftmasse im Saugrohrabschnitt *3—4* in Bewegung setzen, der sofort anschließend saugende Zylinder *4* findet schon sich bewegende Luft vor, er wird also eine bessere Zylinderfüllung erhalten.

Wird ein solcher Motor mit zwei Vergasern ausgerüstet, so wäre offenbar die konstruktiv einfachste Lösung, einen Vergaser für die Zylinder *1* und *2* sowie einen zweiten für die Zylinder *3* und *4* vorzusehen. Das Problem der Gemischverteilung wäre damit aber nicht gelöst, nach wie vor würden die Zylinder *3* und *2* fetteres Gemisch erhalten und eine schlechtere Füllung haben. Man muß vielmehr dafür sorgen, daß die aus einem gemeinsamen Vergaser ansaugenden Zylinder um 360° Kurbelwinkel versetzten Ansaugbeginn haben, was zu einer Ausbildung der Ansaugrohre nach Abb. 149 zwingt. Außerdem sollen die Lei-

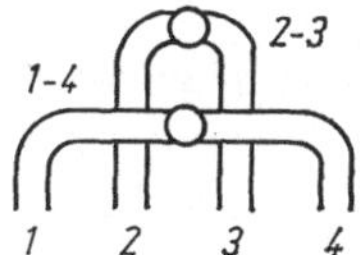

Abb. 149. Saugrohre bei einer Zweivergaseranlage

tungslängen vom Vergaser bis zum Einlaßventil alle gleich sein, um gleiche Liefergrade aller Zylinder zu erzielen.

Es muß unbedingt darauf hingewiesen werden, daß die Ausbildung der Ansaugleitungen einen entscheidenden Einfluß auf die Gemischverteilung, den Liefergrad und die Abgasemission eines Ottomotors hat. Der beste Vergaser kann an einer falsch konstruierten Ansaugleitung keine guten Betriebsergebnisse bringen.

Einige Nachteile des Vergasers vermeidet die *Benzineinspritzung*. Dabei wird Kraftstoff durch eine Pumpe gefördert und mit Einspritzventilen dosiert in das Ansaugrohr (meistens in den Einlaßkanal des Zylinderkopfes) eingespritzt. Die Luftmenge wird, wie beim Vergaser, durch eine Drosselklappe geregelt, die mit dem Fahrpedal (Gaspedal) betätigt wird. Die Kraftstoffmenge muß dann der Luftmenge so angepaßt werden, daß das gewünschte Luftverhältnis erreicht wird. Dazu ist eine Information über den Luftdurchsatz des Motors erforderlich. Bei der rein *mechanisch* gesteuerten Einspritzung ist das wesentliche Steuerelement ein Kurvenkörper („Raumnocken"), der in Abhängigkeit von der Motordrehzahl verdreht, und in Abhängigkeit von der Drosselklappenstellung (Last) axial verschoben wird. Der Hub eines den Raumnocken abtastenden Stiftes ist dann ein Maß für die pro Arbeitsspiel einzuspritzende Kraftstoffmenge. Neben den hohen Fertigungskosten, die der mit höchster Präzision herzustellende Raumnocken erfordert, ist ein Nachteil dieses Systems die starre Kopplung der Einspritzmenge an Drehzahl und Drosselklappenstellung. Im Laufe der Betriebszeit auftretende Änderungen am Motor, z. B. ein verschmutztes Luftfilter, können nicht erfaßt und berücksichtigt werden.

Die beiden *elektronischen* Einspritzanlagen, die als D- bzw. L-Jetronic von Bosch bekannt wurden, verwenden im Prinzip einen kleinen elektronischen Prozeßrechner, der die Kraftstoffmenge pro Arbeitsspiel bestimmt. Als Maß für den Luftdurchsatz werden bei der D-Jetronic der Unterdruck in der Ansaugleitung und die Drehzahl (Zündimpulse), bei der L-Jetronic der Ausschlag eines Luftmengenmessers verwendet. Es handelt sich dabei um eine im Luftstrom stehende Stauklappe, die gegen die Kraft einer Feder ausgelenkt wird und deren Stellung ein Maß für die Luftmenge ist.

Die Einspritzung erfolgt *intermittierend*, jedoch nicht für jeden Zylinder getrennt gesteuert. Es hat sich nämlich gezeigt, daß es vorteilhaft ist, nicht durch das geöffnete Einlaßventil einzuspritzen, sondern den Kraftstoff für jedes Arbeitsspiel auf dem heißen Einlaßventil *vorzulagern*. Damit wird eine bessere Verdampfung des Kraftstoffes erreicht, gleichzeitig bietet sich die Möglichkeit, mehrere Einspritzventile gleichzeitig spritzen zu lassen. Die Einspritzventile werden elektromagnetisch geöffnet, die Öffnungsdauer bestimmt die Einspritzmenge. Die Anwendung eines Prozeßrechners bietet weitere Korrekturmöglichkeiten, wie Kaltstart- und Warmlaufanreicherung, Schubabschaltung, Höhenkorrektur, Vollastanreicherung usw.

Da zur Zeit die elektronische Ausrüstung noch relativ teuer ist, wurden vereinfachte Einspritzverfahren entwickelt. Die Bosch-K-Jetronic verwendet zur Luftmengenmessung ebenfalls eine Stauscheibe, die etwas anders ausgebildet ist, als bei der L-Jetronic. Der Ausschlag des Luftmengenmessers wird mechanisch auf einen Steuerkolben übertragen, der Steuerschlitze zu den Einspritzventilen vergrößert und verkleinert. Die Ventile spritzen kontinuierlich ab, wobei wiederum der größte Teil des Kraftstoffes auf den Einlaßventilen vorgelagert wird. Zusätzliche Einrichtungen dienen der Start- und Vollastanreicherung.

Die Benzineinspritzung bietet eine Reihe von Vorteilen gegenüber dem Vergaser. Da die Drosselung geringer ist (kein Lufttrichter), ist der Liefergrad und damit die Leistung etwas höher. Da das Ansaugrohr trocken bleibt, ist die CO- und HC-Emission beim Übergang zum Schiebebetrieb wesentlich geringer. Die Kraftstoffzuteilung zu den einzelnen Zylindern ist gleichmäßiger, das Ansaugrohr kann (und muß) auf möglichst gleichmäßige Füllung der Zylinder ausgelegt werden. Als Nachteil gegenüber dem Vergaser ist nur der kompliziertere Aufbau und damit ein höherer Anschaffungspreis zu nennen.

7 Zündeinrichtung

Ottomotoren entzünden das verdichtete Gemisch kurz vor dem Verdichtungstotpunkt durch einen im Verbrennungsraum überspringenden elektrischen Funken. Die „zeitlich gesteuerte Fremdzündung" ist regelrecht Begriffsbestimmung für den „Ottomotor" geworden. Selbstverständliche Bedingung ist, daß sich in der Umgebung der Funkenstrecke zündfähiges Gemisch befindet, und daß die Temperatur des Funkens zur Zündung ausreicht (mindestens 900 °C). Die daran anschließenden Vorgänge sind im Abschn. II.7 ausführlicher besprochen.

Der Funke entsteht entweder durch Abreißen eines elektrischen Stromes an einer im Verbrennungsraum liegenden Unterbrechungsstelle: „Abreißzündung", oder durch Überspringen einer im Verbrennungsraum liegenden Funkenstrecke („Kerze") infolge dazu ausreichender hoher Spannung: „Kerzenzündung".

Abreißzündung. In den Anfängen des Motorenbaus war die Abreißzündung üblich, die man heute noch vereinzelt an älteren, noch in Betrieb befindlichen Groß-Gasmotoren sehen kann. Abbildung 150 zeigt den elektrisch isolierten, durch

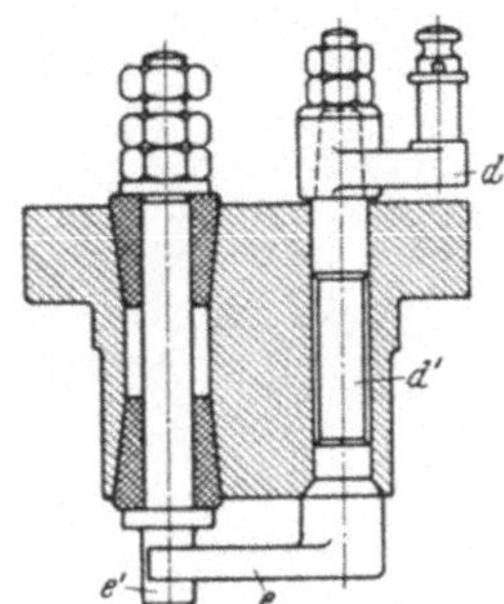

Abb. 150. Abreißkontakt

den Zylinderdeckel durchtretenden Stift e', gegen den der Hebel e kraftschlüssig und leitend anliegt. Der Hebel e besitzt eine nach außen führende Achse d' und kann mittels des Hebels d bewegt, also vom Stift e' abgerissen werden. Wird gleichzeitig ein Stromstoß durch den Stift e' geführt, so springt ein Lichtbogen über und entzündet das Kraftstoff-Luft-Gemisch.

Kerzenzündung. In der Primärwicklung der „*Zündspule*" (Transformator) wird durch einen *umlaufenden Unterbrecher* (Abb. 151) taktmäßig der Strom unterbrochen. Dadurch wird in der Sekundärwicklung der Zündspule jedesmal ein hochgespannter Stromstoß (etwa 10000 V!) erzeugt, der fähig ist, eine kurze Funkenstrecke zu überspringen. Diese Funkenstrecke befindet sich am inneren Ende der im Zylinderkopf des Motors eingeschraubten *Zündkerze* (Abb. 152). Man benutzt eine Zündspule und einen Unterbrecher für sämtliche Zündstellen und braucht daher für Mehrzylindermotoren noch einen *umlaufenden Ver-*

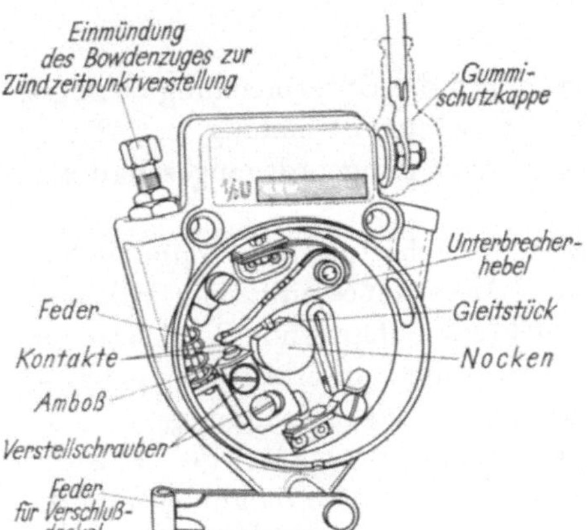

Abb. 151. Unterbrecher. Der Nocken läuft um und läßt den Kontakthebel auf- und abschwingen

teiler, der jeweils die richtige Kerze in den Sekundärstromkreis einschaltet. Als Rückleitung wird auch hier die Metallmasse („Masse") des Motors benutzt.

Je nachdem wie der Primärstrom erzeugt wird, spricht man von „Batteriezündung" oder „Magnetzündung". Das grundsätzliche Schaltbild der *Batteriezündung* ist aus Abb. 153 zu ersehen. Der Gleichstrom der Batterie durchfließt die Primärwicklung und die Kontakte, welche durch den umlaufenden Unterbrecher taktmäßig geöffnet und geschlossen werden. Ein Kondensator verhindert die

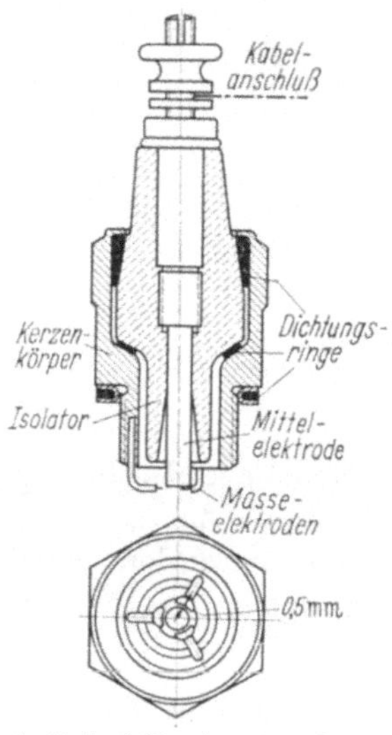

(mit drei Funkenstrecken)

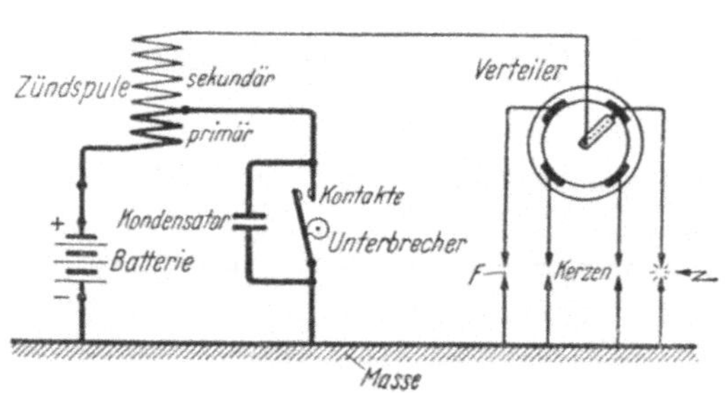

Abb. 153. Schaltbild der Batteriezündung

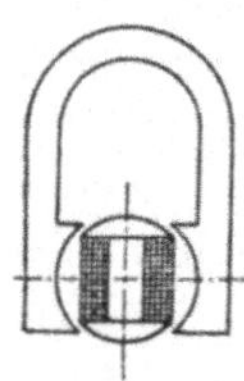

Abb. 154. Magnet

Funkenbildung an der Unterbrecherstelle. Der durch die Unterbrechung erzeugte hochgespannte Sekundärstrom fließt durch die Sekundärwicklung der Zündspule, sodann durch den umlaufenden Verteiler nach der gerade eingeschalteten Funkenstrecke und zur „Masse" des Motors.

Die *Magnetzündung* hat ein grundsätzlich gleiches Schaltbild. Die Zündspulenwicklungen befinden sich auf dem umlaufenden Anker eines einfachen Wechselstromerzeugers (Abb. 154). Der in der Primärwicklung entstehende Wechselstrom wird jedesmal im Augenblick der größten Stromspitze unterbrochen, genauso wie der Primärgleichstrom bei der oben beschriebenen Batteriezündung.

Der Augenblick der Stromunterbrechung im Primärteil ist auf jeden Fall der *Zeitpunkt der Zündung.* Um nach Belieben frühere oder spätere Zündung verwirklichen zu können, sind die Gegenkontakte des umlaufenden Unterbrechers um die Unterbrecherachse verdrehbar und können von Hand oder durch selbsttätige Regeleinrichtungen verstellt werden. Der Unterbrecher muß natürlich so viele Unterbrechungen je Kurbelwellenumdrehung liefern, wie Zündungen je Kurbelwellenumdrehungen verlangt werden. Da er bei Zweitaktmotoren mit Kurbelwellendrehzahl, bei Viertaktmotoren mit halber Kurbelwellendrehzahl läuft, hat er in beiden Fällen so viele Nocken wie Zylinder zu versorgen sind.

Der Verteiler braucht natürlich soviel Kontakte am Umfang, wie Arbeitszylinder vorhanden sind. Die Kontakte sind richtig den Kolbentotpunkten und der Zündfolge entsprechend mit den Zündkerzen zu verbinden. Die Drehzahl der Verteilerwelle ist genau die Drehzahl der Steuerwelle, also bei Viertaktmotoren halbe Kurbelwellendrehzahl, bei Zweitaktmotoren gleich der Kurbelwellendrehzahl.

Ein zweipoliger (Doppel-T-) Anker eines „Magneten" (Wechselstromerzeugers) liefert zwei Stromspitzen je Ankerumdrehung (Abb. 154). Diese müssen mit den Unterbrechungszeitpunkten möglichst zusammenfallen. Die Drehzahl des Zündmagnetankers ergibt sich ebenfalls aus der Selbstverständlichkeit, daß die Anzahl der Stromspitzen mit der Anzahl der Zündungen je Kurbelwellenumdrehung übereinstimmen soll. Ein Sechszylinder-Vietaktmotor benötigt drei Zündungen je Umdrehung, also muß der I-Anker des Zündmagneten mit 1,5facher Kurbelwellendrehzahl umlaufen.

Die feuerberührten Innenteile der Kerze werden heiß. Es muß durch gute Wärmeabfuhr dafür gesorgt werden, daß die Kerzen nicht so hohe Temperaturen annehmen (800 bis 1000 °C), daß sie als Glühzünder wirken und Frühzündungen hervorrufen. Andererseits neigen zu kühle Kerzen zum „*Verölen*" (Verrußen). Es gibt verschiedene Zündkerzensorten, deren wärmeaufnehmende Flächen und wärmeableitende Querschnitte verschieden groß sind, so daß man für gegebene Verhältnisse die passende Kerze aussuchen kann, die weder zu heiß noch zu kalt wird (richtig etwa 500 °C). Regel: „Soll die Kerze kühler werden, so braucht man eine Kerze von höherem Wärmewert."

Trotz des zum Unterbrecher parallel geschalteten Kondensators tritt an den Unterbrecherkontakten ein gewisser Abbrand auf, wodurch sich der Zündzeitpunkt verschiebt. Bei der sogenannten „Transistorzündung" (meistens handelt es sich dabei in Wirklichkeit um eine „Thyristorzündung") fließt über die Unterbrecherkontakte nur noch ein schwacher Steuerstrom, mit dem ein Transistor oder Thyristor geschaltet wird, der gewissermaßen als Relais für den hohen Primärstrom wirkt. Die Lebensdauer der Unterbrecherkontakte wird dadurch wesentlich verlängert.

In letzter Zeit setzen sich immer häufiger vollelektronische kontaktlose Zündanlagen durch, bei denen parktisch über die gesamte Lebensdauer eines Motors der Zündzeitpunkt nicht mehr nachgestellt werden muß.

8 Dieseleinspritzung

Bei Dieselmaschinen wird das Gemisch erst nach der Verdichtung gebildet. Der Kraftstoff wird in die hochverdichtete heiße Luft eingespritzt und verbrennt sofort ohne eine besondere Zündeinrichtung. Der Kraftstoff muß nebelfein zerstäubt werden und in kürzester Zeit sämtliche Teile des Verbrennungsraumes füllen (vgl. Abschn. II.7).

Man erzielte diesen Zweck bis etwa 1925 fast ausschließlich *durch Einblasen des Kraftstoffes gleichzeitig mit Druckluft* (60 bis 70 bar) durch ein- oder mehrlöcherige Düsen, denen sog. „Zerstäuber" vorgeschaltet waren. Die Düse war durch eine „Nadel" verschlossen, welche im Augenblick der Betätigung von der Steuerwelle aus mechanisch mittels Nockens und Hebels angehoben wurde. Dann strömte die Einblaseluft gleichzeitig mit dem vorgelagerten, mengenmäßig genau

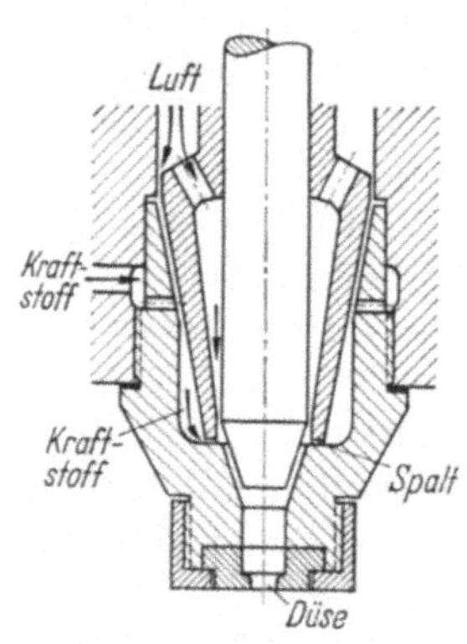

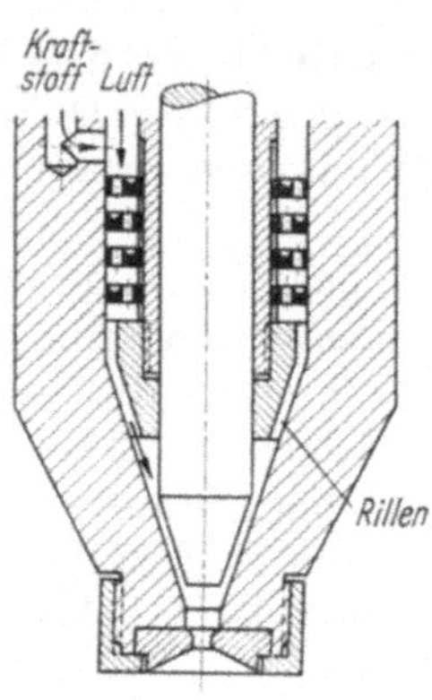

Abb. 155   **Abb. 156**

Abb. 155. Spaltzerstäuber. Der durch die links seitlich sichtbare Bohrung zugepumpte Kraftstoff lagert sich in dem äußeren Ringraum am Zerstäuberfuß. Beim Anheben der Nadel drückt die Einblaseluft einerseits den Kraftstoff durch die Spalten des Zerstäuberfußes nach innen durch, andererseits zerreißt sie, im Innern des Zerstäuberkopfes abwärtsblasend, diese durch die Spalten gedrückten Kraftstoffsträhnen und bläst den so entstehenden Tröpfchennebel durch die Düse

Abb. 156. Plattenzerstäuber. Der zugepumpte Kraftstoff lagert sich auf den mit Rillen und kleinen Löchern versehenen Platten und wird beim Anheben der Nadel von der durchblasenden Einblaseluft durch die mehrfach versetzt angeordneten Lochreihen der Platten und die Rillen der Zerstäuber-„Krone" als Tröpfchennebel zur Düse gerissen

zugemessenen Kraftstoff durch Zerstäuber und Düse mit einer dem großen Druckverhältnis entsprechenden hohen Geschwindigkeit in den Verbrennungsraum. Durch die Bemessung der Düse, durch die Hubkurve der Nadel und — was für den Betrieb besonders wichtig ist — durch Veränderung des Einblaseluftdruckes ist der Einspritzverlauf und damit der Verbrennungsverlauf weitgehend beeinflußbar. Bewährte Zerstäuberausführungen s. Abb. 155 und 156. Alle Dieselmotoren mit Lufteinspritzung benötigen einen Einblaseluftverdichter, der in drei Stufen auf etwa 70 bar verdichtet und natürlich einen Teil (bis 10%) der Motorleistung für sich verbraucht. Ansaugevolumen des Verdichters etwa 7,5 l/kWmin Düsenlochdurchmesser in der Größenordnung mehrerer Millimeter.

Heutzutage ist man zur *luftlosen* („kompressorlosen") Einspritzung übergegangen. Der Kraftstoff wird *unmittelbar* mit hohem Druck (etwa 300 bar) durch sehr feine Düsen (0,3 mm und kleiner) von der Kraftstoffpumpe eingepreßt

und zerstäubt zu keulenförmigen Wolken im Verbrennungsraum. Wichtig für
die Ausführung ist dabei die *Vermeidung auch der kleinsten Luftsäcke* in der Hoch-
druck-Kraftstoffzuleitung einschließlich Pumpe sowie die *Vermeidung des Nachtropfens unzerstäubten Kraftstoffes* aus den Düsen. Nachtropfender Kraftstoff
verkokt unter Luftmangel, verschmiert und verstopft die Düsen. Nachtropfen
entsteht nicht nur durch Ausdehnung der etwa in der Leitung eingeschlossenen
Luftsäcke, sondern auch durch Volumenvergrößerung der Kraftstoff-Flüssig-
keit bei Nachlassen des Druckes sowie durch Zusammenfedern der durch den
hohen Pumpendruck fedrig geweiteten Rohre und schließlich durch Schwingungen
der Kraftstoffsäule.

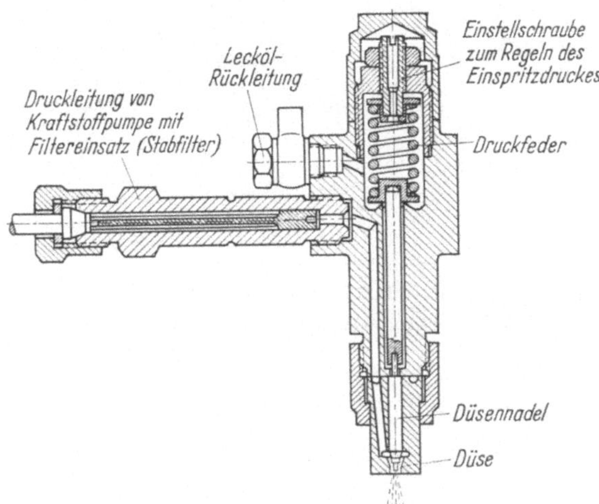

Abb. 157. Bosch-Düsenhalter. Die durch eine kräftige Feder dicht schließende Düsennadel wird durch den von unten wirkenden hohen Druck des zugepumpten Kraftstoffes angehoben

Das Nachtropfen wird wirksam vermieden durch *Nadeldüsen,* in denen kurz
vor der Einspritzdüse eine federbelastete Nadel den Kraftstoffstrom bei Unterschreitung eines bestimmten (einstellbaren) Druckes schlagartig absperrt (Abb.
157). Die überschlägige Berechnung der Düsenlöcher kann wie folgt geschehen:

Leistung eines Zylinders	P_e	$= 100$ kW
Drehzahl	n	$= 1500$ min^{-1}
Zahl der Arbeitstakte (4-Takt)	n_a	$= 750$ min^{-1}
Spez. Kraftstoffverbrauch	b_e	$= 0{,}22$ kg/kWh
Dichte des Kraftstoffes	ϱ	$= 850$ kg/m^3
Einspritzdauer	φ	$= 20°$ Kurbelwinkel
Einspritzdruck	p_D	$= 300$ bar
Zylinderdruck	p_z	$= 40$ bar

$$\text{Fördermenge:} \quad \frac{b_e P_e}{n_a\,60}\ \text{kg/Einspritzung}$$

$$\text{Förderzeit:} \quad \frac{\varphi_e\,60}{n\,360}\ \text{s/Einspritzung}$$

$$\text{Massenstrom:} \quad \dot m = \frac{b_e P_e}{n_a\,60} \cdot \frac{n\,360}{60\,\varphi_e} = \frac{b_e P_e\,n}{10\,\varphi_e\,n_a}$$

$$\dot m = \frac{0{,}22 \cdot 100 \cdot 1500}{10 \cdot 20 \cdot 750} = 0{,}22\ \text{kg/s}.$$

Bei verlustloser Umsetzung der Druckenergie in Bewegungsenergie müßte sich eine Einspritzgeschwingigkeit in den Düsenlöchern ergeben von:

$$\frac{w^2}{2} = \frac{p_D - p_z}{\varrho}, \quad w = \sqrt{\frac{2(p_D - p_z)}{\varrho}}.$$

Im Beispiel:
$$w = \sqrt{\frac{2 \cdot 260 \cdot 10^5}{850}} = 247 \text{ m/s}.$$

Die wirklich durch die Düsenlöcher durchtretende Menge ergibt sich mit der Kontraktionszahl μ (wirksamer Querschnitt/geometrischer Querschnitt)

$$\dot{m} = \mu \varrho A_D w.$$

Daraus folgt der Gesamtquerschnitt der Düsenlöcher:

$$A_D = \frac{\dot{m}}{\mu \varrho w} \quad \text{im Beispiel mit} \quad \mu = 0{,}6,$$

$$A_D = \frac{0{,}22}{0{,}6 \cdot 850 \cdot 247} = 1{,}746 \cdot 10^{-6} \text{ m}^2 = 1{,}746 \text{ mm}^2.$$

Für sechs Löcher ergibt sich dann der Lochdurchmesser

$$d = \sqrt{\frac{1{,}746}{6} \cdot \frac{4}{\pi}} = 0{,}61 \text{ mm}.$$

Man pflegt die endgültige Zahl, Richtung und Größe der Düsenlöcher auf dem Prüfstand durch Erprobung verschiedener Düsenausführungen festzustellen. Verschiedene Düsenformen s. Abb. 158 und 159.

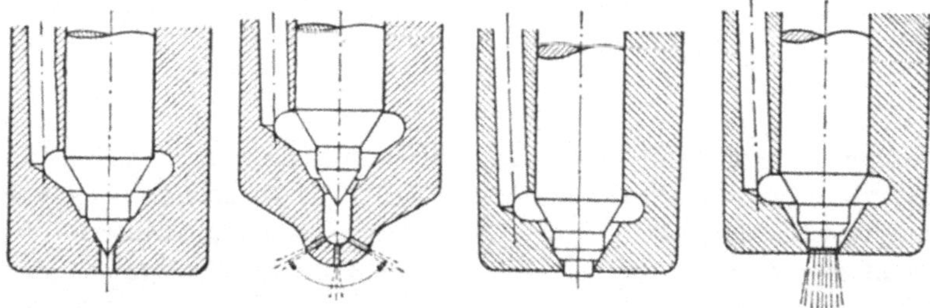

Abb. 158. Düsenformen (Bosch). Einlochdüse (geschlossen), Mehrlochdüse (geöffnet), Zapfendüse (geschlossen und geöffnet)

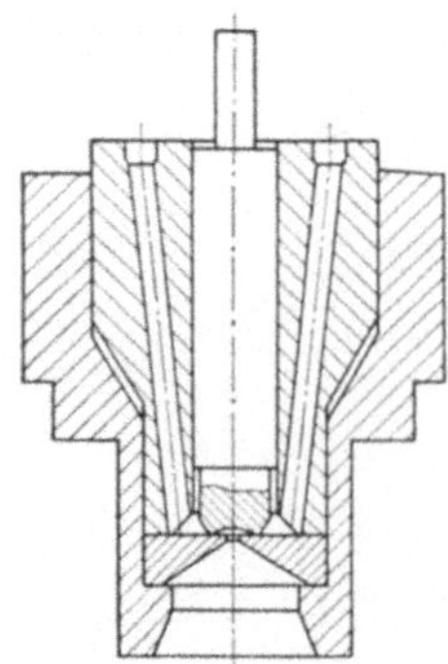

Abb. 159. Flachsitzdüse, (Bauart Fr. Deckel). Düsenloch ⌀ etwa 0,7 mm

Zur Vermeidung des Nachtropfens halte man den Innenraum der Düse unterhalb des Nadelsitzes so klein wie möglich, vermeide auch die kleinsten Ecken, in denen sich Kraftstoffreste aufhalten könnten, und lasse die Düsenlöcher an der Austrittseite scharfkantig enden.

Die Vorgänge bei der Kraftstoffeinspritzung sind keineswegs einfacher Natur, da bei den hohen Drücken von mehreren hundert Bar der Geltungsbereich der für den Techniker sprichwörtlichen Unzusammendrückbarkeit der Flüssigkeiten merkbar überschritten ist. Es ist aber heutzutage für den Motorenfachmann unerläßlich, wenigstens einen allgmeinen Überblick über das Zusammenspiel der Einflüsse zu gewinnen.

Bei dem plötzlichen, durch den Anstoß des Nockens gegen die Antriebsrolle der Einspritzpumpe verursachten Anruck des Pumpenstempels entsteht eine zunächst einseitige Druckanstauung im Kraftstoff, die sich wie eine Welle mit „Schallgeschwindigkeit“ von der Pumpe durch die Leitung zur Einspritzdüse hinbewegt (Abb. 160). Diese Schallgeschwindigkeit a ist bei dem üblichen Dieselkraftstoff etwa 1300 bis 1500 m/s. Der Druckstoß kommt also mit kleiner Verspätung (Laufzeit l/a) an der Düse an, wo er jedoch echoartig zurückgeworfen wird, so daß er nach einer gewissen Zeit wieder am Druckventil der Einspritzpumpe anlangt (Abb. 161).

Auch dort wird der Stoß wieder zurückgeworfen, so daß er ein zweites Mal zur Einspritzdüse hinläuft und so fort. Jedesmal, wenn die Front der Druckwelle wieder bei der Düse eintrifft, ist die Möglichkeit zu einer Einspritzung in den Verbrennungsraum gegeben, so daß also der einfache Stoß des Pumpenstempels zu einer vielfachen Einspritzung führen kann, wie der Widerhall eines Schusses zwischen Felswänden zu einem vervielfachten Hörbild. Durch die Einspritzung am

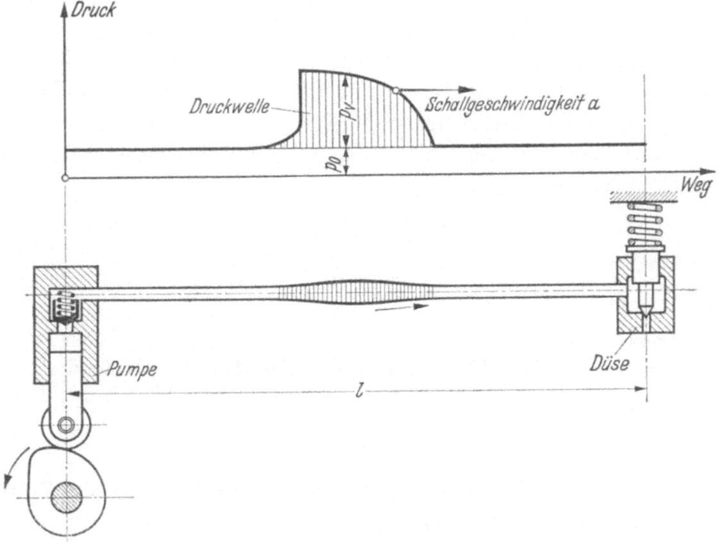

Abb. 160. Lauf der vom Förderstoß der Pumpe erzeugten Druckwelle durch die Kraftstoffsäule in der Druckleitung zur Düse

düsenseitigen Leitungsende wird der Druckwelle allerdings Energie entzogen, so daß die zurückgeworfene Echowelle abgeschwächt und weitgehend verändert wird.

Wie man ohne weiteres einsieht, spielt also die Länge l der Kraftstoffleitung eine wichtige Rolle bei diesen Vorgängen. Denn während bei einer *langen* Leitung die einzelnen, mehrfach zurückgeworfenen Druckwellen in genau berechenbaren Abständen ($= 2l$) am Einspritzende eintreffen und dort wiederholte Einspritz-

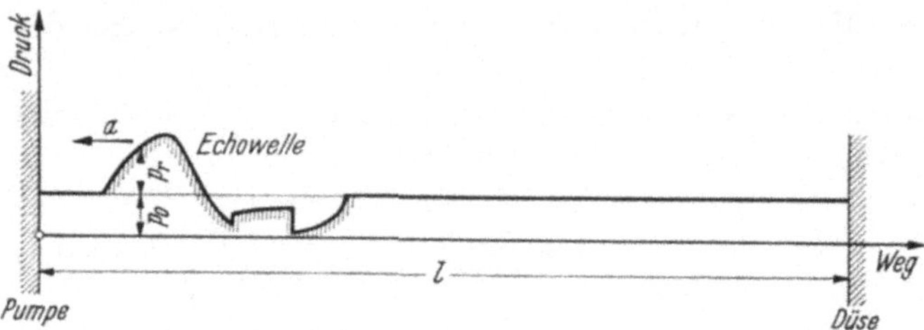

Abb. 161. Rücklauf der am Düsenende zurückgeworfenen Echowelle. (Die Welle hat beim Rückwurf an der Düse ihre Gestalt verändert)

vorgänge auslösen, wird bei einer *kurzen* Leitung die zweite (einmal an der Düse und einmal an der Pumpe reflektierte) Vorlaufwelle der ersten sozusagen noch auf den Rücken springen können, so daß trotz aller Wellenreflexionen eine zusammenhängende unzerhackte Druckwelle am Einspritzende eintrifft und demgemäß auch nur eine einzige Einspritzung erfolgt. Diese Einsicht erklärt die Bevorzugung von möglichst *kurzen* Kraftstoffleitungen und *Einzel*pumpen bei allen Zylindern, sowie die oft zu beobachtende Bemühung, für alle Zylinder eines Motors *gleichlange* Kraftstoffdruckleitungen anzubringen, selbst wenn die natürlichen Abstände der einzelnen Zylinder von dem Kraftstoffpumpenblock gegebenenfalls recht verschieden sind.

Die folgenden Darlegungen erläutern, wie man die geschilderten physikalischen Vorgänge in der Kraftstoffdruckleitung überschläglich rechnerisch zu verfolgen und zu erklären vermag. Es kann jedoch im vorliegenden Rahmen keine bis ins letzte vollständige Gebrauchsanweisung zur Beherrschung des umständlichen Rechenverfahrens gegeben werden.

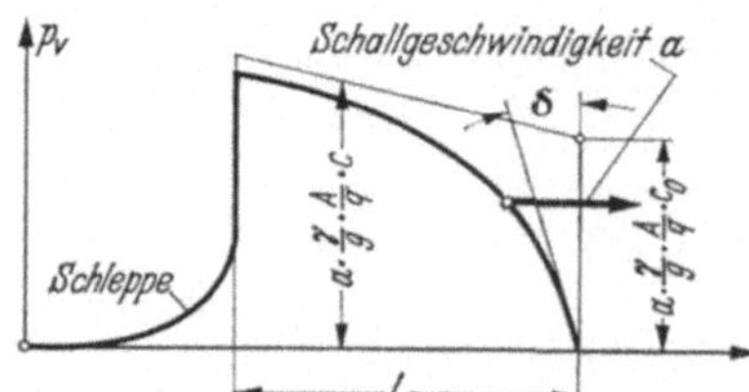

Abb. 162. Typische Gestalt der vorlaufenden Druckwelle p_v

Die *Länge der Druckwelle* (Abb. 162) errechnet sich aus der Hubzeit des Pumpenstempels und der Schallgeschwindigkeit.

$$L = a \, \frac{60 \cdot \varphi_e}{n \cdot 360°} \, \text{m}.$$

Darin bedeuten:

φ_e Einspritzdauer in Grad Kurbelwinkel,
n Motordrehzahl min^{-1},
a Schallgeschwindigkeit m/s,

z. B. $L = 1400 \cdot \dfrac{60 \cdot 20}{1\,000 \cdot 360} = 4{,}67$ m.

Die *Höhen der vorlaufenden Druckwelle* (Abb. 162) sind aus der Hubgeschwindigkeit des Kraftstoffpumpenstempels zu errechnen nach der (als Lösung partieller Differentialgleichungen erhaltenen) einfachen Beziehung:

$$p_v = a\varrho \, \frac{A}{q} \, c.$$

Darin bedeuten:

a Schallgeschwindigkeit,
ϱ Dichte des Kraftstoffes,
A Kolbenfläche des Pumpenstempels,
q Querschnitt der Brennstoffdruckleitung,
c Geschwindigkeit des Pumpenstempels.

Diese ist gewöhnlich nicht konstant, sondern mit dem Nockenwinkel veränderlich. Ihre Ermittlung kann leicht aus der Nockenform erfolgen.

p_v ist die Höhe der vorlaufenden Druckwelle, wie sie am pumpenseitigen Ende der Druckleitung in dem Augenblick entsteht, in dem der Stempel die Hubgeschwindigkeit c hat.

Durch die Tatsache jedoch, daß dem Anfang der Druckleitung eine elastische Kraftstoffmenge in den Pumpenräumen V_1 und V_2 vorgelagert ist (Abb. 163), tritt eine Veränderung der Wellenform ein. Die Wellenfront steigt nicht mit plötzlicher Steilheit an, sondern beginnt mit geneigtem Druckanstieg δ und biegt mit runder Kurve in die Richtung der Linie $p_v = a \cdot \varrho(A/q)\,c$ ein (Abb. 162). Außerdem kann sich infolge der Ausdehnung der Kraftstoffmenge im Raum V_2 nach dem Ende der Förderung noch eine nachziehende Druckschleppe einstellen

Diese Welle läuft nun mit der Geschwindigkeit a von der Pumpe zur Düse (Abb. 160). Ihre Druckwerte p_v sind dem konstanten Anfangsdruck p_0 der Kraftstoffleitung überlagert, von dem weiter unten noch die Rede sein wird.

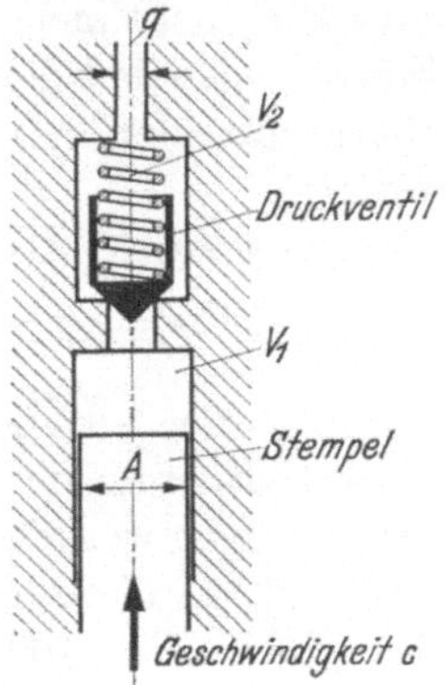

Abb. 163. Schema der Pumpe

An einer undurchlässigen harten Wand ist die Echowelle der ankommenden Welle gleich. $p_r = p_v$. Die nach rechts vorlaufende Welle mit den Ordinaten p_v kreuzt ihr eigenes nach links rücklaufendes Spiegelbild p_r, und die resultierenden Drücke an einer bestimmten Stelle der Leitung setzen sich einfach aus $p_0 + p_v + p_r$ zusammen (Abb. 164).

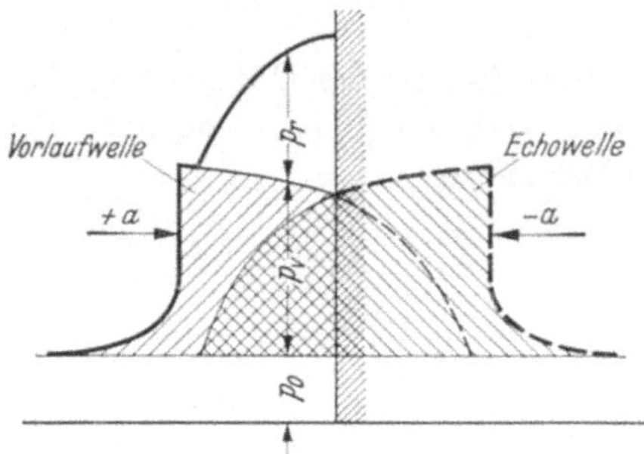

Abb. 164. Rückwurf der Druckwelle an einer harten Wand

Solange die Düsennadel geschlossen ist, gilt also am düsenseitigen Ende der Leitung das einfache Gesetz $p_r = p_v$, und der Druck am Düsenende $p_D = p_0 + 2p_v$. Sobald dieser Druck gleich dem zur Öffnung der Nadel notwendigen Druck p_0

$$= \frac{\text{Federkraft } F_0}{\text{Ringquerschnitt } (f_N - f_S)}$$

ist, springt die Nadel hoch (Abb. 165).

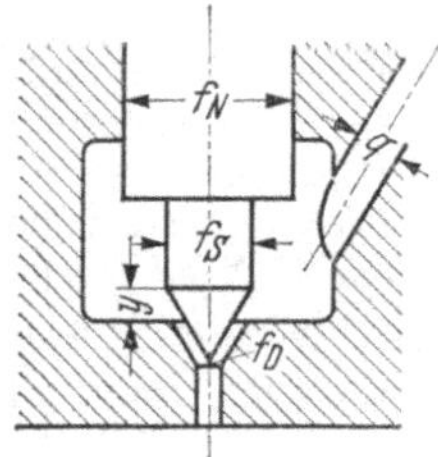

Abb. 165. Nadelspitze. Hub y, Leitungsquerschnitt q, Nadelquerschnitt f_N, Sitzquerschnitt f_S, Düsenquerschnitt f_D (cm²)

Da die Nadel Masse besitzt, springt sie nicht mit unendlicher Geschwindigkeit hoch. Gleich nach Verlassen des Sitzes wirkt der Öffnungsdruck p_δ nicht mehr nur auf den Ringquerschnitt $(f_N - f_S)$, sondern auf die volle Fläche f_N, so daß die Nadel mit entsprechend vergrößerter Kraft gegen ihren hubbegrenzenden Anschlag springt und dort willkommenermaßen kraftschlüssig verharrt.

Während des Hochspringens mit der Hubgeschwindigkeit $\dot{y}$ cm/s entzieht die Nadel der mit der Geschwindigkeit c_D cm/s durch den Leitungsquerschnitt q am Düsenende ankommenden Fördermenge $c_D q$ cm³/s den Anteil $\dot{y} f_N$ cm³/s.

Die Querschnittsänderung am düsenseitigen Leitungsende von q cm² auf f_D cm² und die durch den Düsenquerschnitt f_D abgeführte kinetische Energie der abspritzenden Kraftstoffmenge haben — was hier nicht näher erläutert werden soll — zur Folge, daß die rücklaufende Druckwelle p_r eine veränderte Gestalt (vgl. Abb. 161) annimmt, gegenüber der ankommenden Welle p_v nach Abb. 160 und 162.

Solange $f_D = 0$ ist, d. h. bei geschlossener Nadeldüse, ergibt sich, wie oben erklärt (Abb. 164), einfach $p_r = +p_v$. Wäre $f_D = q$, so wäre $p_r = -p_v$.

Da $0 < f_D < q$ ist, kann es nicht verwundern, daß die Ordinaten p_r der rücklaufenden Echowelle Größen zwischen $(+p_v)$ und $(-p_v)$ annehmen können, die in nicht ganz einfacher Weise vom Querschnittsverhältnis f_D/q und der Druckdifferenz $(p_0 - p_z)$ abhängen. ($p_z = $ Druck im Brennraum des Motorzylinders.)

Der Anfangsdruck p_0 in der Kraftstoffleitung kann zu etwa $0{,}7P_0/f_N$ angenommen werden, es sei denn, daß p_0 durch geeignete Maßnahmen absichtlich entlastet wird, wie dies z. B. durch ein Kraftstoffpumpen-Druckventil nach Abb. 166 geschehen kann. Bei nadellosen, sog. „offenen" Düsen ist der Anfangsdruck p_0 gleich dem Verdichtungsdruck p_z im Arbeitszylinder.

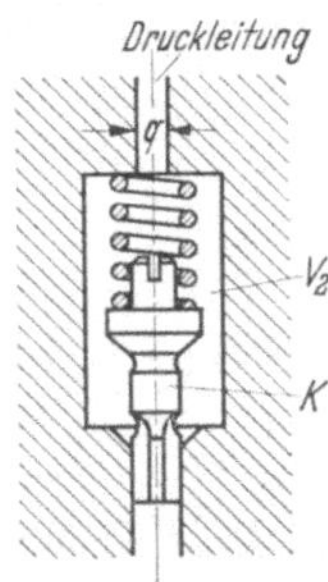

Abb. 166. Druckventil der Einspritzpumpe, das bei der Schließbewegung infolge des Kölbchens K ein gewisses Volumen aus der Druckleitung zurücksaugt („Entlastungsventil")

Bedenkt man nun nochmals, daß — wie oben erklärt — die Vorlaufwelle p_v bereits im Abstand $2l$ hinter ihrer Wellenfront die zweimal zurückgeworfene Echowelle auf dem Nacken trägt, so ahnt man, aus welchen verwickelten Vorgängen das Bild des tatsächlichen Einspritzverlaufs zustandekommt.

Da p_r auch *negative* Werte annehmen kann, kommt es unter Umständen dazu, daß $p_0 + p_v + p_r$ gelegentlich gleich Null wird oder sich rechnerisch sogar kleiner als Null ergibt. Dieser letzte Fall ist aber physikalisch unmöglich. An solchen Stellen entstehen also *Hohlräume*, oder besser gesagt: mit Öldampf erfüllte Unterdruckblasen (deren beiderseitige Enden — Flüssigkeitsspiegel — wiederum wie Rückwurfwände wirken, und zwar mit dem Rückwurfgesetz $p_r = -p_0 - p_v$). Bleiben solche Hohlräume nach Beendigung des Einspritzens in der Kraftstoffleitung bestehen, so müssen diese Räume beim folgenden Pumpenhub zunächst aufgefüllt werden, und die Einspritzung verzögert sich demnach zusätzlich um eine kleine Zeit, den „Förderverzug".

Gelegentlich können solche Hohlraumbildungen durch negative Echowellendrücke geradezu Kavitationswirkungen, wie sie bei Strömungsmaschinen bekannt und gefürchtet sind, hervorrufen.

Wenn man weiß, daß das Querschnittsverhältnis f_D/q von wesentlichem Einfluß auf die Größe von p_r ist, so hat man allein in der veränderten Wahl des Rohrquerschnitts q ein Mittel zur Abhilfe.

Man sieht also, daß der *Einspritzverlauf mit dem durch die Nockenform der Kraftstoffpumpe gegebenen Förderverlauf keineswegs übereinstimmt.* Nur bei ganz kurzen Druckleitungen (z. B. Pumpe—Düse—Aggregat der Abb. 167), ganz geringen in den Druckräumen eingeschlossenen Kraftstoffmengen und bei

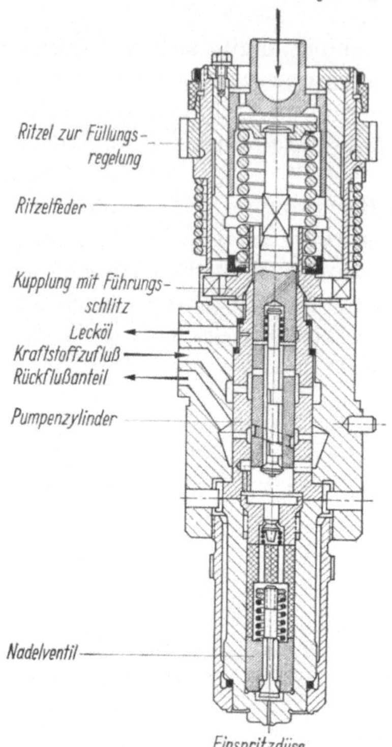

Abb. 167. Pumpe—Düse. Einspritzpumpe mit Einspritzdüse unmittelbar im gleichen Gehäuse vereinigt im Zylinderdeckel einzubauen (L'Orange).

Der Kraftstoff wird dem Düsengehäuse von einer Zahnradpumpe mit geringem Förderdruck durch einen Filter zugepumpt. Er gelangt durch einen Ringraum des Gehäuses und Radialbohrungen des eingesetzten Pumpenzylinders und Pumpenkolbens in die zentrale Bohrung des Kolbens, in welcher sich das Saugventil befindet.

Dieses schließt sich beim Abwärtshub des unter dem Zwang des Betätigungsnockens abwärts stoßenden Kolbens, so daß der unter der Kolbenstirnfläche angesammelte Kraftstoff durch ein Rückschlagventil und das unmittelbar darunter angeordnete Düsenventil zum Einspritzdüsenloch gepreßt wird. (Dieses Ventil hat in seinem Kopf unterhalb des Sitzes eine zentrale Einsenkung und radiale Bohrungen, die hier nicht gezeichnet sind.) Der Beginn der Förderung ist der Augenblick, wo die Kolbenunterkante den unteren Auslaßschlitz des Zylindereinsatzes abschließt.

Eine (in dieser Abbildung gestrichelte) kurze schraubenförmige Nut in der äußeren zylindrischen Kolbenfläche verbindet nach einer gewissen Abwärtshubstrecke den Druckraum durch Bohrungen, die im Bilde am linken unteren Zylinderende sichtbar sind, mit einer darüber angebrachten Ringnut, die durch Radialbohrungen den ganzen weiteren vom Kolben verdrängten Förderanteil drucklos zurückfließen läßt. Das Ende der Druckförderung zur Einspritzdüse ist also jener Augenblick der Abwärtsbewegung, wo die schraubenförmige Kolbennut diese Rückflußverbindung herstellt.

Verdreht man den Kolben um seine eigene Achse, so tritt dieser Augenblick infolge der Schraubennutschräge nach kürzerem oder längerem Kolbenhub ein. Man verdreht also zum Zwecke der Füllungsregelung in bekannter Weise mittels Zahnstange (hier nicht eingezeichnet) und Ritzel eine Hülse, die mit einem längsgeschlitzten Führungsstück gekuppelt ist, in dessen Schlitzbahn sich ein Hammerkopf des Kolbenschaftes auf und ab bewegt. Eine Drehfeder sorgt für Spielfreiheit im Zahneingriff der Regelung.

Besonderheiten: Die Massenkräfte des zentralen Saugventils unterstützen die nötigen Ventilbewegungen. Der Pumpenkolben hat nach außen hin (Leckölbohrung) nur gegen den kleinen Druck des Kraftstoffzuflusses abzudichten. Es gibt keine Kraftstoffdruckleitung!

langsam laufenden Maschinen kann erwartet werden, daß sich Einspritzverlauf und Förderverlauf einigermaßen ähneln. Das auf S. 61 beschriebene ideale Einspritzgesetz für rasch laufende Maschinen (im Hinblick auf den Zündverzug und den unerwünschten plötzlichen Druckanstieg!) ist jedenfalls sehr schwierig zu verwirklichen, am ehesten noch durch die in Abb. 168 dargestellte Drosselzapfendüse, die zunächst nur einen engen Spalt, bei größer werdendem Nadelhub dagegen einen weiteren Spalt zur Einspritzung freigibt.

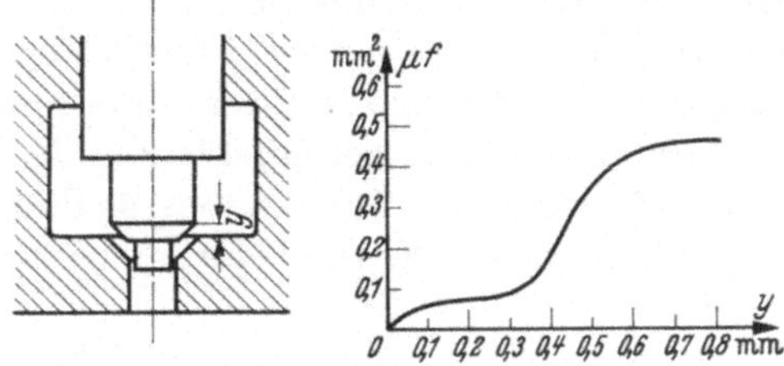

Abb. 168. Drosselzapfendüse. Bei kleinem Nadelhub y ist der Einspritzquerschnitt f beabsichtigtermaßen zunächst stark gedrosselt

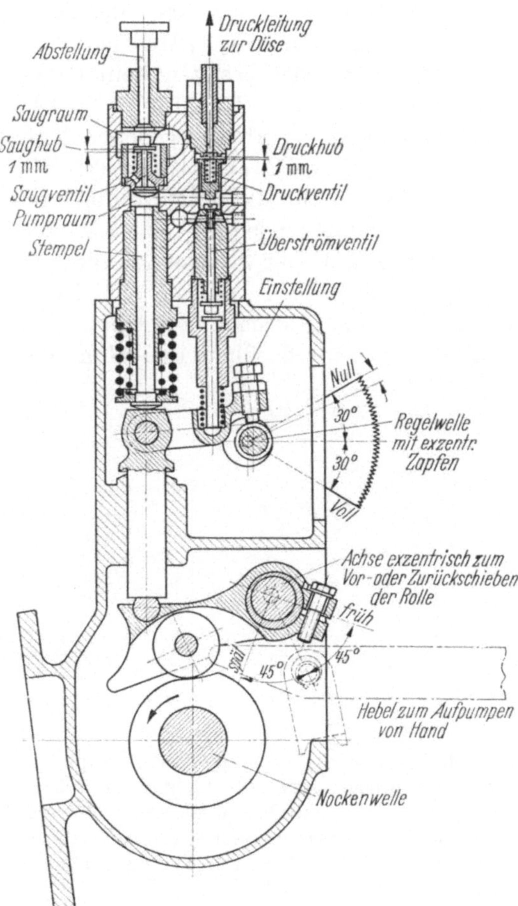

Abb. 169. Einspritzpumpe der Motorenwerke Mannheim. Das frühere oder spätere Anheben des Überströmventils wird durch Verdrehen der Regelwelle erreicht, gegen deren Exzenter sich der Zwischenhebel abstützt. Auch der Rollenhebel dreht sich um einen exzentrischen Bolzen, durch dessen Verdrehung eine Verschiebung der Rolle gegenüber der Steuerscheibe und damit früheres oder späteres Einspritzen erreicht wird. So sind also sowohl Beginn wie auch Ende der Einspritzung regelbar

Wird der Druck p_D kleiner als der durch die Feder bestimmte Druck F_0/f_N, so schließt die Düsennadel, und die Einspritzung ist zu Ende, falls nicht nachträglich noch einmal eine Druckspitze $p_D > p_{\ddot{o}}$ am Düsenende die Nadel zum Aufspringen und Nachspritzen zwingt. Auch nach Einspritzende laufen die Druckwellen noch in der Druckleitung hin und her, bis sie schließlich durch Dämpfung totgelaufen und ausgeglichen sind (Druck p_0).

Jeder Motorenzylinder benötigt seinen eigenen, im richtigen Takt mit dem betreffenden Arbeitskolben arbeitenden Pumpenstempel. Antrieb durch Exzenter oder Nocken von der Steuerwelle oder einer besonderen Pumpenwelle. Die Pumpe muß außer den selbstverständlichen Druckventilen eine regelbare Einrichtung zur Veränderung der je Hub zu fördernden Kraftstoffmenge besitzen. Man erreicht dies bei unverändertem Stempelhub durch zwangsläufiges Offenhalten des Sauge- oder eines Überströmventils während eines Teiles des Druckhubes, so daß nur ein Teil des Hubvolumens der Pumpe in die Druckleitung zur Düse gefördert wird (Abb. 169).

Bei den Bosch-Pumpen (Abb. 170) ist das Überströmventil durch ein Überströmloch im Pumpenzylinder ersetzt, welches von den überschleifenden Kolbenkanten geöffnet oder geschlossen wird. Die eine Steuerkante ist schräg (schraubenförmig), so daß sich bei einer Verdrehung des Kolbens um seine Achse der Hubanteil ändert, nach welchem das Überströmloch freigegeben wird (Abb. 171).

Manche Kraftstoffpumpen (wie auch die Bosch-Pumpe) besitzen kein Saugventil, sondern eine vom Pumpenkolben selbst gesteuerte Saugöffnung in der Laufbüchse der Pumpe. Beim Saughub erzeugt daher der abwärtsgehende Kolben zunächst Unterdruck in dem Pumpenhubraum, wobei ein kleiner Teil des Kraftstoffes in Dampfform übergehen muß. Wenn dann die Saugöffnung von der Kolbenkante freigegeben wird, füllt der aus der Saugleitung einströmende Kraftstoff rasch das Vakuum im Innern der Pumpe auf. Der wirksame Förderhub beginnt, wenn der beim Druckhub aufwärtsgehende Kolben die nach dem Saugraum führende Öffnung wieder abdeckt. Da dies einige Zeit nach dem Hubbeginn des Kolbens erfolgt, ist die Geschwindigkeit c, die für Steilheit und Höhe der

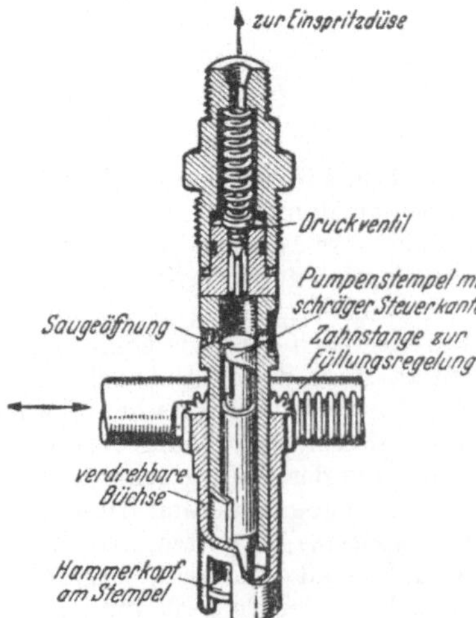

Abb. 170. Bosch-Einspritzpumpe. Der Pumpenkolben wird durch einen hier nicht dargestellten Nockenantrieb auf und ab bewegt. Der Kolben ist um seine eigene Achse verdrehbar und wird durch die dahinter sichtbare Zahnstange (Regelstange) eingestellt

Druckwelle (vgl. S. 168) maßgebend war, von vornherein hoch, während dagegen bei Saugventilpumpen c_0 zunächst klein ist. Andererseits zeigen Saugventilpumpen weniger Störungserscheinungen, wie sie durch die Unterdruckbildung bei kantengesteuerten Pumpenbauarten in gewissen Fällen auftreten können. (Kavitationswirkungen und Ungleichmäßigkeit der Einspritzmengen von Hub zu Hub infolge freiwerdender gelöster Luft.)

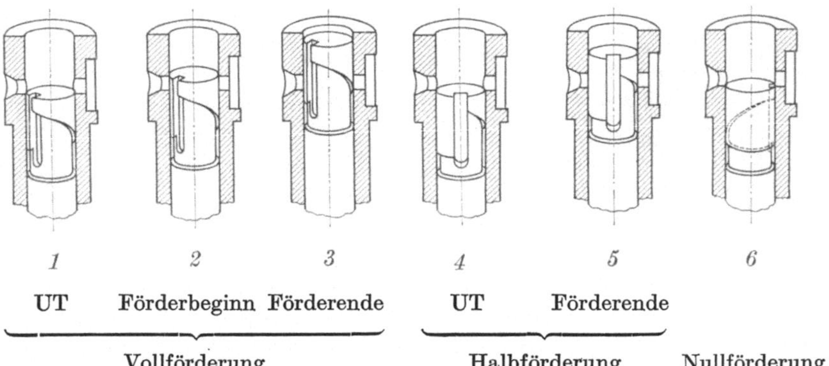

Abb. 171. Kolben der Bosch-Einspritzpumpe. *1* Kolben im unteren Totpunkt bei Vollfüllungseinstellung. Die obere Kante steuert (durch Abschließen der Zuflußlöcher) den Beginn der Förderung (Stellung *2*). Die untere, schraubenförmige Kante steuert durch Öffnen der Zuflußlöcher das Ende der Förderung. *3* Stellung bei Ende der Förderung. *4* Kolben im unteren Totpunkt bei kleinerer Füllung. *5* Ende der Förderung. Was der Kolben beim weiteren Hochgehen noch pumpt, fördert er durch die Aussparungen des Kolbens und das Loch rechts im Pumpenzylinder in die Saugleitung zurück. *6* Nullstellung. Alles wird durch das Loch rechts zurückgepumpt

Für die Pumpenkolbengeschwindigkeit sind 1 bis 2 m/s üblich. Die durch die Undichtheit in den zylindrischen Spalt zwischen Kolben und Führung eindringenden Kraftstoffmengen halten die nötige Schmierung aufrecht. Dünnere Pumpenkolben haben weniger Spaltquerschnitt am Umfang, sind also dichter als dickere. Rasch laufende Pumpen sind weniger undicht als langsam laufende. Infolge dieses Einflusses wächst die Fördermenge je Pumpenhub bei steigender Drehzahl trotz gleichbleibender Füllungseinstellung etwas an. Dem wirken jedoch andere Einflüsse — z. B. Trägheit des Saugventils, Anwachsen der Förderdrücke — entgegen, so daß sich verschiedene Pumpenbauarten in diesem Punkt der „Fördercharakteristik" verschieden verhalten. Erstrebenswert ist ein *Absinken* der Fördermenge/Hub mit steigender Drehzahl, da ja auch die Füllung des Arbeitszylinders mit Verbrennungsluft bei höherer Drehzahl abnimmt (vgl. Abb. 31), und da eine Verminderung des Drehmomentes mit steigender Drehzahl eine erwünschte Selbstregelung und einen willkommenen Schutz gegen Durchgehen darstellt, ganz zu schweigen von dem Wunsch eines verstärkten Anfahrdrehmomentes bei Fahrzeugmotoren.

Die Regelung des Überströmbeginns — und damit die Füllungsregelung des Motors — geschieht von Hand oder durch einen Fliehkraftregler.

Zum störungsfreien Arbeiten der eng passenden, dicht eingeschliffenen beweglichen Teile der Pumpen und Düsen sowie zum Vermeiden von Verstopfungen der feinen Düsenlöcher sind wirksame *Kraftstoffilter* vorzusehen (vgl. Abb. 172).

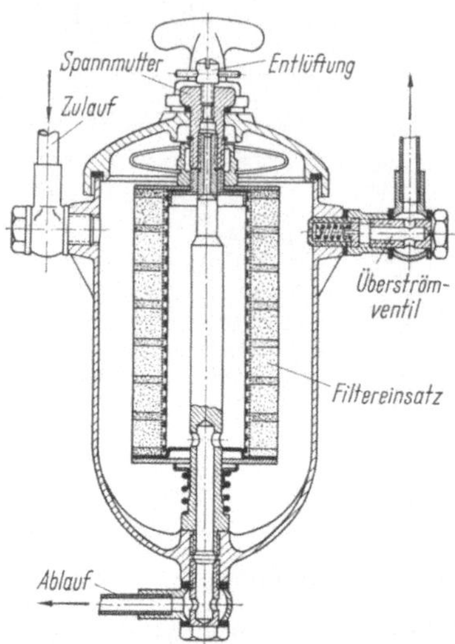

Abb. 172. Kraftstoffilter (Bosch). Der Filtereinsatz besteht aus aufeinandergeschichteten verschiedenartigen Filzplatten oder bei anderen Ausführungen aus gelochten, durch Bänder und Drahtbügel zusammengehaltenen Preßpapierscheiben.

9 Regelung

Kleinere Leistung des Motors wird entweder *durch Aussetzen oder durch kleinere Kraftstoffzufuhr je Arbeitshub* verwirklicht. Die erste Art ist etwas roh und bewirkt hohen Ungleichförmigkeitsgrad bei geringer Last infolge der ausfallenden Arbeitstakte. Sie ist nur bei kleinen Maschinen angewandt worden und heute ganz ungebräuchlich.

Wird je Arbeitshub eine geringere Kraftstoffmenge verarbeitet, so fällt selbstverständlich die Arbeit je Hub entsprechend geringer aus, der mittlere Druck p_{mi} wird kleiner. Wünschenswert wäre gleichbleibender Wirkungsgrad auch bei kleiner Last. Der mechanische Wirkungsgrad sinkt jedoch auf jeden Fall infolge der bei jeder Leistungsverkleinerung auftretenden leichtverständlichen Tatsache, daß die mechanischen Verluste durch Kolben- und Lagerreibung usw. bei kleiner Belastung anteilig viel mehr ins Gewicht fallen als bei Vollast.

Die Regelung durch Verkleinerung der Kraftstoffzufuhr mit Hilfe einer einfachen *Gemischdrosselklappe* ist schon im Abschn. IV.6 besprochen worden. Wegen der mangelnden Zündfähigkeit allzu magerer (armer) und allzu fetter (reicher) Gemische erstrebt man gleiche Gemischzusammensetzungen im ganzen Regelbereich. Obwohl das für den thermischen Wirkungsgrad ausschlaggebende Verdichtungsverhältnis ε durch diese Drosselung keine Änderung erfährt, wird der Wirkungsgrad durch die negative Arbeitsfläche beim Ansaugen (Abb. 173) vermindert.

Soweit es die Zündfähigkeit des Gemisches verträgt, kann man die Kraftstoffmenge je Arbeitshub durch Verändern des Gasanteils allein ändern, ohne die eben erwähnte Einbuße infolge des Unterdruckansaugens in Kauf zu nehmen. Manche Gasmaschinen besitzen ein gesondertes, von der Steuerwelle angetriebenes *Gasventil*, das derartig gesteuert wird, daß es die bei verschiedenen Belastungsstufen größere oder kleinere Gasmenge stets gegen Ende des Saughubes eintreten läßt, so daß also bei kleiner Last ohne Eintrittsdrosselung zunächst nur Luft und dann Gemisch in den Zylinder eintritt. So wird erreicht, daß sich in der Nähe der Zündstelle zündfähiges (nicht zu armes) Gemisch befindet.

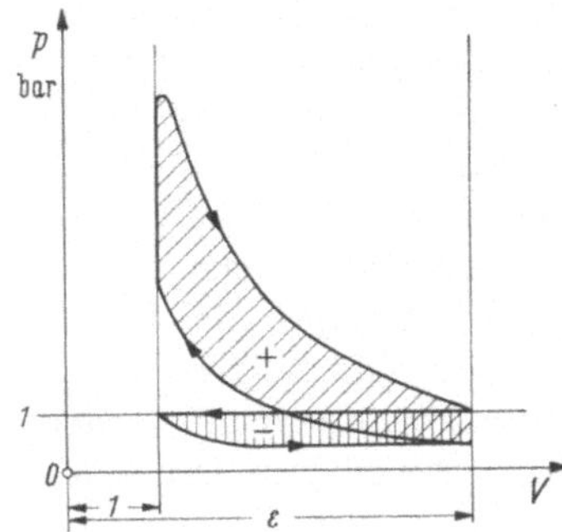

Abb. 173. Arbeitsdiagramm bei gedrosseltem Einlaß. Leistungsverminderung durch verringerte Füllung. Arbeitsverlust durch das Ansaugen mit Unterdruck

Dieselmaschinen regeln ausnahmslos die *Kraftstoffmenge*, die *je Arbeitshub* eingespritzt wird. Wie schon im Abschn. IV.8 erwähnt, wird meist nicht der Hub des Einspritzpumpenstempels, sondern ein Auslaßorgan der Pumpe gesteuert, das im gewünschten Augenblick die wirksame Kraftstofförderung zum Zylinderkopf unterbricht. Beachtenswert sind die Rückwirkungen der Einspritzpumpendrücke bei manchen Ausführungsarten auf das Regelgestänge und den Regler, der unter Umständen dadurch zum „Tanzen" angeregt wird und dann dementsprechend besonders schwer ausgebildet werden muß.

Das Regeln geschieht entweder von Hand oder durch selbsttätige Regler, von denen die Fliehkraftregler am bekanntesten und verbreitetsten sind. Eine Vereinigungsmöglichkeit von Hand- und Reglerbetätigung zeigt Abb. 174. Die Einrichtung ist so getroffen, daß jede Regelart unbeeinflußt von der anderen (Langloch!) die Füllung *verkleinern* kann, während eine nach Vollfüllung hin ziehende Feder den Kraftschluß besorgt.

Der Motorenkonstrukteur muß jede Zwängung, Klemmung und Reibung des Regelgestänges vermeiden. Einfachste, kürzeste Ausbildung, wenige Gelenke,

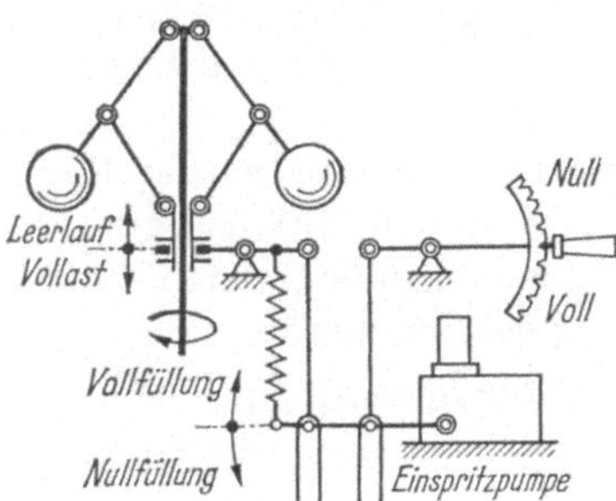

Abb. 174. Vereinigung von Regler- und Handregelung (Schema)

gute und sichere Schmierung, bevorzugte Anwendung von Kugellagern sind hier von Wichtigkeit. Man vermeide bei längeren Abständen dünne, drehfedrige Regelwellen und wähle lieber Zugstangen und ähnliche Maschinenelemente, welche die Eigenschaften Steifheit und geringes Gewicht vereinigen.

10 Anlassen und Umsteuern

Der Motor kann erst laufen, wenn sich in seinem Verdichtungsraum zündfähiges Kraftstoff-Luft-Gemisch befindet und entzündet wird. Die Vorgänge Ansaugen, Verdichten und Zünden (oder Einspritzen) müssen zunächst *mit Hilfe fremder Kraft* durchgeführt werden, ehe der Motor „anspringt". Kleine Motoren werden von Hand „angeworfen", „angekurbelt", oder durch einen elektrischen „Anlassermotor" in Bewegung gesetzt. Große Motoren werden durch Druckluft aus einem Druckluftbehälter von 15 bis 25 bar angefahren. Sie arbeiten dabei ähnlich wie Kolbendampfmaschinen, nur mit Druckluft statt mit Dampf. Als Auslaßventil dienen das normale Auspuffventil (oder die Auspuffschlitze) des Motors, als Drucklufteinlaßventil muß ein besonderes „*Anlaßventil*" vorgesehen werden, das nur während der kurzen Anfahrzeit des Motors beim Arbeitshub Druckluft ins Zylinderinnere einläßt (Abb. 175).

Da die fremde Anlaßkraft — welcher Art sie auch sei — nicht fähig ist, das Vollastdrehmoment des Motors aufzubringen, kann der *Motor nicht „unter Last" anspringen*. Die Belastung darf erst zugeschaltet werden, wenn der Motor nach den ersten Zündungen eine gewisse Drehzahl angenommen hat, bei der das Schwungrad eine genügend ausgleichende Wirkung auf die Lücken der Drehkraftlinie ausüben kann. Während also ein Dampffahrzeug (Lokomotive) ohne weiteres mit vollem Drehmoment anfährt, sobald Dampf angestellt wird, muß der Motor — wie man es von jedem Kraftwagen her weiß — leer anlaufen und erst nachher eingekuppelt werden. Der Motor bedarf also einer Einschaltkupplung für diese Zwecke. (Bei anderen Verwendungsarten ist die Kupplung nicht erforderlich, z. B. bei Generatorenantrieb, wo die Belastung erst durch elektrische Schaltvorgänge eintritt, oder bei Strömungsmaschinen und Schiffspropellern, die aus ihrer Natur heraus erst bei steigender Drehzahl Last aufnehmen.)

Bei dem Druckluftanlaßverfahren sind folgende Punkte bemerkenswert:

1. Die beim Anfahren verbrauchte Druckluft muß vom Motor oder von einer gesonderten Hilfsmaschine wieder beschafft und für später folgenden Bedarf aufgespeichert werden.

2. Würde bei geöffnetem Anlaßventil im Zylinder eine Zündung erfolgen, so könnte hierdurch unter Umständen die Druckluftleitung gesprengt werden.

3. Motoren mit kleiner Zylinderzahl können nicht von jeder beliebigen Kurbelstellung aus mit Druckluft anspringen.

4. Die im Zylinder beim Anfahren arbeitende Druckluft nimmt bei der Entspannung sehr niedrige Temperaturen an, eine Tatsache, die im Hinblick auf die betroffenen Wände in gefährlichem Gegensatz zu den nachfolgenden hohen Zündtemperaturen steht, ganz abgesehen von der Stockung des Schmieröls.

Zu 1. Der angehängte oder fremdangetriebene Anlaßluftverdichter ist eine Begleiterscheinung des Großmotors. Dieselmotoren mittlerer Größe haben mit-

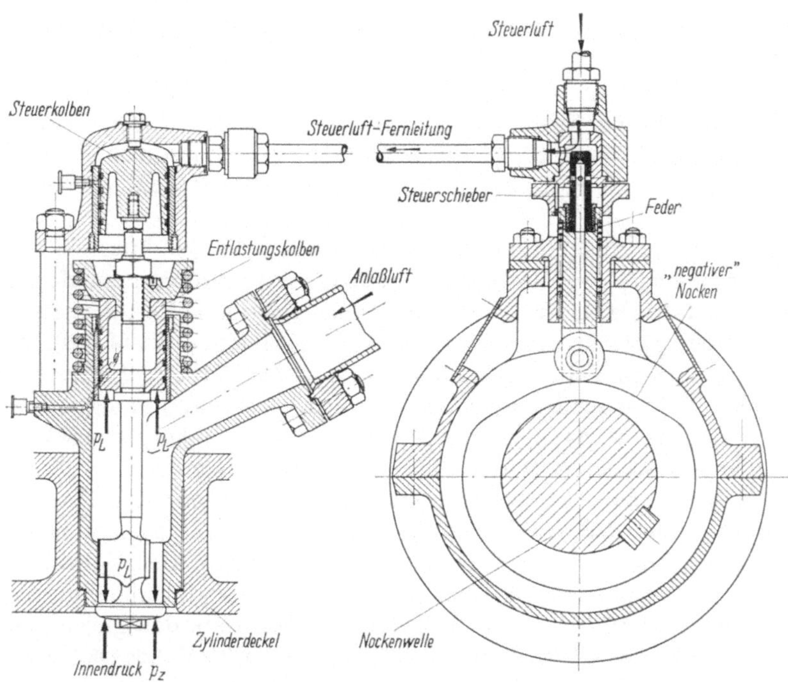

Abb. 175. Anlaßventil (MAN Augsburg) mit Druckluftfernbetätigung. Die Zufuhr der Anlaßluft erfolgt nicht durch Kanäle des Zylinderdeckels, sondern unmittelbar in den Ventilkörper. Das Ventil ist durch den Entlastungskolben ausgeglichen, so daß es also durch den Druck p_L der Anlaßluftleitung nicht geöffnet wird. Es kann sich nur öffnen, wenn über dem Steuerkolben ein Druck herrscht, der den Innendruck p_z im Verbrennungsraum und die Federkraft überwindet. Der Raum über dem Steuerkolben steht mit einer Druckluftfernleitung in Verbindung, die taktmäßig abwechselnd mit Druckluft aus dem Anfahrluftbehälter gefüllt und dann wieder nach der Atmosphäre entleert wird. Das Ventil öffnet also nicht, wenn im Verbrennungsraum durch Zündungen höhere Drücke auftreten als der Steuerluftdruck. Der nockenbetätigte Steuerschieber ist in abgesenkter Stellung gezeichnet, wo der Weg der Steuerluft zum Steuerkolben des Anlaßventils im Zylinderdeckel freigegeben ist. Bei hochgefahrener Stellung des Steuerschiebers taucht das Kopfende dieses Schiebers in das Zuströmloch der Steuerluft ein und sperrt den Luftzutritt, während sich die Steuerluftfernleitung durch die Querbohrungen des Steuerschiebers zentral abwärts zur Atmosphäre entlüftet. Wird die Steuerluft (nach erfolgtem Anlaßvorgang) abgestellt, so hebt die Feder den Steuerschieber in Höchststellung gegen Anschlag, und die Rolle wird dadurch außerhalb des Kontaktbereiches mit dem Nocken gebracht. Zu jedem Anlaßventil gehört sein eigener Steuerschieber

unter Einrichtungen, um einem oder mehreren Motorzylindern bei jedem Arbeitsspiel geringe Gasmengen mit Hilfe von Rückschlagventilen abzuzapfen, bis der Anlaßluftbehälter aufgefüllt ist.

Zu 2. Man muß entweder durch zwangsläufige Verbindung der Anlaß- und Kraftstoffeinspritzsteuerung dafür sorgen, daß während des Anlassens kein Kraftstoff eingeführt wird,

oder das Anlaßventil so ausbilden, daß es nur bei mäßigen Zylinderdrücken öffnen kann; (vgl. Abb. 175).

Zu 3. Wenn sich die Öffnungszeiten der einzelnen Anlaßventile nicht über-
decken, so muß der Motor *mit Hilfe der Drehvorrichtung* vorher *in eine Anlaß-
stellung*, die auf dem Schwungrad bezeichnet zu sein pflegt, *gedreht* („getörnt")
werden. Die Drehvorrichtung (Klinkenschaltwerk, Elektromotor, kleine Dampf-
oder Druckluftmaschine) ist auch für Überholungen und Instandsetzungsarbeiten
des Motors notwendig, um die Kurbelwelle in jede gewünschte Stellung drehen zu
können.

Zu 4. Bei allzu heftiger Auskühlung der Wände gelingt die Zündung schlecht
oder gar nicht. Besonders *kleine* Motoren, bei denen auf 1 l Hubrauminhalt viel
mehr Wandfläche entfällt als bei Großmotoren, können aus kaltem Zustand schwer
anspringen, auch wenn gar keine Druckluftabkühlung, sondern etwa bloß kühles
Wetter vorliegt. In solchen Fällen müssen die Wände des Verbrennungsraumes
von einer fremden Wärmequelle *angewärmt* werden, oder ein fremdgeheizter
(elektrischer), in den Verbrennungsraum hineinragender Glühkörper muß bei
Diesel- und Glühkopfmotoren die ersten Zündungen unterstützen.

Anfahrschwierigkeiten bei Vergasermotoren hängen meist mit der Tatsache
zusammen, daß ein großer Teil des Kraftstoffdampfes in dem anfangs kalten Ansaugrohr kondensiert, oder daß die Zündung aus irgendeinem Grunde versagt
(die Batteriespannung ist in ziemlichem Maße von der Temperatur abhängig!).

Bei Dieselmotoren muß selbstverständlich dafür gesorgt sein, daß gleich nach
den ersten Umdrehungen Kraftstoff eingespritzt werden kann. Daher ist bei Anfahren nach länger ausgesetztem Betrieb „*Vorpumpen*" des Kraftstoffes von
Hand erforderlich, damit die Kraftstoffdruckleitungen bis zum Zylinderkopf
voll Kraftstoff sind.

Bei Zweitaktmaschinen ist das Anlaßventil das einzige Teil in den Zylinder-
deckeln, das einen Steuerungsantrieb benötigt. Die Steuerwelle hierfür wird jedoch
gespart, wenn man Druckluft*fern*betätigung für die einzelnen Anlaßventile an-
wendet. Die steuernden Schieber oder Ventile können von der Kurbelwelle oder
Einspritzpumpen-Antriebswelle betätigt werden (Abb. 175).

Die Drehrichtung, in welcher der Motor laufen kann, ist durch die eindeutige
Reihenfolge der Öffnungszeiten der einzelnen Ventile festgelegt. Wollte man den
Motor rückwärts ankurbeln, so würde höchstens die in der Nähe des Totpunktes
von statten gehende Zündung oder Einspritzung einigermaßen richtig erfolgen,
die Einlaß-, Auslaß- und Anlaßventile würden jedoch zu verkehrten Zeiten arbeiten und daher ein Beibehalten dieser Drehrichtung unmöglich machen.

Zum *Umsteuern* muß also eine andere Nockenfolge erzielt werden. Dies wird
erreicht durch Anbringung eines zweiten Satzes von Nocken auf der Steuerwelle,
deren ganze Anordnung spiegelgleich zu dem Vorwärtsnockensatz ist (Abb. 176).

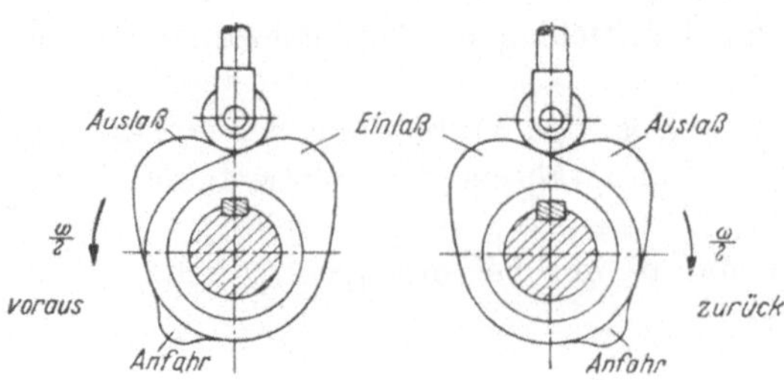

Abb. 176. Vorwärts- und Rückwärts-
nockenfolge

Gewöhnlich wird durch **axiales** Verschieben der Steuerwelle der jeweils gewünschte Nockensatz zum Eingriff mit den Rollen oder Stößeln gebracht. Diese Verschiebung muß bei abgestelltem Kraftstoff und abgestellter Anlaßluft erfolgen, und es muß eine Vorrichtung vorgesehen sein, welche die Rollen oder Stößel während des Verschiebens der Steuerwelle ausreichend weit abhebt und wieder auf die Nocken aufsetzt. Im „Steuerkasten" sind die notwendigen Mechanismen vereinigt und in „narrensicherer" Weise gegenseitig verkoppelt und verblockt. Bei großen Maschinen geschieht die Steuerwellenverschiebung usw. durch einen Hilfskolben (Servomotor), der mit Druckluft oder Drucköl vom Steuerstand aus fernbetätigt wird (Abb. 177).

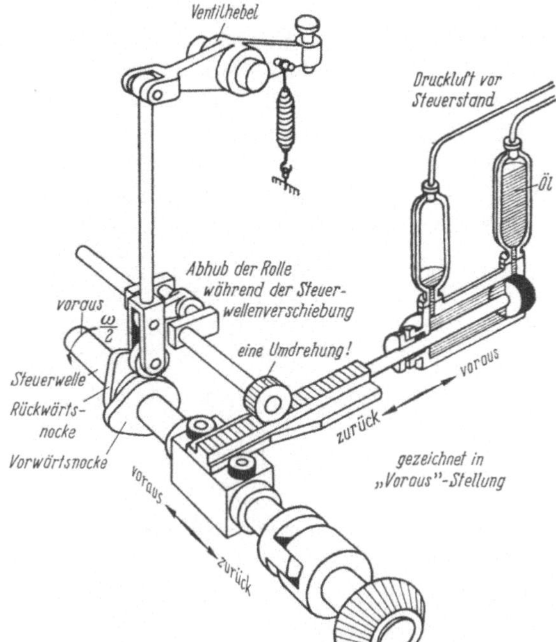

Abb. 177. Schema der Umsteuerung einer Großdieselmaschine. Beim Vorrücken des Hilfskolbens werden zuerst alle Rollen abgehoben, dann erfolgt axiale Verschiebung der ganzen Steuerwelle, schließlich Absenken der Rollen auf den neu untergeschobenen Nocken

Zweitaktmaschinen, welche Einlassen und Auspuffen durch Schlitze in der Nähe des unteren Totpunktes erledigen, können — allenfalls mit geringer Zündpunktverstellung — ohne weiteres vorwärts oder rückwärts laufen. Es kommt nur auf die Richtung des Anwerfens an, wie der Motor läuft. Große Zweitaktmotoren haben also nur für die Anlaßventile doppelte Nocken nötig. Die Einspritzpumpen haben entweder Einzelnocken mit spiegelgleichem An- und Ablauf und eine beim Umsteuern zu betätigende Einspritzpunktverstellung oder Doppelnocken mit Axialverschiebung der Pumpenwelle.

Bei kleinen Motoren (für Kraftwagen, Boote usw.) zieht man es vor, auf den Umsteuermechanismus am Motor zu verzichten und die Umsteuermöglichkeit in die Kupplung (Wendekupplung), das Untersetzungsgetriebe (Wendegetriebe, Rückwärtsgang) oder die Schiffsschraube (Verstellpropeller) zu verlegen.

V Anhang

1 Kraftstoffe

Im Abschn. II.3 wurden bereits einige Angaben zu den Eigenschaften verschiedener Kraftstoffe gemacht, soweit sie für die Auslegung eines Motors von Bedeutung sind. Es ist aber ganz interessant, die wichtigsten Eigenschaften der verschiedenen Kraftstoffe einmal im Zusammenhang zu betrachten.

Wie bereits erwähnt, sind die üblichen Diesel- und Ottokraftstoffe Mischungen der verschiedensten Kohlenwasserstoffe. Sie haben daher keinen *Siedepunkt*, sondern eine *Siedelinie*. In Abb. 178 sind für einen Otto- und einen Dieselkraft-

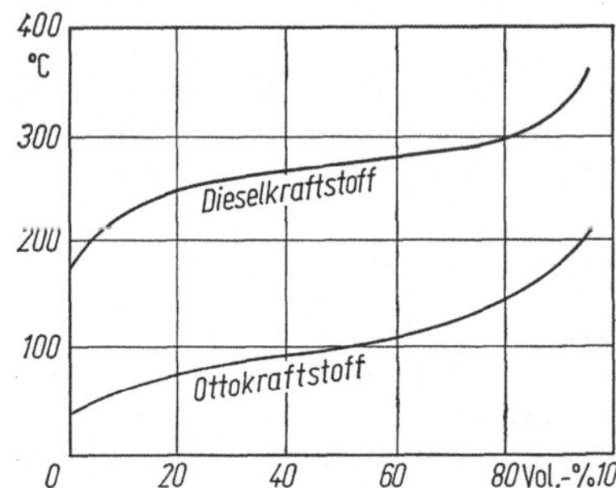

Abb. 178. Siedekurven handelsüblicher Kraftstoffe

stoff die Siedelinien dargestellt. Sie zeigen, wieviel Volumenprozent eines Kraftstoffes bis zu einer bestimmten Temperatur verdampft ist und erlauben Rückschlüsse auf die Eigenschaften eines Kraftstoffes im Motorbetrieb. Liegt zum Beispiel bei einem Ottokraftstoff die Temperatur, bei der 10% des Kraftstoffes verdampft sind, zu hoch, so wird man mit schlechten Kaltstarteigenschaften zu rechnen haben, liegt sie zu tief, so kann es zu Dampfblasenbildung im Kraftstoffsystem kommen. Liegt der 50-%-Punkt zu hoch, so wird das Übergangsverhalten vor allem bei kaltem Motor schlecht sein, eventuell kann Vergaservereisung auftreten. Liegt schließlich die Temperatur, bei der 90% verdampft sind, über 180 °C, so ist Rückstandsbildung im Brennraum, rauchender Auspuff und Ölverdünnung zu erwarten.

Bei Dieselkraftstoff ist die Lage der Siedelinie von geringer Bedeutung, wesentlich ist aber, daß das Siedeende nicht bei zu hohen Temperaturen liegt, denn hochsiedende Komponenten des Kraftstoffes werden nicht richtig verbrannt und können zu Rußbildung und Ölverdünnungen führen.

Betrachtet man nicht nur die konventionellen, sondern auch die alternativen Kraftstoffe auf der Basis von Kohlenwasserstoffen, so ist es zweckmäßig, ihre Eigenschaften in Diagrammen darzustellen, bei denen auf der Abszisse das Massenverhältnis von Wasserstoff zu Kohlenstoff H/C aufgetragen ist. Abb. 179

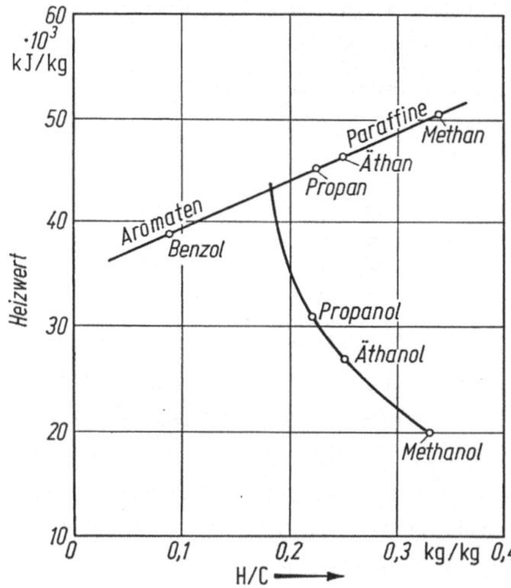

Abb. 179. Heizwert als Funktion des H/C-Verhältnisses

zeigt den Heizwert in Abhängigkeit vom H/C-Verhältnis. Paraffine und Aromaten ordnen sich auf einer Linie an, während ein Zweig mit den Alkoholen deutlich niedrigere Heizwerte aufweist. Dies ist auf den Sauerstoffgehalt der Alkohole zurückzuführen, der gewissermaßen das Alkoholmolekül „schwer" macht, ohne seinen Heizwert zu erhöhen. In der gleichen Auftragungsart zeigt Abb. 180 den Luftbedarf der verschiedenen Kohlenwasserstoffe, das Bild ähnelt stark dem der Heizwerte. Der geringere Luftbedarf der Alkohole erklärt sich daraus, daß sie einen Teil des zur Verbrennung erforderlichen Sauerstoffes selber mitbringen und zwar prozentual um so mehr, je kürzer die Kohlenwasserstoffkette ist.

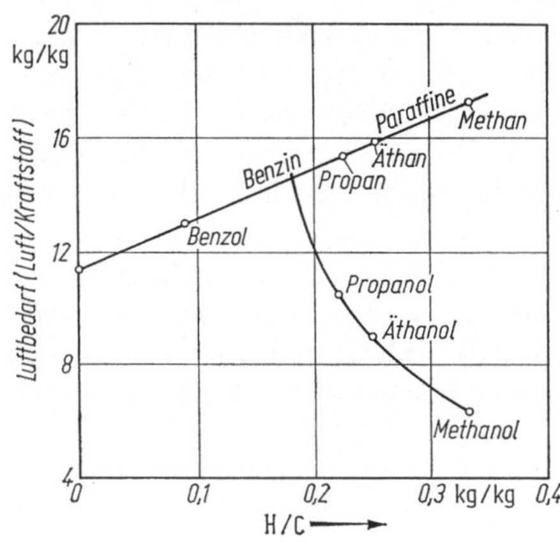

Abb. 180. Luftbedarf als Funktion des H/C-Verhältnisses

Aus den beiden Abbildungen erklärt sich auch die Tatsache, daß für die üblichen Kohlenwasserstoffe der Gemischheizwert (J/kg Luft-Kraftstoff-Gemisch) für stöchiometrische Gemische in relativ engen Grenzen liegt, nämlich zwischen 3150 und 3800 kJ/m³.

Mit der Ölpreiskrise in den siebziger Jahren wurde die Suche nach alternativen Kraftstoffen angeregt, wobei die aus regenerierbaren Rohstoffen zu gewinnenden Alkohole besonderes Interesse fanden. Um die zu erwartenden Betriebseigenschaften in Ottomotoren zu beurteilen, sind einige weitere Kenngrößen erforderlich.

So beträgt die Verdampfungswärme von

Benzin $\sim$ 350 kJ/kg,
Äthanol $\sim$ 920 kJ/kg,
Methanol $\sim$ 1100 kJ/kg.

Soll die zur Verdampfung des Benzins in einem stöchiometrischen Gemisch erforderliche Wärmemenge der Luft entzogen werden, so errechnet sich daraus eine Temperaturabsenkung von etwa 25 K. Die gleiche Rechnung für Methanol ergibt eine Temperaturabsenkung von etwa 180 K, da die Verdampfungswärme gut dreimal größer als bei Benzin und außerdem die Luftmenge für stochiometrisches Gemisch weniger als halb so groß ist. Da Luft von 18 °C gerade die für ein stöchiometrisches Gemisch erforderliche Menge von Methanoldampf aufnehmen kann, müßte die Lufttemperatur vor dem Vergaser etwa 200 °C betragen. Nun muß natürlich bei betriebswarmer Maschine die Verdampfungswärme nicht von der Luft allein aufgebracht werden, sie kann z. B. auch durch eine intensive Saugrohrbeheizung zur Verfügung gestellt werden. Bei kaltem Motor ergeben sich aber Probleme: So hat die Praxis gezeigt, daß bei Lufttemperaturen unter 20 °C ein Start mit Methanol nicht mehr möglich ist, wenn nicht auf irgendeine geeignete Weise zusätzliche Wärme zugeführt wird. Bei Motoren mit Benzineinspritzung erscheint es möglich, mit einem elektrisch beheizten Einspritzventil eine Verdampfung des Methanols zu erreichen. Bei betriebswarmer Maschine kann dann die Heizung wieder abgestellt werden. Bei Vergasermotoren müßte eine Luftvorheizung vorgesehen werden, die wahrscheinlich einen größeren konstruktiven Aufwand erfordert.

Die hohe Verdampfungswärme von Methanol bringt natürlich nicht nur Nachteile mit sich. Durch die Temperaturabsenkung wird das Gemisch verdichtet, die Ladung des Zylinders wird verbessert. Die Verbrennung wird bei niedrigeren Temperaturen ablaufen (sofern das Verdichtungsverhältnis nicht erhöht wird), was niedrigere NO_x-Emission erwarten läßt. Andererseits ermöglicht die höhere Klopffestigkeit von Methanol eine höhere Verdichtung, was dem Wirkungsgrad zugute käme. Zur Zeit ist übrigens die Bestimmung der Oktanzahl von Methanol noch überaus problematisch. Wesentlich geringere Schwierigkeiten bereitet der Motorbetrieb mit Äthanol, der heute in Brasilien schon in größerem Umfang praktiziert wird. Für die Zukunft wird man aber eher damit rechnen können, daß Alkohole nicht rein, sondern als Beimischungen zu normalen Ottokraftstoffen verwendet werden.

2 Geschichtlicher Überblick

Der eigentliche Aufschwung des Motorenbaues kam mit der *Erfindung der Viertakt-Gasmaschine* durch den jungen Kölner Kaufmann Nikolaus Otto im Jahre 1876. Nach jahrzehntelangen Versuchen und eigentümlichen Umwegen wurden die ersten von Otto erfundenen und gebauten Viertakt-Gasmaschinen gelegentlich der *Pariser Weltausstellung 1878* der Öffentlichkeit bekanntgemacht. (Nikolaus Otto und der Ingenieur Eugen Langen gründeten die Motorenfabrik Deutz.)

Durch spätere Patentprozesse, die sich an diese aufsehenerregende Neuerung knüpften, wurden einige bis dahin gänzlich unbeachtete Vorläufer bekannt, von denen Otto jedoch gar nichts wissen konnte. So hatte der sehr achtbare französische Ingenieur Beau de Rochas in einer nur in 300 Abzügen vervielfältigten Handschrift aus dem Jahre 1861 das gesamte Viertaktverfahren genau beschrieben, ohne jedoch eine Ausführung seines Gedankens zu versuchen. Und so wollte der Münchener Hofuhrmacher Christian Reithmann, ohne dies allerdings beweisen zu können, in seiner Bastlerwerkstatt 1873 eine regelrechte Viertaktmaschine zum Laufen gebracht haben. Otto selbst hatte bereits 1862 das Viertaktverfahren an einem Versuchsmotor erprobt, jedoch wegen damals aufgetretener technischer Schwierigkeiten zurückgestellt und erst 1876 in seinem „Neuen Otto" zur Reife gebracht.

Die für die Wirtschaftlichkeit des Motors so wesentliche Bedeutung der *Verdichtung des Gemisches vor der Entzündung* (vgl. S. 5) hatten fast alle Vorläufer des Ottoschen Viertaktmotors nicht erkannt und sich nicht zunutze gemacht.

Der französische Mechaniker Lenoir hatte schon 1860 Erfolg mit seiner Gasmaschine, die während der ersten Hälfte des Kolbenhubes Gemisch ansaugte, sodann (ohne Verdichtung!) zündete und nach Verbrennung und Expansion den Rückwärtshub zum Ausschieben der Abgase benutzte (Abb. 181). Die Lenoir-

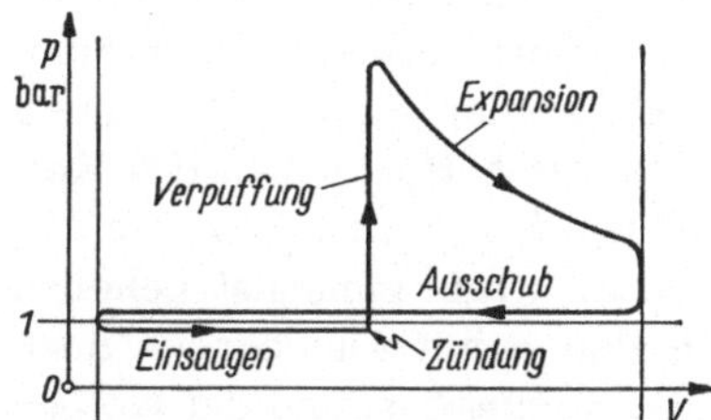

Abb. 181. *p-V*-Schaubild der Lenoir-Gasmaschine

Maschine war doppeltwirkend (Zweitakt) und benutzte durch Exzenter gesteuerte Ein- und Auslaßschieber sowie elektrische Zündung. Lenoir fußte auf verschiedenen weniger erfolgreichen Vorläufern (1794 Street, 1801 Lebon, 1842 Drake). Ähnliche Konstruktionen bauten Bishop 1871, Hugon und Hock, wobei sehr beachtenswerte technische Verbesserungen gegenüber der Lenior-Maschine erzielt wurden. Die Wirkungsgrade η_e waren jedoch nur 2 bis 4%!

Da man die unmittelbare harte Einwirkung der Verpuffungsdrücke auf den Kurbelmechanismus für schädlich hielt, kam man auf eigentümliche Abarten der Kraftübertragung, unter denen die *„atmosphärische" Gaskraftmaschine* von Otto und Langen besondere Beachtung verdient, die seit 1867 bis zur Erfindung der Viertaktmaschine den Markt beherrschte (Abb. 182).

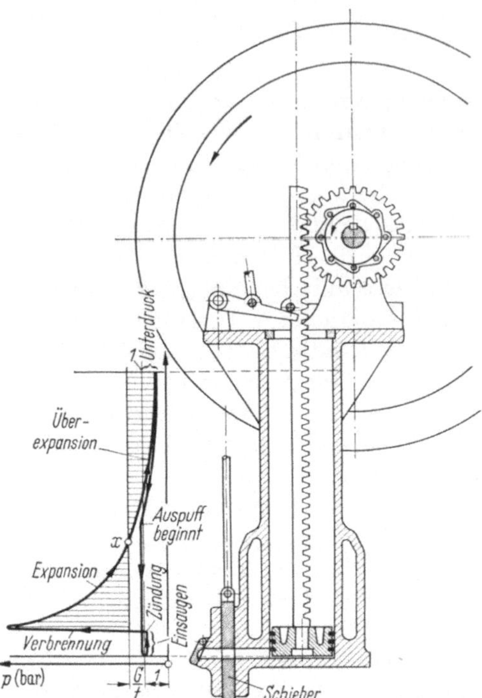

Abb. 182. Atmosphärische Gaskraftmaschine von Otto und Langen (schematisch)

Der Kolben wirkte nicht durch ein zwangsläufiges Triebwerkgestänge auf die Maschinenwelle, sondern mittels Zahnstange und Freilauf, und zwar derart, daß er beim Aufwärtsgang frei hochfliegt („*Flugkolben*"), beim Abwärtsgang aber die Schwungsradwelle treibt. Ein eigentümlicher Klinkenmechanismus (in Abb. 182 weggelassen) besorgt in der Nähe des unteren Kolbentotpunktes die Steuerung des Schiebers für Einlaß, Auslaß und Zündung (mit Hilfe einer ständig brennenden Gasflamme) sowie das Ansaugen frischen Gemisches durch Hochheben des Kolbens auf etwa $1/12$ des gesamten Hubes. Das Arbeitsspiel beginnt mit dieser Ansaugstrecke, um die der Kolben mittels Schwungradenergie zunächst gehoben werden muß. Sodann erfolgt — gesteuert durch den Schlitzschieber — nach Abschluß des Einlasses die Zündung des eingesaugten Gemisches, und der Kolben fliegt hoch unter der Einwirkung des Zünddruckes und der nachfolgenden Expansion. Beim Hochfliegen ist der Kolben entkuppelt, er fliegt also mit wachsender Geschwindigkeit hoch bis zu dem Gleichgewichtspunkte x, an dem der Gasdruck im Zylinderinnern den Atmosphärendruck der oberen Kolbenseite und das Gewicht G des Kolbens zu tragen vermag. Von da an verzögert sich seine Geschwindigkeit, bis die innewohnende Wucht durch Hubarbeit des Kolbengewichtes und Überexpansion der Gase im Zylinderinnern verbraucht ist (vgl. schraffierte Flächen der Abb. 182). Der Kolben ist damit in seinem oberen Totpunkt angelangt und geht unter Abgabe seiner beim Aufwärtsgang gespeicherten Energie bei eingekuppeltem Freilaufgetriebe nach unten, unter dem Einfluß seines Gewichtes und des zunächst auf der Kolbenunterseite infolge der vorhergehenden Überexpansion noch herrschenden Unterdruckes. Der Steuerschieber ist nach

der Expansion inzwischen ausgekuppelt und in seine Normalstellung, nämlich
Auslaßstellung, zurückgekehrt. Der mit einer Rückschlagklappe versehene Auslaß tritt ohne weiteres in Tätigkeit, sobald der Unterdruck im Zylinderinnern
durch den nach unten eilenden Kolben verschwunden ist, und die Abgase treten,
vom fallenden Kolben geschoben, aus. Kurz vor unterem Totpunkt kuppelt der
erwähnte Klinkenmechanismus den Steuerschieber und den Kolben derart mit
der Schwungradwelle, daß der Kolben zum Neuansaugen gehoben und der Schieber dabei nacheinander in Ansauge- und Zündstellung gebracht wird. Die bei einem
Abwärtsgang geleistete Arbeit entspricht der schraffierten Fläche in Abb. 183.
Beim Aufwärtshub wird wiederum die in Abb. 184 schraffierte kleine Arbeitsfläche zum Anheben des Kolbens beim Ansaugen verbraucht. Der Unterschied
beider Flächen, welcher natürlich der in Abb. 185 schraffierten Diagrammfläche
genau entspricht, ist die positive Arbeitsleistung. (Von tiefer eingehenden Betrachtungen über Reibungsverluste usw. sei hier abgesehen.) Die Kühlung hat
den aus Abb. 186 ersichtlichen Einfluß.

Ähnliche „atmosphärische" Motoren sind schon lange früher vorgeschlagen

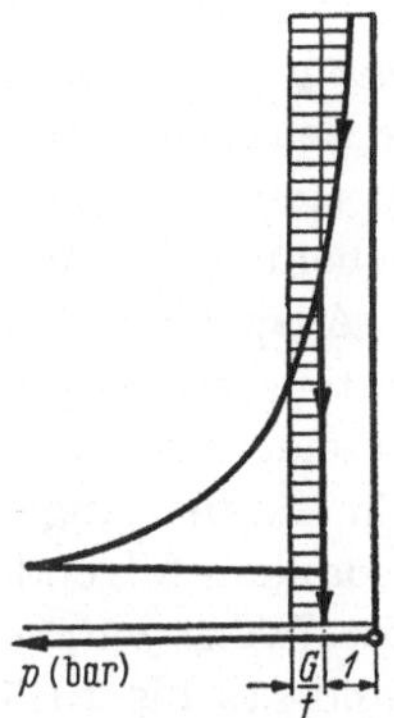

Abb. 183. Arbeitsleistung
beim Abwärtshub

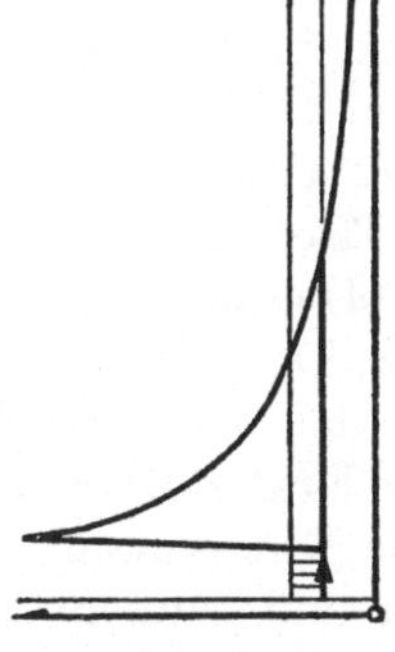

Abb. 184. Arbeitsverbrauch
zum Ansaugen

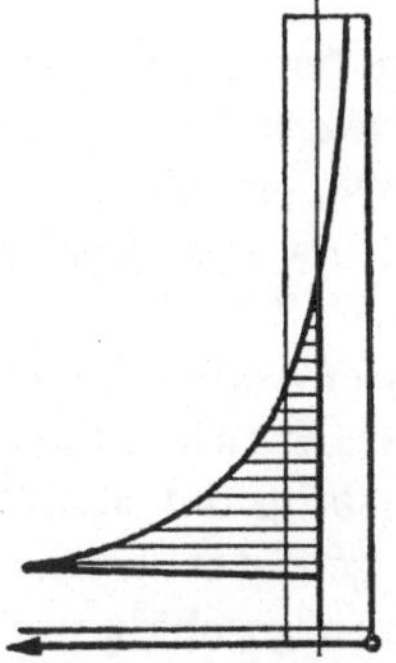

Abb. 185. Arbeitsfläche
eines Arbeitsspiels

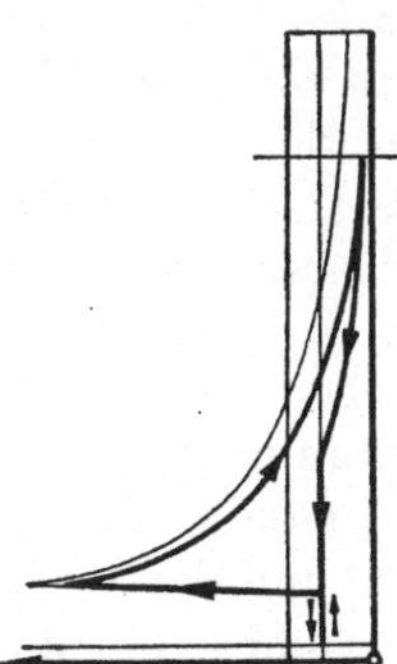

Abb. 186. Verlauf des Arbeitsspiels bei
Wärmeverlusten an die Zylinderwand

und teilweise auch gebaut worden, ohne jedoch zu einem Erfolg zu führen. (1673 Huyghens, 1678 Hautefeuille, 1688 Papin, 1820 Cecil, 1823 Brown, 1841 Johnston und 1854 Barsanti und Matteucci. Die drei erstgenannten Erfinder wollten zur Verbrennung Schießpulver benutzen.) 1874 noch kurz vor dem Auftreten des Otto-Viertaktmotors wurde eine verbesserte atmosphärische Flugkolbenmaschine von Gilles in Köln (Maschinenbauanstalt Humboldt) gebaut.

Vorschläge und Ausführungen von Gasmaschinen mit vorverdichteter Ladung — allerdings mit Hilfe von besonderen Verdichtern (Ladepumpen) neben den Arbeitszylindern — stammen von Lebon 1801, Wright 1833, Barnett 1838, Degrand 1858.

Flüssige Kraftstoffe verarbeitete zuerst der Wiener Hock 1873 in einem nach dem Lenoir-Verfahren arbeitenden Motor, gleichzeitig der Amerikaner Brayton, dann Daimler 1883 in einem zusammen mit Maybach selbstentwickelten *schnelllaufenden* Viertaktmotor (für Kraftwagen), der auch als erster eine *Spülung und Aufladung durch Kurbelkastenpumpe* aufwies. Die Namen weiterer auf diesem Gebiet tätigen Erfinder sind: Spiel, Capitaine, Priestman, Banki, Hasenwander. 1892 bauten Hornsby & Sons den ersten — allerdings im Viertakt mit gesteuerten Ventil arbeitenden — *Glühkopf*motor.

Gleich nach dem Erfolg Ottos mit der Viertaktmaschine begannen allenthalben die Bemühungen um eine *Zweitaktmaschine mit Gemischverdichtung im Arbeitszylinder* nach dem Vorbild des Viertakters. Von 1884 an kam der Benzsche Zweitaktmotor auf den Markt, eine liegende Gasmaschine mit gesteuerten Spül- und Auspuff*ventilen*. Als Gebläse wurde die kurbelseitige Kolbenseite benutzt. Bénier 1894 benutzte Kolbengebläse und vom Arbeitskolben gesteuerte Auspuff*schlitze*, desgleichen Körting 1898, Day & Sons zum erstenmal Kurbelkastengebläse und *ventillose Schlitzspülung*, das heute bei Kleinmotoren vorherrschende Zweitaktverfahren, das für *flüssige* Kraftstoffe zuerst von Söhnlein und von Güldner angewandt wurde. Einem von Kindermann 1877 ausgesprochenen Gedanken folgend, wurde von Oechelhäuser und Junkers die erfolgreiche *Gleichstrom-Schlitzspülung mit gegenläufigen Kolben* entwickelt (seit 1893), nach deren Grundsatz bis 1945 Flugzeug-Dieselmaschinen höchster Leistung gebaut wurden.

Seit 1873 sind auch Patente und Bauarten von Gas- und Ölmotoren aufgetaucht, bei denen *während* der Verbrennung der gas- oder nebelförmige Kraftstoff eingeblasen wurde (Brayton, Akroyd, Söhnlein, Capitaine), ein Verfahren, das wir als ein Hauptmerkmal der Dieselmaschine kennen.

Rudolf Diesel, als Sohn deutscher Eltern 1858 in Paris geboren, hatte schon als Student in München den Plan zu seinem erfolggekrönten Lebenswerk, der heute noch unbestritten besten Wärmekraftmaschine. In seiner 1893 erschienenen Schrift: „Theorie und Konstruktion eines rationellen Wärmemotors zum Ersatz der Dampfmaschine und der heute bekannten Wärmemotoren" stellt er die Verwirklichung des Carnotschen Idealprozesses als Ziel hin. Es ist interessant, daß er dabei an einen Kohlenstaubmotor dachte. In jahrelanger zäher Entwicklungsarbeit, die von der Maschinenfabrik Augsburg (heute Werk Augsburg der MAN) in Verbindung mit Diesel und der Firma Friedr. Krupp, Essen, geleistet worden ist, wurde endlich jenes wohl kaum überbietbare Verfahren herausgeschält und zur Reife gebracht (1897), das heute in alle Anwendungsgebiete vom größten ortsfesten Motor bis zum Flugzeugmotor eingedrungen ist.

Der geniale, aber unpraktische Carnot-Prozeß, mit seinen unerhörten Drücken, seinem kaum verwirklichbaren Verbrennungsverlauf und seinem geringen mittleren Druck p_{mi} mußte dabei dem Gleichdruck-Idealprozeß weichen.

Die hohe Verdichtung der Verbrennungsluft ermöglichte nicht nur einen bis dahin unbekannten guten thermischen Wirkungsgrad η_i, sondern auch die Annehmlichkeit der Selbstzündung des eingespritzten Kraftstoffes. Das Einspritzverfahren erlaubte die Verwendung wohlfeilerer, schwerflüchtiger Kraftstoffe.

Diesel starb 1913 während einer Seefahrt nach England. Seine weitgespannten Absichten — unmittelbare Einspritzung ohne Druckluft, Kohlenstaubmotor — sind inzwischen Wirklichkeit geworden. Eine Aufzählung der fast unzähligen Bauarten von Motoren und Namen von Ingenieuren und Firmen, die inzwischen zum Ausbau und der beispiellosen Entwicklung des Motorenbaues beitrugen, ist im Rahmen einer solchen Übersicht nicht möglich.

Unter ihnen verdienen der Schweizer Alfred Büchi (Abgasturboaufladung) und die deutschen Erfinder Prosper L'Orange (Vorkammermotor), Felix Wankel (Rotationskolbenmotor) und Siegfried Meurer (Vielstoffmotor) besondere Herausstellung.

Der Verbrennungsmotor ist in kaum drei Generationen zum Universalgerät und Allgemeinbesitz der Menschen geworden. Wie jedes andere Werkzeug kann er zum Guten und Bösen benutzt werden — auch Rechtsordnung, Kunst, Religion und Politik, die ausgesprochenermaßen den Frieden und die Würde der Menschheit erstreben, sind vor Mißbrauch niemals sicher gewesen. Der Menschheitstraum des Fliegens in lenkbaren Flugzeugen dankt seine Erfüllung dem Verbrennungsmotor. Er hat nicht nur Lebensweise und Lebensgefühl des Einzelnen, sondern geradezu die Struktur der Gesellschaft gewandelt.

Das berühmte Wort des englichen Kulturphilosophen T. Buckle, die Lokomotive habe mehr für das gegenseitige Verstehen und Vertragen der Völker bewirkt als alle ehrenwerten Friedensapostel und Politiker zusammengenommen, muß in verstärktem Maße für den Motor gelten, der die ehedem durch Grenzen, Entfernungen, ererbte oder künstlich erhitzte Vorurteile getrennten Menschengruppen millionenfältig durchdringt und zu Begegnung, Verständnis und Kameradschaft zusammenführt.

Die Entwicklung von der ersten Wärmekraftmaschine James Watts — sagenhaft schon nach 200 Jahren —, deren Besitz nur wenigen erschwinglich war und eine bedenkliche Macht gab, zur Volkskraftmaschine in aller Händen, ist eines der deutlichsten Beispiele für die demokratisierende und sozialisierende Tendenz der Technik. Die gleiche epochemachende Wirkung, die von der technischen Erfindung Gutenbergs ausging, der das ehedem nur Auserwählten zugängliche Kulturgut des Buches als Massenware an alle auszuteilen ermöglichte, ist auch vor unseren Augen durch die Erfindung Ottos und Diesels ausgelöst worden — und zwar nach der ausgesprochenen Absicht dieser von idealistischem Verantwortungsbewußtsein gegenüber der Menschheitszukunft erfüllten, in vieler Hinsicht ungewöhnlichen und überlegenen Männer —, die einander seltsamerweise niemals persönlich begegnet sind.

In den Lebenserinnerungen eines der größten Motor- und Kraftwagenfabrikanten, Henry Ford, ist die für das Verständnis unseres Lebens von heute so wichtige Erkenntnis ausgesprochen, wie die von ihm konsequent entwickelte Massenherstellung einerseits das technische Produkt verbilligt, andererseits aber auch die früher von Rang und Wohlstand weitgehend ausgeschlossenen Klassen als Kundenmasse interessant macht, deren Kaufkraft es folglich zu heben gilt.

Es stimmt gewissermaßen heiter, wie in diesen Erwägungen der legitime Gewinntrieb eines gescheiten Kaufmanns mit der Gebärde der Nächstenliebe das Wohl des ins Auge genommenen Käufers einbegreift. Aber es muß nachdenklich machen, daß dieses die gegenseitigen Verflochtenheiten erkennende Prinzip, das eingeborene Wünsche der Menschennatur bejaht und nutzt, frei aus eigenem Kern heraus eine gesellschaftsreformierende Kraft offenbart hat, seit man es als unvermeidliche Folge der organisierten Massenfabrikation vorbildlos zu verwirklichen begann. So könnte also die sozialgeschichtliche Rolle des Verbrennungsmotors im Stile des oben zitierten Ausspruches von Buckle durch den Satz beschrieben werden: Der Motor hat in seiner Eigenschaft als meistbegehrtes Massenerzeugnis der modernen Technik mehr für den Aufstieg zu Gleichberechtigung, Wohlstand und sozialem Frieden der Menschen bewirkt als alle Anstrengungen großer, und höchster Ehren werter Menschenfreude, Denker und Reformatoren.

Literaturverzeichnis

Bücher

Bensinger, W. D.: Die Steuerung des Gaswechsels in schnellaufenden Verbrennungsmotoren, 2. Aufl. Berlin, Göttingen, Heidelberg: Springer 1968

Bensinger, W. D.: Rotationskolben-Verbrennungsmotoren. Berlin, Heidelberg, New York: Springer 1973

Haug, K.: Die Drehschwingungen in Kolbenmaschinen. Berlin, Göttingen, Heidelberg: Springer 1952

Krug, H.: Erfahrungen mit Schiffsdieselmotoren. Berlin, Göttingen, Heidelberg: Springer 1954

List, H. (Hrsg.) Die Verbrennungskraftmaschine.
  Band 1, Teil 1: Die Betriebsstoffe. Teil 2: Die Gaserzeuger.
  Band 2, Teil 1: Thermodynamik und Verlustanalyse der Brennkraftmaschine. Teil 2: Thermodynamik der Gasturbine.
  Band 3: Der Wärmeübergang in der Verbrennungskraftmaschine.
  Band 4: Der Ladungswechsel der Verbrennungskraftmaschine. Teil 1: Grundlagen: Die rechnerische Behandlung der instationären Strömungsvorgänge am Motor. Teil 2: Der Zweitakt. Teil 3: Der Viertakt. Ausnutzung der Abgasenergie für den Ladungswechsel.
  Band 5: Die Gasmaschine.
  Band 6: Gemischbildung und Verbrennung im Otto-Motor.
  Band 7: Gemischbildung und Verbrennung im Diesel-Motor.
  Band 8: Teil 1: Lager und Schmierung. Teil 2: Die Dynamik der Verbrennungskraftmaschine. Teil 3: Werkstoff und Festigkeit.
  Band 9: Die Steuerung der Verbrennungskraftmaschine.
  Band 10: Das Triebwerk schnellaufender Verbrennungskraftmaschinen.
  Band 11: Der Aufbau der schnellaufenden Verbrennungskraftmaschine.
  Band 12: Ortsfeste und Schiffsdieselmotoren.
  Band 13: Hilfsmaschinen der Verbrennungskraftmaschine.
  Band 14: Verschleiß, Betriebszahlen und Wirtschaftlichkeit von Verbrennungskraftmaschinen.
  Band 15: Die Gasturbine.
  Neue Folge (ab 1979) Hrsg. von List, H., und Pischinger, A.
  Band 1: Gestaltung und Hauptabmessungen der Verbrennungskraftmaschine.
  Band 2: Kräfte, Momente und deren Ausgleich in der Verbrennungskraftmaschine.

Lang, O. R.: Triebwerke schnellaufender Verbrennungsmotoren. Berlin, Heidelberg, New York: Springer 1966

Mackerle: Luftgekühlte Fahrzeugmotoren. Stuttgart: Franckh'sche Verlagsbuchhandlung 1963

Mettig: Die Konstruktion schnellaufender Verbrennungsmotoren. Berlin, New York: de Gruyter 1973

Ricardo, H. R.: Der schnellaufende Verbrennungsmotor, 3. Aufl. Berlin, Göttingen, Heidelberg: Springer 1954

Sass, F.: Bau und Betrieb von Dieselmaschinen, 2. Aufl., 2 Bde. Berlin, Göttingen, Heidelberg: Springer 1948 und 1957

Sass, F.: Geschichte des Deutschen Verbrennungsmotorenbaues von 1860 bis 1918. Berlin, Heidelberg, Göttingen: Springer 1962

Schmidt, F. A. F.: Verbrennungskraftmaschinen, 4. Aufl. Berlin, Heidelberg, New York: Springer 1967

Seifert, H.: Instationäre Strömungsvorgänge in Rohrleitungen an Verbrennungskraftmaschinen. Berlin, Göttingen, Heidelberg: Springer 1962

Sitkei, G.: Kraftstoffaufbereitung und Verbrennung bei Dieselmotoren. Berlin, Göttingen, Heidelberg: Springer 1964

VDI-Berichte Nr. 45: Drehkolben- und Kreiskolbenmaschinen als Verbrennungsmotoren, 1960

Vibe, I. I.: Brennverlauf und Kreisprozeß von Verbrennungsmotoren, Berlin: VEB Verlag Technik 1970

Zinner, K.: Aufladung von Verbrennungsmotoren, 2. Aufl. Berlin, Heidelberg, New York: Springer 1980

Wichtige Zeitschriftenaufsätze

Maaß: Gesichtspunkte zur Berechnung von Kurbelwellen. Motortech. Z. 30 (1969) H. 4

Feldinger: Probleme des Schnellaufs von Nockentrieben unter besonderer Berücksichtigung der Federschwingungen. Forsch. Geb. Ingenieurwes. (1955) (159)

Müller, R.: Der Einfluß der Schmierverhältnisse am Nockentrieb. Motortech. Z. 27 (1966) 58 ff.

Eberhard: Einfluß der Formgebung auf die Spannungsverteilung von Kurbelkröpfungen mit Längsbohrungen. Motortech. Z. 34 (1973) 205, 303

Kuhm: Das Problem des Kolbenbolzens im Kurbeltriebwerk. Motortech. Z. 25 (1964) 56, 251

Woschni: Beitrag zum Problem des Wärmeübergangs im Verbrennungsmotor. Motortechn. Z. 26 (1965) 128 ff.

Woschni: Die Berechnug der Wandverluste und der thermischen Belastung der Bauteile von Dieselmotoren. Motortechn. Z· 31 (1970) 491 ff.

Sachverzeichnis

Fett gedruckte Zahlen bezeichnen die Seiten, auf denen das betreffende Stichwort ausführlicher behandelt wird.

Abgase 57, 65
Abgasemission **65**, 105
Abgaskessel 69
Abgasrückführung 68
Abgastemperatur 69, 71
Abgasturbolader 49, 69
Abreißzündung 161
Abwärme 56, **68**
Adiabate 4, 7
Alkohol 2
Anlassen 37, 65, 178
Ansaugrohr 158
Arbeitsfläche 4
Äthan 2, 28
Äthylen 2, 28
Atmosphärische Gasmaschine 185
Aufladung 49
Auslaßkanal 140
Auspuffschlitze 147, **150**
Azetylen 2, 28

Batteriezündung 162
Benzin 2
Benzineinspritzung 159
Benzol 2
Bezugsdruck 2, 26
Bezugstemperatur 2, 26
Biegemoment 83, 84, 85
Biegeschwingung von Schrauben 108
Bleitetraäthyl 59
Bosch-Einspritzpumpe 174
Boxermotor 46
Braunkohlenschwelgas 2, 29
Braunkohlenteeröl 27
Brenngesetz 15
Brennraum 37, **60**, 66
Butan 2, 28
Bypaß-Bohrung 156

Carnot-Prozeß 6
Carter-Reduktionsformel 93
CFR-Motor 59
Clausius-Rankine-Prozeß 6
CO-Gehalt der Abgase 65, 66
Comprex-Druckwellenlader 52

Dämpfung 92, 99
Dashpot 68
Dehnschraube 108
Dichtbolzen 104
Dichte 28, 29
Dichtleiste 104
Dichtstreifen 104
Dieselkraftstoff 2, 25, 27
Dieselmotor 23, **24**, 30, 36, 41, 43
Dissoziation 14, 57
D-Jetronic 160
Doppeltwirkende Motoren 32
Drallkanal 47
Drehkolbenmaschine **99**
Drehschwingung 91
Drehvorrichtung 180
Drehzahlregelung 177
Dreistofflager 118, 119
Drosselklappe 156
Drosselregelung 23
Drosselwirkung 16, 33, 47, 64
Drosselzapfendüse 173
Druckgrenze 6, 8, 11, 25, 43
Druckluftanlassung 178
Drucksteigerungsgeschwindigkeit 25
Druckverhältnis von Turboladern 50
Druckverlauf 61
Druck-Weg-Schaubild 3, 6
Durchblasemenge 126
Durchbrennfunktion 15
Durchflußbeiwert von Ventilen 138, 140

Effektive Leistung 32
Eigenfrequenz 92, **94**
Einlaßkanal 137
Einspritzung 24, 25, 30, 61
Energie 1
Energiespeicher 1
Energieumwandlung 2
Entlastungsventil 171
Entropie 5
Erdgas 2
Erdöl 1
Erregerfrequenz 96
Expansion 3, 7, 9, 11

Filter 176
Fliehkraftpendel 98
Ford, Henry 189
Fördercharakteristik 175
Fremdzündung 23
Frequenz 94
Frontoktanzahl 59
Füllungsregelung 176
Fundamentbeanspruchung 77, 79, 84

Gasförmige Kraftstoffe 2, 24, 28, 29, 30
Gasmotor 36, 44, 47
Gasöl 2, 27
Gebläse 23
Gegengewicht 79, 80, 81, 83
Gegenkolbenmotor 46
Gemischbildung im Dieselmotor 24, 61
Gemischbildung im Ottomotor 23, 25, 58
Gemischheizwert 30, 46
Generatorgas 2, 29
Gesamtwirkungsgrad 33
Gichtgas 2, 29
Gleichdruckprozeß 11
Gleichdruckverbrennung 8, 9, 11
Gleichdruckvergaser 158
Gleichraumprozeß 7, 11, 14
Gleichstromspülung 148
Gleitbahn 77, 79
Glühkerze 65
Gütegrad 14

Hauptabmessungen eines Motors 35
Hauptkritische Ordnungen 96
Heißluftmaschine 3
Heizgesetz 15
Heizwert 2, 30, 33, 46
Heptan 59
H-Motor 46
Hochofengas 2, 29
Höchsttemperatur 7, 67, 68
Holzer-Tolle-Verfahren 95
Holzgas 2, 29
h-s-Diagramm 14
Hubkurve eines Ventils 139
Hubverhältnis s/D 37, 40, 41, 43, 66
Hybridmotor 26

Ideales Gas 12, 14
Idealprozeß 5, 8, 11
Innenkühlung 50, 54, 57
Innenwirkungsgrad η_i 4, 56
Innere Biegemomente 83, 84, 85
Instationärer Betrieb 67
Isentrope 4, 7, 11
Iso-Oktan 59
Isotherme 6, 8, 9

Kaltstart 24
Kammervolumen des Wankelmotors 102
Kavitation 78
Kerbwirkung 110, 120
Kerzenzündung 23, 58, 161
K-Faktor 101
Kinetische Energie 34, 88
Kipphebel 133
Kippmoment 73, 74
K-Jetronic 160
Klärgas 2, 29
Klingeln 58
Klopfende Verbrennung 24, 58, 105
Kohle 1, 2, 27
Kohlendioxid 28, 65
Kohlenmonoxid 2, 28, 65, 66
Kohlenstoff 27
Koksofengas 2, 29
Kolbenbolzen 118, 125
Kolbenform 62, 63, 64, 78, 124
Kolbengeschwindigkeit 33, 34, 39, 44
Kolbenkühlung 37, 55, 78, 123
Kolbenmaschinen-Prozeß 3, 8, 11
Kolbenreibung 9, 45
Kolbenringe 125
Kolbenringflattern 126
Kolbenringstoß 126
Kolbenstange 32, 121
Kolbenstangenstopfbüchse 123
Kompression 5, 10, 14, 16, 24, 25
Kontinuitätsgleichung 138
Korrekturdüse 156
Kräftespiel im Motor 72
Kraftstoffe 1, 2, 26, 27, 28, 29
Kraftstoffdüse 155
Kraftstoffilter 176
Kraftstoffverbrauch 33, 35, 36, 39, 41, 45
Kreisfrequenz 94
Kreiskolbenmotor 99
Kreuzkopf 23, 73, 78, 114, 121
Kreuzkopfführung 121
Kritische Drehzahl 91, 97
Kugelbrennraum 62
Kühlung 53
Kurbelfolge 81, 82, 85
Kurbelkastengebläse 22, 23, 47
Kurbeltrieb 72
Kurbelwelle 35, 73, 83, 84, 85, 116

Ladedruck 50, 52
Ladeluftkühlung 47, 50
Ladungsverdünnung 140
Ladungswechsel 18, 19, 33, 44, 48
Lagerabmessungen 117
Lagerdrücke 77, 118
Lagerschmierung 23, 132
Längenreduktion 92

Laufflächenverschleiß 128
Leerlaufdüse 156
Leistung 31, **32**
Leistungserhöhung **43**
Leistungsregelung 23, 24
Lenoir 185
Leuchtgas 2, 29
Liefergrad λ_L 31, 33
Literleistung **43**, 44
L-Jetronic 160
Luftbedarf **26**, 27, 28, 29, 30
Luftdrall 62
Luftdüse 155
Luftkühlung 22, 55
Lufttrichter 155
Luftüberschuß 60
Luftverhältnis λ 29, 30, 66
Luftverteilte Einspritzung 63

Magerkonzept 60
Magnetzündung 162
Marinekopf 109, 120
Massenausgleich 79
Massenkräfte 37, 44, **75**
Massenreduktion 92
Massenträgheitsmoment 88, 92, 94
Methan 2, 28
Minutenring 128
Mischventil 153
Mittlerer effektiver Druck p_{me} 32, **33**, 39,
    41, 43, 45, 51
— indizierter Druck p_{mi} **31**, 32
Motorleistung 31, 32
Musterprozesse 4, 5, 6, 7, 8, 11, 12
M-Verfahren 62

Nachbrennen 14
Nachladeschlitz 51
Nachtropfen 165
Nadeldüse 165
Nebenkritische Ordnungen 97
Nebenpleuel 86
Nocken 132
Nockenwelle 18, 19, 38, 144
Normalheptan 59
Nutgrund 104

Obenliegende Nockenwelle 135
Oktanzahl 59
Ölabstreifring 130
Öldruck 119, 132
L'Orange 63
Oszillierende Massenkräfte 37, **76**, 78, 80, 87
Otto-Motor 10, **23**, 30, 36, 38, 39, 44, 47, 52,
    185
Ovalität von Kolbenringen 126

Passungsrost 115
Peroxid-Bindungen 61
Planschkühlung 78
Pleuelstange 119
Posaunenrohr 42, 55
Propan 2, 28
Pumpe-Düse 172

Querspülung 149
Quetschspalte 60
Quetschströmung 105

Raketen 7
Ramelli 100
Reaktionsmoment 73, 90
Regelung 23, 24
Reibleistung 45
Reibrost 115
Reibung der Kolben-Dichtelemente 103
Reihenmotor 19, 46, 81, 83
Resonanz 79, **91**, 96
Rotationskolbenmotor **100**
Ruckbehafteter Nocken 142
Ruckfreier Nocken 143
Ruß 30, 53, 61, 65

Sankey-Diagramm 56
Sarazin-Fliehkraftpendel 99
Sauerstoff 9, 26, 27
Saugrohr 158
Schiebermotor 132
Schlucklinien 51
Schmierung 23, 53, 78
Schnürle-Umkehrspülung 22
Schwefel 27
Schwefeloxid 70
Schwenkwinkel 104
Schwimmer 156
Schwimmerkammer 155
Schwingungsdämpfer 99
Schwingungstilger 98
Schwungrad 23, 73, 86, 89
Seiliger-Prozeß 11
Seitengesteuerte Ventile 133
Selbstzündung 23, 24, 25, 60
Spezifischer Kraftstoffverbrauch 33, 35, 39,
    41, 43
Spezifische Wärmekapazität 4, 12, 70
Spiritus 2, 27
Spülluftgebläse 23
Spülluftüberschuß 47, 69
Spülschlitze 147
Spülung 51
Spülverfahren 148
Starterklappe 157
Starthilfe 157

Steinkohlenschwelgas 2
Steinkohlenteeröl 27
Sternmotor 20, 45, 46, 85, 86
Steuerkasten 181
Steuerzeitüberschneidung 50, 140
Stickoxide 65, 67, 68
Stickstoff 27, 29
Stiftschrauben 111
Stopfbüchse 123
Stoßstange 133
Stufenweise Expansion 7

Tangentialkraft 73, 74, 103
Tassenstößel 135
Tauchkolbenbauart 55, 73, 74
Teeröl 2, 27
Temperaturgrenzen 6, 8, 9, 53
Thermischer Wirkungsgrad 4, 6, 11, 12, 14, 33, 56
Tilger 98
Törnvorrichtung 180
Torsionsschwingungen 91
Trägheitsmoment 88, 92, 94
Trochoide 100
T-s-Diagramm 5, 6, 7, 11
Turbolader 41, 49, 69

Übergangsbohrung 156
Umgebungstemperatur 7, 9
Umkehrspülung 22, 148
Umsteuern 180
Undichtheit 17
Ungleichförmiges Drehmoment 23, 37, 86
Ungleichförmigkeitsgrad 88, 89
Unprogrammäßiger Wärmeaustausch 14, 16
Unrunddrehen von Kolbenringen 126
Unterbrecher 161
Unterdruckzipfel 9
Unterer Heizwert 2
Unvollständige Verbrennung 16, 30, 66

Ventil 18, 19, 132
Ventilbeschleunigung 135, 139, 143
Ventilfeder 144, 145
Ventilhub 137
Ventilsteuerzeiten 140
Ventilstößel 133
Ventiltriebschwingungen 133
Ventilüberschneidung 140
Venturi 155
Verbrennung 1, 2, 26, 29, 58, 65
Verbrennungsraum 37, 60, 66
Verbrennungszeitalter 1
Verdichterkennfeld 51
Verdichtung 5, 10, 11, 12, 18, 24
Verdichtungsverhältnis 10, 12, 24, 60

Vergaser 23, 155
Vergleichsprozesse 10, 11, 12
Viebe-Brenngesetz 15
Vielzylindermotor 35, 37, 45, 46, 83
Viertaktverfahren 18, 32, 36, 39, 44, 54
V-Motor 21, 35, 46
Vollkommene Gase 14
Vollständiger Idealprozeß 9
Vorkammer-Verfahren 63, 67
V-Winkel 98

Wälzlager 22
Wandtemperatur 8, 16, 53, 60
Wandverteilte Einspritzung 62
Wankelmotor 100
Wärmeausdehnung 122
Wärmedichter Motor 56
Wärmepumpe 71
Wärmespannungen 57
Wärmeübergangszahl 16
Wärmewert der Zündkerze 163
Wassergas 2, 29
Wassergehalt 27
Wasserkühlung 21, 38, 39, 42, 55
Wechselbiegemoment 84
Werkstoffe 8, 53
Winkelgeschwindigkeit 72
Wirbelkammer 64
Wirbelkammerverfahren 65
Wirkungsgrad, effektiver 33
—, indizierter 4, 31
—, mechanischer 31, 45, 57, 81
—, thermischer 4, 12, 14
Wirtschaftlichkeit 35, 36
W-Motor 46

Zahnrad 18
Zahnriemen 136
Zapfendüse 166
Zeitquerschnitt 147
Zerstäuber 164
Zerstäubung 61
Zuganker 73
Zündanlage 160
Zündfolge 82
Zündkerze 161
Zündspule 161
Zündung 18, 23, 58
Zündverteiler 163
Zündverzug 25, 61
Zweitaktverfahren 19, 36, 42, 43, 44, 47, 51, 55, 82, 96
Zylinderabstand 117
Zylinderkopfdichtung 130
Zylinderlaufbüchse 54, 129, 130
Zylinderschmieröl 123, 130
Zylinderverschleiß 128